# 300MW级火力发电厂培训丛书

# 输煤设备及系统

山西漳泽电力股份有限公司　编

中国电力出版社
**CHINA ELECTRIC POWER PRESS**

## 内 容 提 要

20 世纪 80 年代开始，国产和引进的 300MW 级火力发电机组就陆续成为我国电力生产中的主力机组。由于已投入运行 30 多年，涉及机组运行、检修、技术改造和节能减排、脱硫脱硝等要求越来越严，以及急需提高实际运行、检修人员的操作技能水平，组织编写了一套《300MW 级火力发电厂培训丛书》，分为《汽轮机设备及系统》《锅炉设备及系统》《热控设备及系统》《电气设备及系统》《电气控制及保护》《集控运行》《化学设备及系统》《输煤设备及系统》《环保设备及系统》9 册。

本书为《300MW 级火力发电厂培训丛书 输煤设备及系统》，共四篇十七章，主要内容包括对输煤系统运行、输煤设备控制系统、输煤机械设备、输煤电气设备、典型故障原因分析及预防处理措施等。

本书既可作为全国 300MW 级火力发电机组输煤设备系统运行、检修、维护及管理等生产人员、技术人员和管理人员等的培训用书，也可作为高等院校相关专业师生的参考用书。

**图书在版编目(CIP)数据**

输煤设备及系统/山西漳泽电力股份有限公司编. —北京：中国电力出版社，2015.6
　　(300MW 级火力发电厂培训丛书)
　　ISBN 978-7-5123-7199-6

Ⅰ.①输… Ⅱ.①山… Ⅲ.①火电厂-电厂燃料系统-给煤机 Ⅳ.①TM621.2

中国版本图书馆 CIP 数据核字(2015)第 027904 号

中国电力出版社出版、发行
(北京市东城区北京站西街 19 号　100005　http://www.cepp.sgcc.com.cn)
汇鑫印务有限公司印刷
各地新华书店经售

\*

2015 年 6 月第一版　2015 年 6 月北京第一次印刷
787 毫米×1092 毫米　16 开本　17.5 印张　404 千字
印数 0001—3000 册　定价 **54.00** 元

# 前　言

随着我国国民经济的飞速发展，电力需求也急速增长，电力工业进入了快速发展的新时期，电源建设和技术装备水平都有了较大的提高。

由于引进型 300MW 级火力发电机组具有调峰性能好、安全可靠性高、经济性能好、负荷适应性广及自动化水平高等特点，早已成为我国火力发电机组中的主力机型。国产300MW 级火力发电机组在我国也得到广泛使用和发展，对我国电力发展起到了积极的作用。

为了帮助有关工程技术人员、现场生产人员更好地了解和掌握机组的结构、性能和操作程序等，提高员工的业务水平，满足电力行业对人才技能、安全运行以及改革发展之所需，河津发电分公司按照山西漳泽电力股份有限公司的要求，在总结多年工作经验的基础上，组织专业技术人员编写了本套培训丛书。

《300MW 级火力发电厂培训丛书》分为《汽轮机设备及系统》《锅炉设备及系统》《热控设备及系统》《电气设备及系统》《电气控制及保护》《集控运行》《化学设备及系统》《输煤设备及系统》《环保设备及系统》9 册。

本书为《300MW 级火力发电厂培训丛书　输煤设备及系统》，共四篇十七章，主要内容包括对输煤系统运行、输煤设备控制系统、输煤机械设备、输煤电气设备、典型故障原因分析及预防处理措施等。

本书由山西漳泽电力股份有限公司河津发电分公司张志毅主编，其中第一～五章由李宪宏、任俊斌、路晓东、鲍居省、王耀编写，第六～九章由马云峰编写，第十～十三章由董智勇、李敬泽编写，第十四～十七章由靳建龙编写。

由于编者的水平、经验所限，且编写时间仓促，书中难免有疏漏和不足之处，恳请读者批评指正。

编　者

2015 年 4 月

# 目　录

# 第一篇

# 输煤系统运行

# 第一章

# 输 煤 系 统 概 述

## 一、锅炉耗煤量

以某电厂 2×350MW 机组、2×300MW 机组为例，锅炉煤耗量见表 1-1。

表 1-1 某电厂锅炉煤耗量

| 机型 项目 | 350MW 机组 | | | 300MW 机组 | | |
|---|---|---|---|---|---|---|
| | 设计煤种 | 校核煤种 | | 设计煤种 | 校核煤种 | |
| | | 高值 | 低值 | | 高值 | 低值 |
| 小时耗煤量（t/h） | 307 | 271.92 | 330.88 | 292.6 | 258.8 | 308 |
| 日耗煤量（t/d） | 6140 | 5438.4 | 6617.6 | 5852.5 | 5176.4 | 6167 |
| 年耗煤量（万 t/a） | 199.55 | 176.748 | 215.072 | 175.6 | 155.3 | 185 |

## 二、设备概况

火电厂来煤分铁路来煤和公路来煤两种。铁路来煤经国家铁路线用火车运进厂内，公路来煤用汽车运输到厂内汽车集煤站。电厂卸煤铁路配线 5 条，其中有 2 条重车线、2 条空车线、1 条机车行走线。卸车线有效长度 700m。

（一）卸煤装置

（1）铁路来煤采用两套 FZ1-2B "C" 型转子式翻车机系统，由拨车机、翻车机、迁车台、推车机、夹轮器、逆止器等组成卸车系统。其卸车能力为 13～15 节/h。

（2）公路来煤设专用的厂内汽车集煤站，并配有一条缝式卸煤沟。公路来煤采用自卸车或人工卸车，卸车能力为 12 辆/h。

（二）贮煤及混配煤设施

（1）贮煤设施有 2 个 49m×382m 的条形火车煤场、1 个汽车集煤场和 4 个直径 18m、高 35m 的筒仓。2 个火车煤场上分类堆贮各种来煤，额定贮煤量共约 18 万 t；汽车集煤场额定贮煤量约 10 万 t；4 个筒仓可分类贮存不同种类燃煤，额定贮煤量约 2 万 t。

（2）汽车集煤场存煤通过汽车转运至汽车卸煤沟，在煤沟下方设有 4 台桥式叶轮给煤机。

（3）输煤系统 2 个火车煤场上各设 1 台 MDQ1000/1500·50 型门式斗轮堆取料机，用来完成火车煤场堆取料作业，每台堆料出力为 1500t/h，取料出力为 1000t/h。

（4）输煤系统 4 个筒仓底部共设有 6 台桥式叶轮给煤机，可根据实际需要调整配煤比例。所有桥式叶轮给煤机最大出力均为 1000t/h。

（5）在筒仓顶和煤仓间分别设有 14 台和 54 台电动双侧犁煤器，可根据实际需要进行配煤。

（三）运煤及筛碎设备

（1）运煤系统共设 23 台 TD75 型带式输送机，除 P3 单路布置外，其余均为双路布置，即 A、B 两路。从汽车集煤站（P0）和翻车机室（P1）到火车煤场（DQ）的带式输送机规格为：带宽 1400mm，输送量 1500t/h。从 P3 到筒仓（P6）和从筒仓（P6）到主厂房原煤仓层（P10）的带式输送机规格为：带宽 1200mm，输送量 1000t/h。所有带式输送机的带速均为 2.5m/s。

（2）输煤系统设置一级筛碎设备。筛分设备采用 GDS1812 型滚轴筛 2 台，额定出力 1500t/h，筛分效率 95%；破碎设备采用 HCSC8 型环锤式碎煤机 2 台，破碎能力 800t/h。

（四）辅助设施

（1）输煤系统设有四级除铁装置，来分离煤中的铁器杂物。P2 中部布置 2 台盘式电磁除铁器，作为一级除铁；P2 头部布置 2 台永磁带式除铁器和 P11A 头部布置 1 台电磁带式除铁器，作为二级除铁；P4 中部布置 2 台盘式电磁除铁器，作为三级除铁；P9 中部布置 2 台盘式电磁除铁器，作为四级除铁。

（2）各转运站、碎煤机室、筒仓、煤仓层等均配有除尘器，以防止粉尘飞扬。

（3）在翻车机、汽车集煤场、火车煤场、滚轴筛出口及带式输送机头、中、尾部均设有喷水装置，防止粉尘飞扬。

（4）输煤系统中所有建筑物的地面均采用水冲洗方法保持工作环境的清洁。在各栈桥尾部或其他位置均布置有排污泵，以排除地面积水。

（5）在 P9 栈桥中部布置有 2 台入炉煤采样机，以对入炉煤进行采样。

（6）系统设有 2 台电子轨道衡，用来对火车煤进行称量，分别装在 1、2 号翻车机下方。

（7）系统设有 8 台电子皮带秤，分别布置在 P2、P5、P9、P10 皮带，其中 P9 皮带的 2 台秤作为入炉煤计量依据，其他秤只作为煤量实时监测和计量的参考。

（8）系统设有 4 台刮水器，分别装在 P11A、P11B 皮带的头、尾部，用来除去下雨、下雪天时皮带上的积水和积雪等。

**三、集中程序控制系统**

（1）输煤程控系统以筒仓为界，分为两个独立的分系统。第一分系统包括卸煤机械至煤场、卸煤机械至筒仓、火车煤场至筒仓；第二分系统包括筒仓至主厂房原煤仓。特殊情况下，可使用煤场至主厂房原煤仓、卸煤机械至主厂房原煤仓系统。

（2）输煤程控系统主要控制及监测对象包括：23 台带式输送机，2 台斗轮机，2 台翻车机（仅考虑与程控室联系信号），4 台皮带给煤机，10 台叶轮给煤机，2 台碎煤机，2 台滚轴筛，15 台电动三通挡板，68 台电动双侧犁煤器，3 台单侧犁煤器，4 台刮水器，3 台带式除铁器，6 台盘式除铁器，8 台电子皮带秤（0.1t 脉冲信号），2 台入炉煤采样装置，34 台防闭塞装置，34 台堵煤料位计，1 套实物校验装置（不参加联锁），36 台筒仓、煤仓超声波料位计，64 台筒仓、煤仓高煤位信号检测装置，2 套 4 台筒仓监测装置，1 套 P10

皮带集中式除尘器，2套原煤仓层集中式除尘器，14套脉冲袋式除尘器，15台转运站多管冲击式除尘器，1套多点负压水浴除尘器，1套SSC系列湿式复合通用除尘器。

（3）输煤控制系统共设1个主控室、4个转运站、5个远程站。主控室设在输煤综合楼（1个主站和1个分布式单元）。1号转运站设在P1头部，2号转运站设在P2头部，3号转运站设在P5头部，4号转运站设在P7头部。1号和3号远程站设在1号转运站，2号和5号远程站设在煤仓间，4号远程站设在筒仓顶。主控室和5个远程站之间采用双缆（同轴电缆）冗余通信。

## 四、集中监控系统

输煤系统采用工业电视监控。工业电视监控系统设有51个摄像头，并配以CRT显示。摄像点分别布置在翻车机9点，煤场2点，叶轮给煤机2点，皮带给煤机2点，1、2、3号转运站及9号皮带头9点，圆筒仓5点，煤仓间14点，碎煤机室3点，实物校验仓1点，入炉煤采样间2点，11号尾部驱动站2点。

输煤集中监控系统配有录像功能，可保持168h记录，便于翻查了解设备故障时的实际情况。

# 第二章

# 程 控 系 统

## 第一节 程 控 系 统 运 行

### 一、程控上位机屏幕画面功能介绍

（1）电厂输煤系统程控上位机屏幕画面可分为以下三个部分：

1）上部为通用操作按钮和通用显示画面，包括控制方式转换按钮、常用操作按钮、报警显示、光字牌、时钟等。

2）中部为监控画面，如输煤系统的整个动态流程图、配煤画面、电流表、报警查询、设备检修画面等。

3）下部为主操作菜单，菜单项包括PLC状态、总流程图、配煤画面、流程选择、报表查询、电流趋势、状态查询、辅助设备、设备检修，参数整定、报表管理及帮助。通过选择这些菜单，屏幕中部将切换到相应的画面。

（2）上位机操作键说明。

1）程控：设置上煤方式为程控自动方式。

2）联锁：设置上煤方式为联锁手动方式。

3）解锁：设置上煤方式为解锁手动方式。

4）煤程配：设置原煤仓的配煤方式为自动方式。

5）煤手配：设置原煤仓的配煤方式为手动方式。

6）筒程配：设置筒仓的配煤方式为自动方式。

7）筒手配：设置筒仓的配煤方式为手动方式。

8）煤配清、筒配清：用于配煤过程中的清零，清除梨煤器卡死等记忆状态，并重新开始配煤。

9）预启：在"程控"上煤方式下，运行流程选择正确后，按下此按钮，所选流程挡板自动切换到位，程配时尾仓梨落下，其余梨抬起，并向现场发设备启动预告警铃，为流程启动做准备，如流程选择正确，则出现"允许启动"信号。

10）程启：在"程控"上煤方式下，出现"允许启动"信号后，点"程启"按钮，所选设备按逆煤流方向延时启动。

11）程停：选择煤源，现场设备按顺煤流方向延时停机。

12）试机：对没有选中的设备单独进行启动和停机操作，且不影响已运行流程的联锁。

13）清零：将主机内设备故障记忆信号复位或取消上次操作，准备下次操作。

14）挡板置位：预启时不检测挡板是否到位，如确认所选流程的挡板已经到位，可按此按钮，允许设备启动，此时挡板到位信号未进入 PLC 模块。

15）定时振：按"定时振"按钮后，所选择流程的振打器按设定的间隔时间振动。

16）急停：适用于程控、联锁、解锁任意一种方式。此按钮动作将使整个现场的设备停机。在程控上位机操作台上还设置了两个急停开关，其功能与上位机"急停"按钮相同，但使用时必须将两个开关同时按下。

（3）上位机主操作菜单功能说明。通过选择这些菜单，屏幕中部将切换到相应的画面。以下对各菜单功能进行说明：

1）PLC 状态显示：如 PLC 运行正常，则显示"PLC RUNNING"，如 PLC 故障，则显示"PLC STOP"。

2）总流程图：选择此菜单，上位机屏幕中部显示输煤系统的整个动态流程图，在此画面下可进行流程选择、设备操作，并能实时显示设备电流、煤仓煤位以及设备各类状态信号等。

3）配煤画面：选择此菜单后点击"筒仓配煤"或"煤仓配煤"按钮，上位机屏幕中部显示筒仓或原煤仓配煤画面，在此画面下可对犁煤器进行操作或对犁煤器设置"检修"。犁煤器设置"检修"后，其图形上显示"×"标志，程控无法对其进行操作。

4）流程选择：选择此菜单，可进行局部设定流程选择，点击各流程按钮，上位机屏幕中部显示相应的局部动态流程图。

5）报警查询：选择此菜单，上位机屏幕中部显示设备各类故障报警。屏幕中部又分为上下两部分，上部显示实时报警，下部显示历史报警。历史报警可保留 48h 内曾发生过的各类故障报警。

6）电流趋势：选择此菜单，上位机屏幕中部显示各主要设备模拟电流表。点击右上角"实时趋势"按钮，屏幕中部画面可切换为各设备实时电流趋势图；点击左上角"历史趋势"按钮，屏幕中部画面可切换为各设备历史电流趋势图。在历史电流趋势图中可对各设备一月内历史电流曲线进行查询。

7）状态查询：选择此菜单，上位机屏幕中部显示输煤系统所有设备控制状态，状态分为"程控"、"就地"两种。如各设备就地控制箱转换开关切换至"程控"位，上位机状态显示为"√"，切换至"就地"或"断开"位，上位机均显示为"×"。

8）辅助设备：选择此菜单，上位机屏幕中部显示三通挡板、振打器、原煤仓层集中式除尘器控制画面，在此画面中可对以上设备进行操作。

9）设备检修：选择此菜单，上位机屏幕中部显示除犁煤器以外的所有设备，在此画面中可对各设备设置"检修"。设备设置"检修"后，其图形上显示"×"标志，程控无法对其进行操作。

10）参数整定：选择此菜单，上位机屏幕中部显示各设备参数整定值。

11）报表管理：选择此菜单，点击"运行班报"、"运行月报"、"操作记录"等按钮，可进行各类报表的查询与打印。

输煤程控上位机界面见图 2-1。

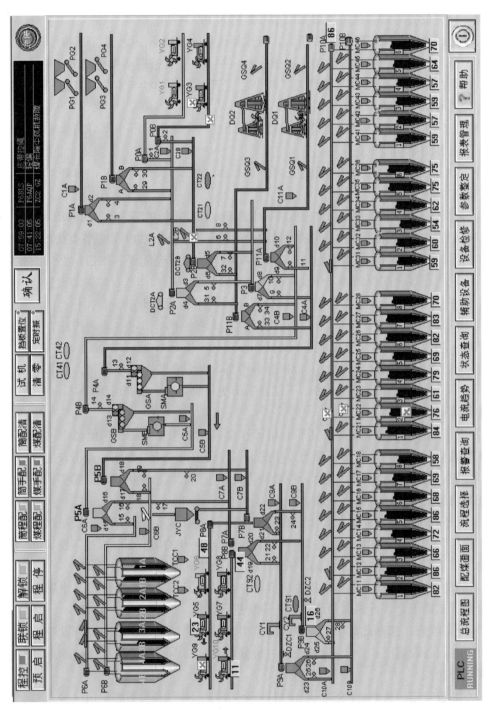

图 2-1 输煤程控上位机界面图（以某电厂输煤系统为例）

## 二、程控系统运行方式

（一）程控系统运行流程

设备简称说明：P—皮带机；YG—叶轮给煤机；PG—皮带给煤机；GS—滚轴筛；SM—碎煤机；TC—筒仓；MC—煤仓；DQ—斗轮堆取料机。

示例解释：P1A—1号A路皮带机；YG1—1号叶轮给煤机；PG2—2号皮带给煤机；GSA—A路滚轴筛；SMB—B路碎煤机；DQ1—1号斗轮堆取料机。

（1）汽车卸煤沟→煤场，流程如下：

YG1 YG2 → P0A → P2A → P11A → DQ1

YG3 YG4 → P0B → P2B → P11B → DQ2

（2）汽车卸煤沟→筒仓，流程如下：

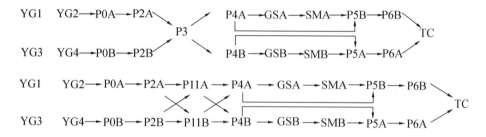

（3）汽车卸煤沟→原煤仓，流程如下：

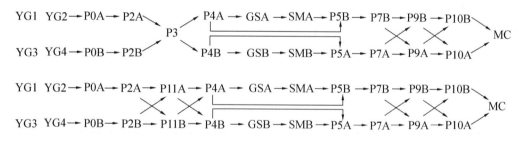

（4）翻车机→煤场，流程如下：

PG1 PG2 → P1A → P2A → P11A → DQ1

PG3 PG4 → P1B → P2B → P11B → DQ2

（5）翻车机→筒仓，流程如下：

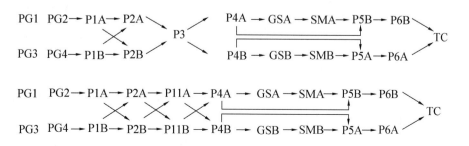

（6）翻车机→原煤仓，流程如下：

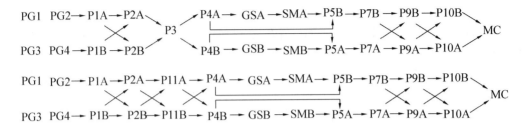

PG1 PG2 → P1A → P2A ↘
      ✕   P3 ↗ P4A → GSA → SMA → P5B → P7B → P9B → P10B ↘
PG3 PG4 → P1B → P2B ↗   ↘ P4B → GSB → SMB → P5A → P7A → P9A → P10A ↗ MC

PG1 PG2 → P1A → P2A → P11A → P4A → GSA → SMA → P5B → P7B → P9B → P10B ↘
     ✕    ✕    ✕         ✕   ✕    MC
PG3 PG4 → P1B → P2B → P11B → P4B → GSB → SMB → P5A → P7A → P9A → P10A ↗

（7）煤场→筒仓，流程如下：

DQ1 → P11A → P4A → GSA → SMA → P5B → P6B ↘
     ✕           TC
DQ2 → P11B → P4B → GSB → SMB → P5A → P6A ↗

（8）煤场→原煤仓，流程如下：

DQ1 → P11A → P4A → GSA → SMA → P5B → P7B → P9B → P10B ↘
                ✕    ✕    MC
DQ2 → P11B → P4B → GSB → SMB → P5A → P7A → P9A → P10A ↗

（9）筒仓→原煤仓，流程如下：

    ↗ YG5 YG6 YG9 → P8A → P9B → P10B ↘
TC            ✕     MC
    ↘ YG7 YG8 YG10 → P8B → P9A → P10A ↗

（10）校验电子皮带秤流程。

1）煤场校验电子皮带秤，流程如下：

DQ1 → P11A ↘              ↗ P9A → P10A ↘
     P4A → GSA → SMA → P5B → P6B → P7B    ✕    MC
DQ2 → P11B ↗              ↘ P9B → P10B ↗

2）翻车机校验电子皮带秤，流程如下：

PG1 PG2 → P1A → P2A ↘                ↗ P9A → P10A ↘
      ✕   P3 → P4A → GSA → SMA → P5B → P6B → P7B   ✕    MC
PG3 PG4 → P1B → P2B ↗                ↘ P9B → P10B ↗

3）卸煤沟校验电子皮带秤，流程如下：

YG1 YG2 → P0A → P2A ↘                ↗ P9A → P10A ↘
      ✕   P3 → P4A → GSA → SMA → P5B → P6B → P7B   ✕    MC
YG3 YG4 → P0B → P2B ↗                ↘ P9B → P10B ↗

（二）程控系统运行工作原则

（1）正常情况下卸煤、上煤选择上述第（1）、（2）、（4）、（5）、（7）、（9）流程。

（2）特殊情况下可选择上述第（3）、（6）、（8）流程。

（3）碎煤机或滚轴筛双路故障时，要使用 P4 至 P5 直通，必须经值长同意。

（4）汽车卸煤沟、翻车机来煤在保证筒仓上煤后方可堆至煤场。

（5）启动设备前，必须安排岗位人员检查设备。在接到"设备正常，可以启动"的汇报后，方可开始启动工作。

（6）以"程控"、"联锁"为主要运行方式，"解锁"为特别工况或检修时使用。

（7）输煤系统无论采用哪一种运行方式，各运行设备均应正确投入联锁。

（8）当联锁正确地投用后，运行中某一设备因故障停机时，联跳从故障点至煤源点间的所有运行设备（碎煤机和滚轴筛除外）。

（9）运行期间认真监视设备电流变化，分析波动原因，做好事故预想。

（10）监视工业电视和煤仓、筒仓煤位信号变化，掌握系统运行状况。

（11）采样机、除尘器、除铁器、喷淋要及时投用。

### 三、程控系统运行启停操作方式

（一）集中控制启动操作

（1）"程控"启动操作：按照程序设置，流程自动启动，设备之间有联锁保护。

（2）"联锁"启动操作：按照流程顺序对设备逐个进行手动启动操作，设备之间有联锁保护。

（3）"解锁"启动操作：无需选择运行流程，可任意启停就地设备，各设备间没有任何联锁关系。

（4）"试机"启动操作：可以在流程运行过程中使用，已运行流程仍有联锁关系。

（二）集中控制停机操作

（1）"程控"停机操作：按照程序设置，流程自动停止，设备之间有联锁保护。

（2）"联锁"停机操作：按照流程顺序对设备逐个进行手动停机操作，设备之间有联锁保护。

（3）事故联锁停机操作：运行中当某一设备发生故障时，联跳从故障点到煤源之间的所有运行设备（碎煤机和滚轴筛除外），相应故障设备发出故障闪光，并伴有语音报警。

# 第二节　程控系统检查与监视

在输煤系统运行过程中，程控系统承担着设备启停、运行监视、事故实时报警等重要功能，做好启动前的准备和运行中的监视可以及时发现异常，避免事故，保证输煤系统稳定运行。

### 一、启动前的准备

（1）各电源柜、控制柜电源供电正常，各保护继电器工作正常，各电源熔断器完好。

（2）打开上位机显示器电源，电源指示灯亮。

（3）打开上位机主机电源，系统自动加载程序，直接进入程控系统画面。

（4）上位机画面显示正常，各设备位置信号与实际相符，保护语音报警启动。

（5）准备启动的设备无影响运行的故障报警。

（6）电子皮带秤显示正常。

（7）根据系统设备状况，确定运行方式，并通知各岗位值班员。

（8）各岗位值班员根据运行方式和安排，检查设备是否具备运行条件，并将检查结果汇报程控值班员。

（9）设备状态为程控位，工业电视切换到所要运行的设备。

（10）三通挡板切换到运行方式所需位置，信号指示正常。如挡板实际到位，程控无到位信号，应进行挡板置位。

## 二、运行中的监视和调整

（1）各种信号显示反映设备运行情况，程控值班员应随时监视，掌握整个系统的运行情况。

（2）工业电视是辅助监视的重要手段，程控值班员应注意监视，以便及时发现现场异常情况。

（3）电流指示反映设备运行状况，是判断设备是否正常运行的主要依据，要认真监视，发现电流异常应及时调整设备出力或停机检查，未查明原因，不得再次启动（某电厂输煤系统各主要设备空载、重载电流见表 2-1）。

（4）根据煤位指示，及时调整犁煤器工作状态。

（5）为了防止磨损皮带，犁煤器最多只能同时有两个处于落位，皮带启动后方可落犁煤器。犁煤器一般与皮带接触不紧密，存在漏煤现象，因此原煤仓尾仓停用后，煤位不得超过 8m。

（6）根据来煤、存煤情况和值长要求进行混配煤。

（7）除尘器、除铁器、电子皮带秤、采样机要在煤流到来前投入正常运行状态。

表 2-1　　　　　　　　某电厂输煤系统各主要设备空载、重载电流

| 设备名称 | 空载电流 | 重载电流 (出力：1000t/h) | 设备名称 | 空载电流 | 重载电流 (出力：1000t/h) |
|---|---|---|---|---|---|
| P0A | 96 | 132 | P10A | 75 | 105 (350MW 机组上煤) |
| P1A | 125 | 167 | | | 120 (350MW 机组上煤) |
| P2A | 98 | 138 | | | |
| P3 | 17 | 24 | P11A 取 | 11 (头) | 11 (头) |
| P4A | 60 | 110 | | 7 (尾) | 8 (尾) |
| GSA | 16 | 20 | P11A 堆 | 11 (头) | 11 (头) |
| SMA | 26 | 26 | | 13 (尾) | 13 (尾) |
| P5A | 114 | 198 | P0B | 100 | 130 |
| P6A | 13 | 18 | P1B | 120 | 163 |
| P7A | 30 | 42 | P2B | 118 | 159 |
| P8A | 42 | 53 (使用 YG5、YG6) | | | |
| | | 60 (使用 YG9) | P4B | 55 | 105 |
| | | | GSB | 14 | 19 |
| P9A | 17 | 27 | SMB | 26 | 26 |

| 设备名称 | 空载电流 | 重载电流<br>（出力：1000t/h) | 设备名称 | 空载电流 | 重载电流<br>（出力：1000t/h) | |
|---|---|---|---|---|---|---|
| P5B | 97 | 160 | P10B | 83 | 110<br>（350MW 机组上煤) | |
| P6B | 13 | 18 | | | 138<br>（300MW 机组上煤) | |
| P7B | 28 | 35 | | | | |
| P8B | 43 | 55<br>（使用 YG7、YG8) | P11B取 | 12 (头) | 13 (头) | |
| | | 60<br>（使用 YG10) | | 13 (尾) | 13 (尾) | |
| P9B | 15 | 28 | P11B堆 | 12 (头) | 12 (头) | |
| | | | | 13 (尾) | 14 (尾) | |

# 第三节　运行方式优化及入炉煤掺配

## 一、输煤系统运行方式优化的主要方法

由于煤炭市场客观条件限制，电厂煤源不稳定且阶段性差异很大，煤质较差，尤其是火车来煤中经常含有煤泥。以上情况给输煤系统上煤造成了诸多困难，对机组安全用煤影响较大。因此，必须在上煤过程中对运行方式进行优化，保证来煤的接卸和筒仓、原煤仓的正常供给。结合输煤系统的实际情况，应在上煤过程中使用以下方法：

（1）来煤优先上筒仓。一方面可以保证筒仓底的叶轮给煤机正常取煤，另一方面可以减少斗轮机和 P11 皮带的堆取煤重复运行，减少设备运行时间，降低值班员劳动强度，节约厂用电。

（2）1、2 号翻车机都有火车来煤时，应两路同时进行作业，及时接卸火车来煤。

（3）汽车来煤较多时，应同时启动 0 号两路皮带，及时接卸汽车来煤。

（4）同时有火车来煤和汽车来煤时，应采用双路运行方式，根据煤质和筒仓存煤情况选择上至筒仓或堆至火车煤场。

（5）如果原煤仓煤位整体偏低，在上煤时应先将各个煤仓均匀补一遍，保证每个煤仓都不断煤，再依次将各个煤仓上至高煤位。

（6）在来煤较湿、较黏的情况下，直接上筒仓会造成落煤筒频繁堵煤、滚轴筛频繁卡涩。因此应选择以下运行方式：

1）来煤湿、煤中含有煤泥。这类来煤优先堆至火车煤场进行晾晒（尽可能选择堆至1 号火车煤场，因为堆至 1 号火车煤场时经过单侧犁煤器落煤筒，不易堵煤），同时从另一个火车煤场取煤上筒仓，以保证筒仓存煤量。

2）如果来煤和火车煤场存煤均较湿、较黏，应采取经 P7 皮带直上原煤仓的运行方式。如果上至筒仓会造成筒仓严重蓬煤，筒仓下叶轮给煤机取煤困难。

3）来煤中含有大量湿煤泥。这类煤应摊开堆至 1 号火车煤场相对固定位置。晾干后尽快取用，取煤时应先取一层，待晾干再取下一层。

4) 来煤或存煤较湿、较黏，又必须给筒仓上煤时，可采取掺配的方法改善煤质情况，即使用不同煤源点的煤同时上至同一条皮带，既可以消化黏湿煤，也不会对后面皮带的落煤筒造成太大影响，从而最大程度降低黏湿煤对运行方式的影响。

5) 在来煤较湿、较黏的情况下，应在上煤过程中定时集中处理各皮带落煤筒黏煤，防止堵煤。

## 二、通过优化运行方式减少筒仓蓬煤

在输煤系统中，筒仓起着储煤、配煤的重要作用。电厂输煤系统以筒仓为界，分为两个相对独立的系统，原煤仓、筒仓上煤互不干扰，大大提高了输煤系统运行的稳定性和可靠性，通过筒仓的缓冲作用，可有效避免原煤仓断煤。另外通过不同筒仓存放不同煤质的煤，可以有效地对锅炉用煤进行掺配，改善锅炉用煤条件。但是长期以来，筒仓蓬煤一直是困扰输煤系统的一个难题，严重时会直接影响锅炉用煤的安全。因此，在来煤煤质较差的情况下，如何通过优化运行方式来减少筒仓蓬煤是保证输煤系统稳定运行和原煤仓安全供煤的关键。

(一) 筒仓蓬煤原因分析

(1) 来煤煤质差，煤湿、煤黏，这是造成筒仓蓬煤的主要原因。

(2) 叶轮给煤机长时间定点取煤，其他部位的煤得不到流动，造成存煤板结。

(3) 筒仓前皮带，尤其是 P5 皮带冲洗落煤筒时未停止 P6 皮带运行，造成煤水进入筒仓，使筒仓存煤变湿、变黏。煤水下渗后，造成煤泥和煤块分离，煤泥顺着煤的间隙一直下渗。随着煤的流动性变差、水分的蒸发，部分煤板结，再加上筒仓上煤过程中来煤的冲击，使板结煤越砸越实，蓬煤越来越严重。

(4) 某个筒仓长时间没有使用。随着水分的蒸发，筒仓内存煤板结，尤其是筒仓下挡煤帘缺失的部位，空气流动快，更容易带走煤中的水分，加上煤自重的压力，使煤板结，时间越长，板结的宽度和厚度也越大。

(5) 由于 P6 皮带个别犁煤器的缺陷不能及时消除，无法正常使用，因此对个别筒仓使用较少，筒仓内存煤不能及时流动，造成蓬煤。

(二) 预防措施

虽然造成筒仓蓬煤的主要原因是煤质差，但只要使用合理的运行方式，就会使蓬煤现象得到有效控制。在采取运行方式前要让有经验的值班员对煤的湿度、煤中煤泥及矸石含量进行检查，从而根据不同的情况采用不同的运行方式。

(1) 如果来煤和火车煤场存煤均较湿、较黏，应采取经 P7 皮带直上原煤仓的运行方式。如果上至筒仓会造成筒仓严重蓬煤，筒仓下叶轮给煤机取煤困难。

(2) 叶轮给煤机移动取煤。为了防止筒仓蓬煤，叶轮给煤机要移动取煤。筒仓的头尾两侧取不上时要尽快清捅，否则易造成蓬煤越来越严重。

(3) 筒仓上煤和原煤仓上煤同时进行时使用同一个筒仓，这样有利于筒仓内存煤的流动，减少筒仓蓬煤。

(4) 筒仓定期拉空。为了防止严重蓬煤，筒仓要定期拉空，拉空后发现蓬煤要清理干净。

（5）P6 皮带犁煤器有缺陷时，应及时联系检修人员处理，确保犁煤器的正常使用。

（6）减少落煤筒的水冲洗，尤其是 P5 皮带，当 P5 皮带落煤筒必须进行水冲洗时，应停止 P6 皮带运行，避免煤水进入筒仓。

### 三、如何做好入炉煤的掺配

为满足机组对煤质指标的各种需求，提高机组用煤的经济性，避免因存放、掺配不当造成煤堆自燃、制粉系统爆燃、原煤仓集中蓬煤、机组降负荷、环保不达标等异常事件的发生，入炉煤必须合理掺配，以保证锅炉燃烧稳定、脱硫环保设备可靠运行。

一般情况下，各电厂应根据各自锅炉的特性来制定入炉煤的最低发热量、最大硫分含量及最高挥发分含量。

（一）入炉煤掺配的主要参考条件

（1）入炉煤掺配参考条件一：磨煤机出力。350MW 机组磨煤机出力相对较小，对煤质要求相对较高；300MW 机组磨煤机出力相对较大，对煤质要求相对较低。因此给 350MW 机组上煤时应使用热值较高的煤，给 300MW 机组上煤时应使用热值相对较低的煤。当某台锅炉有磨煤机检修时，因可用磨煤机减少，磨煤机出力下降较大，负荷高时必须给此锅炉上高热值煤。

（2）入炉煤掺配参考条件二：机组负荷。一般情况下，中班、前夜时间段机组负荷高，经常带满负荷，需要使用热值较高的煤种。后夜、白班机组负荷低，对煤质要求相对较低，可以使用热值较低的煤种。另外必须考虑到原煤仓中存煤的使用时间，一个煤仓在储满煤的情况下，正在上的煤在不同负荷下一般在 6～10h 后会用到。

（3）入炉煤掺配参考条件三：锅炉脱硫装置的运行情况。当脱硫设备有检修时，机组脱硫能力下降，为满足环保要求，上煤时应给相应锅炉使用硫分含量低的煤。

（4）入炉煤掺配参考条件四：来煤、汽车煤场及火车煤场存煤情况。入炉煤的掺煤应根据来煤情况、汽车煤场及火车煤场存煤情况及时进行调整，不能局限于某一种方式。

（5）入炉煤掺配参考条件五：其他特殊煤质，如黏煤、超低热值煤、高挥发分煤、高挥发分高硫煤、含煤泥块的煤等。这些煤对设备的运行都有着特殊的影响，必须根据具体情况合理掺配。

（6）入炉煤掺配参考条件六：设备运行情况。为避免入炉煤掺配工作受煤场堆取煤设备可靠性的影响，必须平衡 1、2 号火车煤场的存煤，取煤时优先取用存煤较多的煤场，堆煤时优先给存煤较少的煤场堆放。

（二）入炉煤掺配的方法

（1）火车煤场分类堆煤。这是实现入炉煤掺配比例控制的重要条件，堆放至火车煤场的煤必须严格按照煤质种类分类堆放，在进行掺配时就可以根据需要取用相应的煤种，如果随意堆放，掺配煤工作根本无法进行。

（2）筒仓分类储煤和筒仓下叶轮给煤机掺配。这是入炉煤掺配最基本的方法。筒仓储煤时在不同筒仓中存放不同种类的煤；在使用筒仓下叶轮给煤机时，控制各台叶轮给煤机的煤量，在 P8 皮带就实现了入炉煤的掺配。在各类来煤比例适当的情况下，此掺配方法最为简单，也最容易控制掺配比例；但是在各类来煤比例失衡的情况下，此方法的可执行性就会下降，不利于配煤比例的控制。

（3）筒仓前掺配。在煤上至筒仓前，将各煤源点不同种类的煤同时送入下级皮带，在筒仓前就进行预掺配，通过控制各煤源点的上煤比例，将煤掺配成需要的煤种。例如，将高热值煤、低热质煤按一定比例掺配，就可以掺配成中热质煤。

（4）直上原煤仓。当因特殊煤质要求需要给某台锅炉上高热值煤或低硫煤时可使用此方法，此方法特别适用于各类来煤比例不稳定的情况，保证特殊用煤要求也最为有效。

（5）掺配后直上原煤仓。由于锅炉有特殊煤质要求或来煤、存煤种类比较特殊，可以将筒仓前各煤源点不同种类的煤同时送入下级皮带，实现特殊煤质的掺配，此方法配煤比例也比较容易控制。

（6）筒仓取煤与直上煤掺配。在特殊情况下，可使用此方法，通过控制筒仓取煤与直上煤的比例在 P9 皮带实现掺配。

（7）原煤仓单双仓分类上煤。原煤仓上煤时，单号仓和双号仓分别上不同种类的煤，通过控制皮带给煤机给煤量，在磨煤机内实现掺配。

（8）火车煤场高热值煤与低硫煤储备。在高热值煤和低硫煤来煤较少的情况下，必须考虑在火车煤场存放一定数量的高热值煤和低硫煤。由此，一方面可以实现掺配煤需要，另一方面可以保证磨煤机和脱硫系统检修时对煤质的特殊需求。

# 第三章

# 皮 带 机 系 统

## 第一节  皮带机系统运行

### 一、皮带机系统启停操作

输煤系统各皮带机及筛碎设备在就地设置了控制箱，可就地进行设备启停操作，此方式不作为皮带机系统的正常运行方式，只在设备试运、故障处理时使用。

### 二、落煤筒监护及黏煤处理

做好落煤筒监护可有效防止皮带堵煤，日常监护和黏煤处理应注意以下方面：

（1）每次皮带启动之前都应对落煤筒进行检查，筒壁黏煤要及时清理。挡板切换到位，并与程控安排的运行方式相符。

（2）皮带运行期间要经常检查落煤筒黏煤情况，发现黏煤增多应及时清理，否则易造成堵煤。

（3）落煤筒检查口处放置小布条可以辅助监护落煤筒。正常时气流从落煤筒外向落煤筒内流动，小布条向落煤筒内飘动；落煤筒快堵煤时，气流从落煤筒内向落煤筒外流动，小布条向落煤筒外飘动，这时应立即停机检查。

（4）皮带运行期间各值班员离开皮带机头部时，应向程控值班员进行汇报，由程控值班员用摄像头进行辅助监护。

（5）落煤筒黏煤应使用捅煤杆清理，尽量避免用水冲洗，防止造成下级皮带大量煤泥污染。必须用水冲洗时要向程控值班员汇报并征得同意。P9皮带冲洗落煤筒必须做好防止原煤仓进水的措施。

（6）雨季上煤要重点防止落煤筒堵煤，双路运行处理落煤筒黏煤时，要注意监护另一路落煤筒。

### 三、三通挡板的切换

（1）三通挡板切换前必须将落煤筒黏煤清理干净，防止切换时造成三通挡板损坏。

（2）三通挡板切换前应启动下级皮带拉空落煤筒内的漏煤。

（3）三通挡板设有力矩保护，如果挡板切换10s后仍未到位，应立即停止切换并进行检查。

（4）单路设备运行期间尽量避免切换三通挡板，以免挡板损坏造成上煤长时间中断。

（5）三通挡板就地操作方法：

1）将转换开关切换至"就地"位。

2）按下"A 通"或"B 通"按钮，挡板到位后"A 通"或"B 通"指示灯亮。然后检查挡板实际是否到位。

3）将转换开关置"程控"位。程控上位机流程预启时要求三通挡板在"程控"状态，因此就地切换到位后应将转换开关切换至"程控"位。

### 四、调偏托辊的使用方法

皮带向哪一侧跑偏，哪一侧的调偏托辊就向皮带运行方向推。需要注意的是上下层皮带运行方向相反，如果都向同一侧跑偏，上下调偏托辊的调整方向相反。

### 五、皮带机拉绳、跑偏保护定期试验

拉绳开关布置于皮带机两侧沿线，皮带机发生危及人身和设备安全的情况时，在皮带机任意位置都可以拉绳紧急停止皮带机运行。跑偏开关同样布置于皮带机两侧沿线，在皮带机发生跑偏时可以实现报警和自动停运设备的作用，对于防止皮带撕裂、防止撒煤作用重大。

拉绳、跑偏开关数量多，故障率高，其可靠性关系到皮带机的安全稳定运行，因此必须对其进行定期试验，以保证所有开关都能可靠动作。

拉绳、跑偏开关应每月进行一次试验。试验时现场值班员应将开关逐个动作，由程控值班员在上位机检查信号是否正常。

### 六、皮带机测振、测温

输煤系统皮带机都是大型回转机械，应定期对相关部件进行温度和振动的测量，测量工作包括电动机、减速机的振动、温度测量和滚筒轴承的温度测量。皮带机的测振、测温工作应每月进行一次。做好皮带机测振、测温工作可以及时发现设备异常，保证皮带机可靠运行。

测振时应进行水平、垂直、轴向三个方向的测量，测量时测振仪应与测量面尽量保持垂直。以输煤系统皮带机普遍使用的转速为 1500r/min 的电动机为例，电动机、减速机振动值一般在 0.05mm 以内，最大不应超过 0.08mm。

测温时应对测量部件进行多点测量，温度值以最高值为准。测量部件的温度应与环境温度进行对比，各部件的温度最高允许值和温升最大允许值应以厂家说明为准。电厂输煤系统皮带机滚筒轴承的温升一般不超过 20℃。

## 第二节　皮带机系统检查重点

### 一、启动前的检查

（一）皮带机

（1）启动前不得有危及人身安全的现象存在。

（2）各控制箱、开关箱应完好无损，箱上"程控—就地"转换开关均应置对应位。

（3）电动机、减速机地脚螺栓无明显松动，减速机、液力耦合器、电力液压制动器无明显渗漏油，联轴器锁片及固定螺栓无明显松动，驱动装置各防护罩完好。

（4）落煤筒无积煤、堵塞现象，三通挡板到位且位置正确。

（5）各滚筒表面无开胶、无黏煤，轴承底座固定螺栓无明显松动。

（6）皮带上、下应无杂物，皮带无撕裂、开胶及严重磨损现象，皮带无严重跑偏现象。

（7）托辊无脱落、松动及明显损坏现象，特别是反 V 形托辊要重点检查。

（8）跑偏开关及拉绳开关无损坏，并已全部复位；拉绳线无断裂。

（9）皮带机各处防护栏杆及防护网应完好无缺。

（10）各拉紧装置完好无损。拉紧小车无卡住、出轨现象；重锤拉紧滚筒下无积煤、杂物衬垫，两侧滑动柱无倾斜变形。

（11）导煤槽皮子无严重磨损现象。

（12）电铃声音响亮。

（13）现场照明齐全，光线充足。

（二）滚轴筛

（1）启动前不得有危及人身安全的现象存在。

（2）控制箱上"程控—就地"转换开关置对应位。

（3）电动机、减速机、筛轴轴承地脚螺栓无明显松动，减速机无明显渗漏油，联轴器锁片及固定螺栓无明显松动，驱动装置各保护罩完好。

（4）箱体内无杂物、无积煤。

（5）箱体检查门及其防护网放置到位。

（6）滚轴筛—碎煤机落煤筒入口处防护网置于"运行"位。

（三）碎煤机

（1）启动前不得有危及人身安全的现象存在。

（2）控制箱上"程控—就地"转换开关置对应位。

（3）电动机、箱体、轴承座地脚螺栓无明显松动；联轴器的连接螺栓无明显松动；液力耦合器无明显渗漏油，防护罩完好。

（4）碎煤机轴承测温、测振仪显示正常，无故障报警。

（5）箱体检查门固定螺栓无明显松动。

（6）每周清理碎煤机异物室，打开检查门后应检查以下内容：

1）转子及机腔内应无积煤或杂物。

2）环锤、衬板、筛板均无破裂、脱落等现象。

3）发现异物室内有铁件、杂物时，应予以清除；发现大铁件时必须查明来源。

## 二、运行中的检查

（一）皮带机

（1）运行中发现有危及人身安全的情况时，应立即拉绳停机。

（2）驱动装置应无杂音，电动机、减速机温升和振动值不允许超过规定值。

（3）各落煤筒无堵塞、漏煤现象。

（4）各类清扫器清扫效果良好，无杂物卡涩。

（5）各种保护装置完好。

（6）各滚筒、托辊转动灵活，无黏煤卡涩，无异常噪声；各滚筒轴承温升不允许超过规定值。

（7）皮带机应在额定负荷下运行，不允许超载。

（8）发现皮带上有大块异物时，应立即拉绳停机进行清理。

（9）拉紧装置动作应灵活。拉紧小车无卡阻、脱轨；拉紧重锤与滑柱无卡阻，重锤拉紧滚筒内无异物落入，滚筒底部无衬托物。

（10）发现皮带接头开胶、撕裂、严重跑偏、撒煤等异常情况时，应立即拉绳停机进行检查。

（二）滚轴筛

（1）运行中发现有危及人身安全的情况时，应立即紧急停机。

（2）整机运转应平稳，无异常振动和噪声。

（3）各筛轴尼龙柱销无断裂。

（4）各筛轴上无严重黏煤。

（三）碎煤机

（1）运行中碎煤机应无异常振动。

（2）发现碎煤机内部有异常撞击声和摩擦声时，应立即停机检查。

（3）碎煤机轴承测温仪、测振仪上温度、振动显示值在正常范围内。

（4）碎煤机应在额定负荷下运行，不允许超载。

### 三、设备巡视检查方法

对设备巡视检查是运行工作中很重要的一项内容。设备状态和性能的变化，除依靠设备的保护、监视装置、表计等显示外，主要依靠值班人员定期、特殊的巡视检查来发现。巡视检查的一般方法有：

（1）眼看：目测设备看得见的部位，观察其外表变化来发现异常现象，是巡视检查最基本的方法，如设备明显的变形、破损、渗漏及变色、失位、抖动等。

（2）耳听：无论什么设备在运行中都会发出一定的声音，只要熟练地掌握了这些设备正常运行时的声音情况，遇有异常时，用耳朵或借助听音器械（如听音棒），就能通过它们的高低、节奏、声色的变化及杂音的强弱来判断设备的运行状况。

（3）鼻嗅：鼻子对于某些气味的反应比用某些自动仪器还要灵敏得多。嗅觉功能因人而异，但对于某些设备过热所产生的气味，正常人都可以辨别。值班人员在巡检过程中，一旦嗅到焦糊味，应立即寻找异味来源，判别其严重程度，如是否冒烟、变色及有无异音异状，从而对症查处。

（4）用手触试：用手触试设备来判断缺陷和故障是一种必不可少的方法，但需要强调的是，必须分清可触摸的界限和部位。

（5）使用仪器检查：巡视检查设备使用的便携式检测仪器主要有测温仪、测振仪等，通过仪器检测可以准确判断过热、超振等异常情况。

# 第三节　给配煤及辅助设备运行

皮带机系统除了皮带机、筛碎设备外，还必须配备叶轮给煤机、皮带给煤机、犁煤器等给配煤设备和除铁器、除尘器、入炉煤采样机、排污泵等辅助设备，以配合皮带机系统作业的需要。

## 一、给配煤设备运行

### （一）叶轮给煤机

（1）叶轮给煤机应程控运行。就地运行时与皮带机无联锁关系，一旦皮带机故障停运，应立即停止叶轮给煤机运行，否则易造成叶轮给煤机堵煤。

（2）叶轮给煤机运行时出力不得低于额定出力的 30%，否则易造成叶轮卡涩，行走困难。

（3）叶轮给煤机防溜应使用专用防溜铁鞋。

（4）叶轮给煤机撑杆与挡煤帘易发生卡涩现象，运行中应重点检查。

### （二）皮带给煤机

（1）皮带给煤机容易卡杂物，运行中应经常检查。

（2）皮带给煤机应空载启动，否则容易被煤压死。

### （三）犁煤器

（1）犁煤器落下时，与皮带接触应适宜，过紧易刮伤皮带，过松则漏煤太多。

（2）犁煤器犁刀磨损过大后易刮伤皮带，应及时打磨。

（3）皮带机重载停机后易造成犁煤器抬落困难。

（4）犁煤器应在皮带启动后再落下，否则易造成皮带损伤。

（5）P2 皮带单侧犁煤器易发生漏撒煤现象，运行中应注意检查。

## 二、辅助设备运行

### （一）除铁器

（1）除铁器自动运行可靠性低时，应手动投运。

（2）在皮带启动前必须将各级除铁器提前投运。

（3）皮带双路运行时，应分别在 A、B 两路皮带上各放置一台除铁器。

（4）皮带上煤量过大时，应将除铁器暂时开出，以免撞击造成除铁器损坏或撒煤。

（5）除铁器上吸附有大铁件时，应及时移出弃铁，以免划伤皮带或撒煤。

（6）除铁器上吸附的铁件较多时，应及时切换弃铁。

（7）运行中出现铁制工具或铁件掉入皮带时，应将此流程中的所有除铁器全部投运。

### （二）除尘器

（1）除尘器自动运行可靠性低，应手动投运。

（2）除尘器应在皮带启动后及时投入运行。

（3）除尘器水位与风管距离 5～10cm 为宜，水位过低会造成粉尘外排，水位过高会造成风机阻力大。

（4）除尘器投用期间应经常检查有无漏水现象，水位是否正常。

（5）除尘器使用结束后应将箱体内的水排空，并将箱体底部煤泥冲洗干净。

（三）入炉煤采样机

（1）入炉煤采样机必须使用自动运行方式。

（2）故障处理使用手动方式时，必须将采样刮板电源断开，以防采样刮板一直转动造成大量撒煤。

（3）入炉煤采样机因故不能投用时，必须切换另一路运行。如果两路采样机都不能投用时，应在 P9 头部进行人工采样，每 15min 采样一次。

（4）煤湿时入炉煤采样机易发生堵煤现象，值班员应加强检查。

（5）发现采样量有明显异常时应查明原因。采样量过大的原因一般为皮带跑偏或刮板处导煤皮过长；采样量过小的原因一般为采样刮板不动作或各处落煤筒堵塞。

（6）P9 值班员在运行中应注意观察皮带上采样刮板刮过的痕迹，以此判断采样刮板是否能正常工作。

（7）原煤仓上煤结束后，入炉煤采样机应延时 15min 左右停机，以使采样机内的余煤拉空。

（四）排污泵

（1）排污泵应在自动位运行。

（2）积煤、杂物应尽量避免进入泵坑，否则易造成排污泵堵塞。

（3）地面冲洗结束后，应用清水冲洗泵坑 5min，把管道中的积煤冲走。

## 第四节　典型故障原因及预防处理措施

### 一、皮带打滑原因及预防处理措施

皮带打滑指的是皮带机驱动滚筒转动而皮带不转动。皮带机发生打滑后，容易造成皮带机压死、上级皮带机堵煤等异常情况的发生。

（一）原因分析

（1）皮带机发出打滑报警后首先应检查皮带是否真的打滑，有时会出现皮带机运行正常误报打滑的现象，主要原因是打滑测速轮与皮带接触不好或掉落。打滑测速轮一般安装在头部下层皮带上，皮带的抖动不能过大，否则误报打滑的可能性很大。

（2）皮带堵煤。皮带机发生堵煤后被煤挤死无法转动，滚筒与皮带之间发生打滑；另外也有可能是下层皮带带煤将打滑测速轮顶起，发出打滑报警。

（3）皮带非工作面带水。因地面冲洗等原因造成皮带非工作面带水后，驱动滚筒与皮带间的摩擦力变小，造成皮带打滑。

（4）皮带机驱动滚筒包胶磨损严重。皮带机长时间运行后，驱动滚筒的包胶严重磨损，驱动滚筒与皮带间的摩擦力降低，造成皮带打滑。

（5）带负荷停机时皮带机煤量过大，再次启动时造成皮带打滑。

（6）皮带机拉紧装置拉紧力不足。

（二）预防处理措施

（1）皮带机发出打滑报警后应首先检查皮带打滑测速轮是否正常。

（2）皮带机值班员应经常对落煤筒进行检查，发现黏煤及时处理，尽量避免堵煤情况的发生。

（3）冲洗地面时应避免将水冲到皮带上，尤其是正在运行中的皮带。

（4）发现驱动滚筒包胶磨损严重时，应及时对驱动滚筒进行重新包胶或更换滚筒。

（5）严格控制皮带煤量，避免皮带超负荷运行，尽量避免皮带机带负荷停机。

（6）调整螺旋拉紧行程或增加配重，提升拉紧装置拉紧力。

**二、皮带撕裂原因及预防处理措施**

皮带是皮带机最主要的组成部件，皮带撕裂后会造成皮带部分或整条报废，且更换皮带工作量大，检修时间长，严重影响输煤系统的安全稳定运行。

（一）原因分析

（1）皮带因接头不正、落煤不正等原因严重跑偏，与机架或基础相磨。

（2）清扫器与皮带间卡有异物。

（3）头部清扫器调得过紧或卷入皮带；空段清扫器皮子磨完，角铁刮磨皮带。

（4）犁煤器、刮水器压皮带过紧而刮伤皮带。

（5）犁煤器犁刀磨损严重，形成刃口，刮磨皮带边。

（6）皮带接头开胶或有损伤，运行中被犁煤器、清扫器挂住。

（7）托辊脱落或轴承损坏，托辊卷入滚筒或托辊架划磨皮带。

（8）托辊破损、断裂后不转，划磨皮带。

（9）煤中有大型异物卡在皮带与导煤槽之间。

（10）落煤筒衬板脱落卡在皮带与导煤槽之间。

（11）导煤槽钢板开焊脱落或与皮带之间卡有异物。

（12）碎煤机筛板破碎，落入皮带。

（13）尾部改向滚筒或重锤拉紧配重滚筒内卡有异物；或是卷入大量积煤，滚筒直径变大，皮带与机架或护网剐蹭。

（14）除铁器投用不及时或失去励磁，煤中铁件未及时吸出。

（15）除铁器吸有大铁件，触及皮带。

（16）清理工具（如捅煤杆、铁锹、撬杠等）掉入皮带。

（17）检修结束后在落煤筒内或皮带上留有异物。

（二）预防处理措施

（1）发现皮带跑偏应及时调整。

（2）各类清扫器与皮带间隙应适当，清扫器磨损后应及时调整或更换。

（3）犁煤器、刮水器落下时，压皮带不能过紧，犁刀磨损后应打磨平整。

（4）托辊脱落后应及时回装，托辊损坏后应及时更换，特别是反 V 形托辊必须重点检查。

（5）煤中杂物必须及时清除，特别是翻车机和 P1 皮带值班员应尽量避免杂物落入下级皮带。

（6）每 3 个月应对落煤筒内部检查一次。

（7）除铁器必须及时投运，经常检查，及时弃铁。

（8）清理工具掉入皮带必须立即停运相应流程，将工具取出。

（9）发现皮带堵煤、撒煤、漏煤应及时处理，必要时可紧急停机。

（10）检修结束后应对设备进行全面检查，防止落煤筒内或皮带上留有异物。

### 三、落煤筒堵煤原因及预防处理措施

落煤筒堵煤是皮带机最常见的一种故障，在雨季发生尤为频繁。堵煤对输煤系统的安全稳定运行影响很大，堵煤后容易造成输煤现场环境污染，清理工作量大，增加了值班人员的劳动强度。

（一）原因分析

（1）煤黏、煤湿，这是造成落煤筒堵煤最主要的原因。当黏湿煤经过落煤筒时，部分煤黏附在落煤筒内壁上，随着运行时间的增加，内壁上的黏煤越来越多，落煤筒的孔径越来越小，直至煤无法下落，便造成了堵煤。

（2）落煤筒内卡有大块异物。异物卡在落煤筒内，造成落煤筒孔径明显变小，造成堵煤。

（3）三通挡板不到位。三通挡板切换时未到位，或是挡板到位信号指示错误，造成落煤筒堵煤。

（4）在皮带机启动过程中未及时投入联锁。一旦皮带机带负荷停机，无法联跳其他皮带机，造成堵煤。

（5）皮带机煤量过大，经过落煤筒时下煤不畅，造成堵煤。

（6）落煤筒锁气器动作不灵活或卡涩。当煤经过落煤筒锁气器时无法下落，造成堵煤。

（7）皮带尾部导煤槽皮子过宽。当煤量较大时，下级皮带机无法及时将落煤筒内的煤拉空，运行时间稍长，便会造成落煤筒堵煤。

（二）预防处理措施

（1）规范操作。在皮带机启动时必须将联锁投入；皮带机运行期间煤量应控制在额定负荷之内，特别是在掺配煤的过程中，经常会使用两条皮带机同时向下一级皮带机上煤的方法，此时各煤源点的操作人员必须做好配合，严防皮带上出现过大煤量。

（2）三通挡板切换完毕后，程控值班员应通知现场人员进行就地检查，以确认三通挡板切换到位并在正确位置。

（3）皮带机值班员在上煤前必须将落煤筒黏煤清理干净，在开始上煤的阶段，应对煤质情况进行检查，发现煤湿、煤黏时应加强落煤筒的检查力度，黏煤较多时应及时停机进行清理。

（4）在条件允许的情况下，合理进行煤的掺配，以改善煤质情况，减少落煤筒的黏煤。

（5）各皮带值班员应注意对煤中杂物的检查，发现煤中有大块杂物必须停机将其取出，特别是翻车机和 P1 岗位值班员在清理煤箅子上的杂物时，应尽量避免杂物进入下级皮带。

（6）发现落煤筒锁气器动作不灵活或卡涩时，应及时进行处理。

（7）更换皮带尾部导煤槽皮子时不宜过宽，防止因下煤不畅造成落煤筒堵煤。

### 四、三通挡板损坏原因及预防措施

三通挡板是实现皮带间煤流转换的装置，对于输煤系统运行方式的调整至关重要。三通挡板损坏常见的现象有电动机烧毁、推杆变形、电动机底座损坏、挡板连杆断等。

（一）原因分析

（1）三通挡板切换前未将落煤筒内黏煤清理干净，切换时阻力过大造成三通挡板损坏。

（2）三通挡板切换前未将下级皮带尾部落煤筒内漏煤拉空。由于磨损等原因，三通挡板一般存在密封不严的情况，即往 A 皮带上煤时，会有少量煤漏到 B 皮带，如果 B 皮带长时间未运行，其尾部落煤筒内一般都存在漏煤，如果煤已漏至挡板处，那么三通挡板切换过程中会被煤顶住，造成挡板受力过大发生损坏。

（3）三通挡板磨损严重发生变形。挡板切换时与落煤筒发生卡涩，挡板受力过大发生损坏。

（4）三通挡板限位故障或位置不当。由于限位不起作用，挡板切换到位后不能自动停止，造成三通挡板受力过大发生损坏。

（5）三通挡板力矩保护失灵。挡板切换过程中过力矩时不能自动停止，造成挡板损坏。

（二）预防措施

（1）三通挡板切换前必须将落煤筒内黏煤清理干净，不能使用切换三通挡板的方式清理落煤筒黏煤。

（2）三通挡板切换前必须将下级皮带尾部落煤筒内漏煤拉空。

（3）三通挡板应定期进行检修维护，以防挡板磨损严重后变形。

（4）发现三通挡板到位信号异常时应及时进行处理。

（5）三通挡板切换 10s 后未到位，应停止切换并进行检查，原因未查明不得来回切换三通挡板。

### 五、滚轴筛卡涩原因及控制措施

由于设备的结构特点和电厂来煤煤质的原因，滚轴筛经常发生卡涩自跳和尼龙柱销断裂的现象，运行人员处理卡涩和检修人员更换柱销的工作非常频繁，对输煤系统的安全稳定运行影响很大。

（一）原因分析

（1）煤中石块多。石块在筛轴间发生卡涩，这是滚轴筛卡涩的最主要原因。

（2）来煤黏湿。当煤经过筛面时，部分煤黏附在筛片间缝隙内，阻碍了小块及粉状物料的下落，造成滚轴筛负荷过大，过流自跳。

（3）筛片磨损严重。滚轴筛长时间运行后，梅花形筛片磨损严重，传送物料的效果变差，造成筛面上物料堆积，滚轴筛卡涩。

（4）筛轴上的筛片松动较多，传送物料的效果变差，使得筛分出来的煤块不能及时进入碎煤机，滞留在筛面上，物料堆积造成滚轴筛卡涩。

（5）滚轴筛尼龙柱销强度不够，运行中被剪断而不引发滚轴筛自跳，柱销断了的筛轴处物料堆积，造成滚轴筛卡涩。

（6）滚轴筛落煤筒内黏煤过多。滚轴筛落煤筒内大量黏煤后下煤不畅，造成筛面上物料堆积，滚轴筛卡涩。

（7）筛轴上缠绕了大量绳索或筛轴下方的清扫器上缠绕的杂物过多，滚轴筛运行阻力过大造成卡涩。

（8）P5 皮带机尾部导煤皮过宽。煤量大时滚轴筛落煤筒内煤拉不空，时间稍长，煤堆满整个落煤筒，造成滚轴筛筛面上物料堆积，滚轴筛卡涩。

（二）控制措施

（1）在煤源条件允许时，合理进行煤的掺配，以减少煤中石块含量或降低煤的黏湿度。

（2）来煤过于黏湿时，应适当减小煤量。

（3）定期对滚轴筛进行检修维护，及时更换磨损严重和松动的筛片。

（4）加工尼龙柱销时，不得随意改变材质和尺寸，避免柱销强度降低。

（5）发现滚轴筛落煤筒内积煤较多时应及时清理。

（6）翻车机和 P1 岗位值班员在清理煤箅子上杂物时应尽量避免杂物进入下级皮带，特别是绳索。滚轴筛值班员发现筛轴上缠绕有绳索时应将其取出。

（7）定期对滚轴筛筛轴下方的清扫器进行清理，防止其上杂物缠绕过多。

（8）更换 P5 皮带尾部导煤皮时，新皮子不宜过宽，以防滚轴筛落煤筒下煤不畅。

虽然以上控制措施并不能从根本上改善滚轴筛卡涩的情况，但可以最大程度减少其发生几率。

（三）技改措施

如该电厂输煤系统使用的是水平式滚轴筛，造成滚轴筛频繁卡涩除了煤质的原因外，最主要的原因是滚轴筛本身结构设计不合理，煤种适应性差，因此对其进行技术改造是解决滚轴筛卡涩现象的根本办法。现在新建火电厂输煤系统一般都使用变倾角式滚轴筛，其筛轴倾斜布置，倾角逐渐变化，每根筛轴都用一台小电动机驱动，运行稳定性很好，检修维护也较为方便，因此建议将该电厂滚轴筛更换为变倾角式滚轴筛。

### 六、滚轴筛—碎煤机落煤筒堵煤原因及预防措施

来煤中煤泥块较多时，易发生滚轴筛至碎煤机落煤筒堵煤的情况。堵煤后，清理工作量大，设备长时间无法恢复运行，严重影响正常上煤。

（一）原因分析

来煤中煤泥块多且粒度大于 5cm 后，煤泥块不能从滚轴筛筛轴间缝隙下落到旁路落煤筒，直接进入碎煤机。由于煤泥块黏度大，碎煤机无法将其破碎。煤泥块在碎煤机环锤

击打、挤压作用下黏附在筛板上，堵塞筛板缝隙，随着运行时间的增加，筛板上煤泥越黏越多，筛板被全部糊死，直至碎煤机入口，最后碎煤机腔室被完全封闭。继续由滚轴筛带来的物料无法进入碎煤机，造成滚轴筛至碎煤机落煤筒堵塞。当物料将滚轴筛至碎煤机落煤筒填满时，滚轴筛负荷加大，电流剧增，造成滚轴筛过负荷自跳。

（二）堵煤过程中碎煤机的电流变化情况

开始有间隔时间较长、幅度较小的电流波动(筛板开始黏煤)。随着运行时间的增加，电流波动间隔时间变小、幅度变大(筛板黏煤增多，间隙变小)。当波动达到一定程度时，电流回落到正常值并保持平稳(筛板间隙被煤泥完全糊死，后续物料被环锤拨到入料口并将入料口堵死)。从碎煤机出现较为明显的电流波动到回落至正常电流时间一般持续 7～10min。

（三）预防措施

在碎煤机运行期间程控值班员应注意监视运行电流的变化，正常情况下碎煤机空载、重载电流变化很小。发现电流变化异常，应及时停煤源，并进行现场检查，以确认是否因煤中的煤泥块较多造成了碎煤机电流波动。如可以确认这一原因，应根据电流波动间隔时间长短采取有效措施对碎煤机进行处理。

（1）如果碎煤机电流波动在 3min 之内，可以进行煤源调整，使用含石块较多的煤源小煤量地对碎煤机筛板进行冲刷，逐步恢复碎煤机筛板间隙。当电流稳定后逐步加大煤量，恢复正常运行。

（2）当碎煤机电流波动超过 3min 时，应停止上煤，以防碎煤机腔体内煤泥层过厚，不能破除。此时应先往碎煤机中扔石块，碎煤机高速旋转的环锤对其破碎，打击煤泥层，对煤泥层进行破除。通过检查下级皮带落料情况判断煤泥层破除情况。当有一定量物料落入下级皮带时，就可以进行煤源调整，使用含石块较多的煤源小煤量地对碎煤机筛板进行冲刷，逐步恢复碎煤机筛板间隙。当电流稳定后逐步加大煤量，恢复正常运行。

（3）当发现碎煤机腔体内煤泥层过厚时，应开启滚轴筛喷淋空转碎煤机 30min 或打开检查门用水冲洗筛板间隙，然后小煤量进行冲刷。

在检查滚轴筛至碎煤机落煤筒时，如果从滚轴筛层看不到落煤筒堵，可以往落煤筒内扔一块煤块，听是否有破碎声音，如果听不到，就可以判断为落煤筒堵。此时必须停止设备运行，做好安全措施，对落煤筒进行清理。

## 七、叶轮给煤机卡涩原因及预防措施

叶轮给煤机在运行中经常发生卡涩现象，严重时造成输煤设备损坏，影响了输煤系统的稳定运行。

（一）原因分析

（1）皮带机未运行时启动叶轮，造成叶轮给煤机堵煤卡涩。

（2）叶轮给煤机行走前，叶轮转速过低，煤沟中的煤顶住叶轮，致使叶轮卡涩。

（3）煤中有石头等杂物卡住叶轮给煤机叶爪。

（4）叶轮给煤机叶爪上缠绕的杂物过多。

（5）叶轮给煤机落煤筒内黏煤过多或导煤槽皮子过宽。煤量大时，叶轮给煤机落煤筒内的煤不能及时拉空，落煤筒被煤堵满，导致叶爪无法转动，造成卡涩。

（6）叶轮给煤机叶爪掉。由于叶爪固定螺栓松动或叶爪磨损严重后折断，导致叶爪脱落卡住叶轮造成卡涩。

（7）叶轮给煤机撑杆或挡煤帘变形，行走时发生卡涩。

**（二）预防措施**

（1）叶轮给煤机启动前必须确定皮带机已启动正常；启动时应按照先启叶轮，再调频，然后行走的顺序进行操作。叶轮给煤机就地运行时，发现皮带因故停机应立即停止给煤机运行。

（2）发现叶轮给煤机运行中有异常声音、振动时，停止运行，查明原因。

（3）认真监视叶轮给煤机电流，发现电流异常时应停止运行，查明原因。

（4）P6 岗位值班员在筒仓上煤时应及时清理煤算子上的杂物。

（5）定期对叶轮给煤机落煤筒内的黏煤和叶爪上的杂物进行清理。

（6）叶轮给煤机更换导煤槽皮子时不宜过宽，防止因下煤不畅造成叶轮给煤机堵煤。

（7）定期对叶轮给煤机进行检查维护，发现叶爪松动、严重磨损，撑杆变形等情况时应予以处理。

## 八、P2 皮带单侧犁煤运行中漏撒煤原因及处理措施

P2 皮带单侧犁煤器漏撒煤的现象有三种：第一种是单侧犁煤器往后漏煤，第二种是单侧犁煤器落煤筒侧撒煤，第三种是单侧犁煤器非落煤筒侧撒煤。造成这三种现象的原因不尽相同，处理措施也有所区别。

**（一）单侧犁煤器往后漏煤原因及处理措施**

（1）单侧犁煤器落不到位。处理措施：调整落限位；调整推杆的长度；清理犁下积煤和异物后，重新抬落。

（2）单侧犁煤器犁刀与皮带接触面不平整。处理措施：对犁煤器犁刀进行打磨或更换。

**（二）单侧犁煤器落煤筒侧撒煤原因及处理措施**

（1）单侧犁落煤筒黏煤严重。处理措施：将落煤筒黏煤清理干净。

（2）单侧犁犁刀黏煤过多。处理措施：将犁刀上黏煤清理干净。

（3）皮带与落煤筒之间卡有杂物。处理措施：清除杂物。

（4）P2 皮带跑偏。处理措施：消除皮带跑偏。

（5）煤量过大。处理措施：程控值班员根据煤质情况合理调整煤量。

**（三）单侧犁煤器非落煤筒侧撒煤原因及处理措施**

（1）单侧犁煤器犁刀端头加装的导煤皮磨损或脱落。处理措施：更换或重新固定导煤皮。

（2）单侧犁煤器犁刀端头加装的导煤皮下方卡有异物或导煤皮翻起。处理措施：清除异物或停运皮带后重新抬落单侧犁将导煤皮复位。

（3）单侧犁犁刀黏煤过多。处理措施：将犁刀上黏煤清理干净。

（4）P2 皮带跑偏。处理措施：消除皮带跑偏。

（5）煤量过大。处理措施：程控值班员根据煤质情况合理调整煤量。

# 第四章

# 翻 车 机 系 统

## 第一节　翻 车 机 系 统 运 行

### 一、翻车机系统的一般运行流程

假定停放在翻车机本体内的空车为 1 号车，待翻卸的重车为 2 号车（停车夹轮器处），与 2 号车连挂的重车为 3 号车。

（1）拨车机牵引重车前进，使 2、3 号车之间车钩位于翻车机前摘钩处停止，同时拨车机与 1 号车连挂。

（2）夹轮器将 3 号车车轮夹紧。

（3）人工将 2、3 号车连挂车钩摘开。

（4）拨车机牵引 2 号车在翻车机内定位。

（5）拨车机与 2 号车连挂重车钩打开，同时翻车机开始夹紧、靠车。

（6）拨车机推送 1 号车在迁车台内定位。

（7）拨车机与 1 号车连挂空车钩打开，同时迁车台涨轮器涨紧 1 号车后，对位销退位。

（8）拨车机后退至抬臂返回位。

（9）拨车机大臂抬起时，翻车机开始倾翻，迁车台开始迁车。

（10）当拨车机大臂抬至 90°时，拨车机高速返回。

（11）翻车机倾翻结束后返回零位，夹紧、靠车装置返回原位。

（12）迁车台向空车线移动，轨道对准后对位销对位、涨轮器松开。

（13）推车机将 1 号车推出迁车台，到位后推车机返回原位。

（14）迁车台退位后返回重车线，轨道对准后对位销对位。

（15）拨车机大臂下降，然后接车，与 3 号车连挂，夹轮器松开。至此一个工作循环结束。

### 二、翻车机系统运行方式

翻车机系统运行方式有自动、手动、机旁手动三种。翻车机系统采用自动运行方式。机旁、手动运行方式不作为翻车机系统的正常运行方式，只在设备试运、故障处理时使用。

### 三、翻车机系统联锁条件

（一）拨车机牵车条件

（1）制动器缓解。

（2）夹轮器松开。

（3）翻车机零位。

（4）翻车机夹紧、靠板原位。

（5）迁车台原位。

（6）迁车台无车皮检测信号。

（7）大臂 0°。

（8）拨车机重钩舌闭。

（二）拨车机返回及接车条件

（1）大臂 90°（返回时）。

（2）空钩舌开。

（3）重钩舌开。

（4）制动器缓解。

（三）拨车机大臂下降条件

（1）火车采样机联锁解除。

（2）拨车机摘钩处光电开关导通。

（3）拨车机处于原位或抬臂返回位。

（四）拨车机大臂上升条件

（1）拨车机处于原位或抬臂返回位。

（2）拨车机空、重钩舌开。

（五）翻车机倾翻条件

（1）夹紧架夹紧到位。

（2）靠板靠车到位。

（3）翻车机无车皮跨接信号。

（4）无倾翻到位信号。

（5）拨车机大臂 90°或大臂 0°时不在翻车机区域内。

（6）补偿油缸处于补偿开关 1 位置。

（六）翻车机返回条件

无翻车机零位信号。

（七）迁车台迁车条件

（1）对位销退位。

（2）有车皮检测信号且涨轮器涨紧。

（3）无车皮跨接信号。

（4）推车机原位。

（5）拨车机在抬臂返回位且开始抬臂。

（八）迁车台返回条件

（1）对位销退位。

（2）涨轮器松开。

（3）推车机出迁车台区域。

（4）手动方式运行时推车机推至极限位。

（九）推车机推车条件（迁车台上有车时）

（1）迁车台对位销对位。

（2）迁车台涨轮器松开。

（3）推车机钩销落、钩舌开。

（十）推车机返回条件

（1）迁车台无车皮检测信号。

（2）推车机钩舌开。

（十一）油泵启动条件

（1）无油温过高或过低报警。

（2）无滤油器堵报警。

（十二）喷淋水泵启动条件

无低水位报警。

## 第二节　翻车机系统检查及注意事项

### 一、翻车机系统运行前的准备

（1）火车到位后，翻车机值班员应通知程控值班员做好皮带系统运行前的准备工作，并将煤质情况汇报程控值班员。

（2）冬季为了防止油系统凝结而影响运行，应提前投用加热装置，确保液压系统循环正常。

（3）在机车离开后进行车皮排风、摘风管、松车皮手刹等工作，排风时要检查整列车皮有无异型车，钩销销钉有无缺失，车皮上有无影响靠板到位的附件（如用来加固破损车皮的木头等）。整列重车不得超过规定节数。

（4）提前启动轨道衡程序，并检查轨道衡各信号正常。

### 二、翻车机系统检查重点

（一）启动前

（1）启动前不得有危及人身安全的现象存在。

（2）各设备处于起始位置，各信号灯指示正常，各开关位置正确。

（3）翻车机、迁车台本体轨道与基础轨道对位准确。

（4）各处轨道无明显松动、变形，轨道附近无影响运行的杂物。

（5）翻车机、拨车机及推车机齿轮、齿条无断齿、裂纹。

（6）各减速机无明显渗漏现象。

（7）液压系统无泄漏。油箱油位不低于2/3，油温正常。

（8）拖缆机构完好无损，无挂住、卡死现象，拖缆钢丝绳无断裂现象。

（二）运行中

（1）运行中发现危及人身安全的情况时应紧急停机。

（2）各液压系统压力正常，油温正常，油泵无异声，各部位无泄漏现象。

（3）各设备运转正常，无异常振动、无异声，制动安全迅速。

（4）各电动机、减速机、轴承温升不超过规定值。

（5）操作过程中应根据上位机画面、工业电视及信号指示监视各设备动作是否正常。

（6）电流指示反映设备运行状况，是判断设备是否正常运行的主要依据，要认真监视。

（7）地面固定齿条与钢轨无松动。齿轮、齿条啮合良好，无异常声音、振动。

（8）随时注意翻车机、迁车台本体轨道与基础轨道有无错位。

（9）各处拖缆机构动作灵活，无挂住、卡死现象。

（10）车皮在翻车机、迁车台内定位准确，位置适当。

（11）随时检查煤箅子上的杂物、积煤，发现较多时应清理干净后再进行翻卸。

（12）随时注意轨道衡运行情况，发现测量数据异常应及时查明原因。

### 三、翻车机系统运行中注意事项

（1）在开始翻车前或中途停止翻车后必须检查防溜措施。

（2）油泵启动后，空载运转 3～5min 后方可开始工作。

（3）拨车机大臂禁止长时间处于水平位置，否则易造成平衡缸压力内泄，大臂升起困难。

（4）手动操作时，拨车机挂重车必须保证重钩舌打开且重钩销落下，用低速接车。

（5）若车皮质量超过 100t，轨道衡无法检测。

（6）翻车机夹紧采用压力检测，有可能压力达到设定值，但行程不到。因此在夹紧后，一定要确认夹紧架已夹住车皮，再倾翻。

（7）翻车机倾翻超过 90°时，禁止进行夹紧操作。

（8）迁车台在操作过程中，无论迁车还是返回都要走过减速位，否则会造成高速停车，制动困难，撞击缓冲器。

（9）推车机在推车过程中，应推过减速限位，否则返回时不减速，造成高速停车，撞击止挡器。

（10）1号迁车台、1号推车机变频改造后，取消电流表显示，过流后由变频器报警。

（11）翻车过程中应根据煤质情况及时投停喷雾除尘设施。

（12）翻卸至最后5节车皮时，车皮易发生溜车，摘钩人员和主操作人员应配合做好防溜措施。

### 四、翻车机排风注意事项

（1）必须确认机车与重车已经摘开，方可进行排风、摘风管等操作。

（2）摘风管前要先把第一节车的风管开闭阀门打到开的位置，打开前用手抓牢风管，防止风管中的残留空气突然释放，风管来回摆动伤人。

（3）来车一般前后各紧一节车手刹，在车少或大风天气时，也可能多紧两节车手刹，摘风管时要注意检查。

（4）排风时应先松手刹后排风，以免手刹松开困难。

（5）火车有三种手刹：

1）脚踏式：只需将缓解踏板踩下即可松开手刹。

2）垂直转盘式：将机械闭锁打到缓解位，再逆时针方向转动手轮即可松开手刹。

3）水平转盘式：将机械闭锁打到缓解位，然后顺时针方向转动转盘，闭锁装置自动脱卡，再逆时针方向转动转盘即可松开手刹。如果手刹过紧，松开时必须撬开闭锁装置，不能用手抓转盘，防止转盘突然高速转动伤人。

（6）排风时每节车都应进行推、拉操作，确保排风彻底。如果排不出风，要检查车皮气囊的伸缩杆是否回位，没回位说明排风不彻底，应查明原因。

（7）如果来车在 5 节以内，排风前应检查防溜措施是否到位，以防排风后车皮溜车。

### 五、推车机挂钩装置动作过程

（1）推车前推车机处于原位，车钩处于开位，钩销处于落位。

（2）推车时与车皮挂钩，6s 后提钩销。如无钩舌闭信号，则重新落钩销，出迁车台基坑后提销；如检测到钩舌闭信号，则钩销一直处于提起位，出迁车台基坑后再检测一次。

（3）推车机开始返回时，如检测到钩舌开信号，则落钩销。

（4）推车机返回 2s 后，检测有无钩舌开和车皮跨接信号。如无钩舌开信号或有车皮跨接信号，则推车机立即停止；如有钩舌开信号且无车皮跨接信号，则推车机一直返回原位。

### 六、翻车机系统相关检查标准

（一）翻卸车辆标准

1 号翻车机：长 9000～14 100mm，宽 3140～3540mm，高 2750～3350mm。

2 号翻车机：长 11 938～14 038mm，宽 3140～3243mm，高 2970～3293mm。

（二）翻车机、迁车台本体轨道与基础轨道检查标准

本体上的钢轨与基础钢轨应对准，两钢轨端头应留有 5～10mm 的间隙，轨面高低差不大于 3mm，两侧面差不大于 5mm。

（三）翻车机逆止器检查标准

（1）逆止器打开时，应与轨道垂直。

（2）逆止器收回时，应与轨道平行。

## 第三节　典型故障原因及预防处理措施

### 一、车皮掉轨原因及预防措施

车皮掉轨是翻车机系统容易发生的一种事故。车皮掉轨后，易造成车皮或翻车机系统设备损坏，影响翻车机系统的安全稳定运行。

（一）原因分析

（1）翻车机本体轨道、迁车台本体轨道与基础轨道未对准，拨车机就开始牵车，导致

车皮掉轨。

（2）翻车机夹紧达压后行程未到位，翻车机倾翻导致车皮掉轨。

（3）迁车台上有空车皮未推走，拨车机就开始牵车，导致车皮掉轨。

（4）迁车台本体轨道与空车线轨道未对准，推车机就开始推车，导致车皮掉轨。

（5）防溜设施使用不当，导致车皮掉轨。

（6）迁车台出口小轨道松动，导致车皮掉轨。

（7）涨轮器涨不紧车轮，车皮溜车，导致车皮掉轨。

（8）逆止器动作不到位，导致车皮掉轨。

（9）大风天气未及时做好车皮防溜措施，导致车皮掉轨。

（二）预防措施

（1）翻车机本体轨道、迁车台本体轨道与基础轨道对准后拨车机方可牵车。

（2）翻车机每次倾翻前都应检查夹紧行程是否到位。

（3）拨车机牵车前应确认迁车台上无空车。

（4）迁车台本体轨道与空车线轨道对准后推车机方可推车。

（5）翻车前将防溜铁鞋取出，翻车结束后或中途停运时及时做好车皮防溜措施。运行中重车列的防溜必须使用夹轮器。

（6）每次翻车前都应检查迁车台出口小轨道是否松动。

（7）每周对涨轮器涨紧情况进行一次检查，检查方法是三人在迁车台南侧人工推空车，以空车推不动为标准。

（8）每次翻车前都应检查逆止器的打开、回收是否到位，动作是否灵活。

（9）风速超过 25m/s 时应停止翻车机系统运行，做好车皮防溜措施。

（10）运行中的检查必须以人员就近的原则进行，保证发生异常后能够在第一时间发现。

### 二、翻车机煤斗蓬煤原因及预防处理措施

煤斗蓬煤是翻车机系统常见的异常现象。煤斗蓬煤后处理困难，影响翻车机系统的正常运行。

（一）原因分析

（1）来煤中煤泥含量大，煤过于黏湿，从而黏附在煤斗四壁上形成板结。煤斗壁磨损变形后，会造成斗壁表面光滑度下降，加剧蓬煤现象的发生。

（2）在清理翻车机煤箅子时，大量杂物进入煤斗未及时拉空，一旦将煤翻下，易造成杂物被煤压死，形成煤斗蓬煤。

（3）来煤湿黏时煤斗长时间不能拉空，煤积压黏附在煤斗四壁上形成蓬煤。

（4）来煤中冻煤块多，冻煤块进入煤斗未及时拉空，大量冻煤块卡堵在一起形成了煤斗蓬煤。

（二）预防处理措施

（1）翻车机值班员应及时将煤质情况汇报程控值班员。皮带因故停运后，程控值班员应及时通知翻车机值班员。

（2）来煤中煤泥含量大或全是煤泥时，翻车机值班员应控制翻车速度，翻完一节车待煤斗拉空后再翻一节。

（3）煤湿黏时，每翻完一节车摘扶钩人员都应检查一次煤斗，发现煤斗煤位变化异常应及时通知翻车机主值停止翻车，确认无蓬煤后方可继续翻车。

（4）每次翻车机煤算子杂物清理结束后都应将煤斗中积煤和杂物拉空。

（5）清理翻车机煤算子冻煤时间过长时，每清理 0.5h 就应将煤斗内冻煤拉空一次。

（6）在日常检查过程中发现翻车机煤斗壁上黏煤较多时，应利用运行间隙进行清理。

（7）煤斗蓬煤后，用水冲法较为省时省力。处理时将一根长钢管和冲洗水管连接，冲水前将钢管插到煤斗边上尽可能深的地方，然后打开冲洗水。在处理前应启动 P1 皮带及皮带给煤机，一旦蓬煤塌落就会被皮带给煤机拉出，不易造成再次蓬煤。为了减少冲水过程中煤泥水对其他皮带的运行造成较大影响，应同时启动 P1 和 P0 皮带，使 P1 皮带上的煤泥水与 P0 皮带的煤进入同一条 P2 皮带，并往火车煤场堆煤。

# 第五章

# 斗 轮 机 系 统

## 第一节  斗 轮 机 运 行

### 一、斗轮机运行流程

（一）堆煤运行流程

运行流程为：系统皮带→11 号皮带→堆取料皮带→移动皮带。

斗轮机在堆煤作业时需要活动梁升降、大车行走、移动小车行走、移动皮带换向等操作的密切配合。

（二）取煤运行流程

运行流程为：滚轮→取料皮带（堆取料皮带）→移动皮带→11 号皮带→系统皮带。

斗轮机在取煤作业时需要活动梁升降、大车行走、滚轮小车行走等操作的密切配合。

### 二、斗轮机运行方式

斗轮机运行方式有半自动、联动和手动三种。斗轮机一般采用联动运行方式。半自动运行方式受到各种条件限制，可靠性差，一般不使用；手动运行方式不作为斗轮机的正常运行方式，只在设备试运、故障处理时使用。

### 三、斗轮机联锁条件

（一）大车行走条件

（1）夹轨器松开到位。

（2）锚定解除。

（3）活动梁升降停止。

（4）尾车变换停止。

（5）1 号斗轮机无电缆卷筒过拉力保护动作。

（6）无大风报警（报警风速：20m/s）。

（7）无行走限位动作。

（二）活动梁升降条件

（1）大车行走停止。

（2）尾车变换停止。

（3）2 号斗轮机滚轮小车、移动小车行走停止。

（4）无升降限位动作。

（5）无平衡轮限位动作。

（6）无松绳限位动作。

（三）尾车变换条件

（1）大车行走停止。

（2）活动梁升降停止。

（3）滚轮小车、移动小车行走停止。

（4）1号斗轮机移动小车不在取料位；2号斗轮机移动小车在左（右）转右限位。

（四）滚轮小车行走条件

无行走限位动作。

（五）移动小车行走条件

（1）尾车停止变换。

（2）无行走限位动作。

（六）斗轮机取料运行条件

（1）尾车变换至取料位。

（2）移动小车开至取料限位。

（3）P11皮带已运行且有"允许取料"信号（与皮带机系统联锁时）。

（七）斗轮机堆料运行条件

（1）尾车变换到堆料位。

（2）滚轮小车在柔性腿侧行走限位处。

（3）启动前移动小车在左转左（右）限位或右转左（右）限位处。

# 第二节　斗轮机检查及注意事项

## 一、斗轮机运行前的准备

（1）取出铁鞋，解除锚定，松开夹轨器。

（2）根据运行方式需要，将斗轮机变换至堆料或取料状态。

（3）根据堆取煤煤种需要，将斗轮机开至相应煤堆处。

## 二、斗轮机检查重点

（一）启动前

（1）启动前不得有危及人身安全的现象存在。

（2）各设备处于起始位置，各信号灯指示正常，各开关位置正确。

（3）各处轨道无明显松动、变形，轨道附近无影响运行的积煤、杂物。

（4）斗轮机各限位开关完好，撞杆无移位或脱落。松绳限位和平衡轮限位应重点检查。

（5）动力电缆及通信电缆应无松弛、脱落、破损现象，电缆架附近无障碍物。

（6）滚轮小车和移动小车无脱轨现象，拖缆机构无挂住、卡死现象，拖缆钢丝绳无断裂现象。

（7）各减速机、夹轨器油位正常，无明显渗漏现象。

（8）卷扬筒无裂纹，钢丝绳排列整齐、无越槽。

（9）钢丝绳应无松动、断丝、断股及严重磨损现象，润滑良好。

（10）滚轮滚圈应完好，连接螺栓无松动；滚轮减速机无移位，联轴器梅花垫无破损；驱动小齿轮无断齿，导辊无脱落、断裂；圆弧挡板无开焊、变形、脱落现象。

（11）尾车变换机构的轮圈应完好，连接螺栓无松动，底座牢固。

（12）机上三条皮带机可参照皮带机系统检查方法进行。

（二）运行中

（1）运行中发现危及人身安全的情况时应紧急停机。

（2）各电动机、减速机、轴承温升不超过规定值。

（3）电流指示反映设备运行状况，是判断设备是否正常运行的主要依据，应认真监视。

（4）操作过程中应根据各限位、信号指示监视各设备动作是否正常。

（5）各设备运转正常，无异常振动、无异声，制动迅速。

（6）动力电缆及通信电缆卷筒转动灵活，收缆及时。

（7）活动梁各动、静滑轮组应转动灵活，轮缘完整无损坏。

（8）滚轮机构、尾车变换机构各支撑轮、导向轮转动灵活。

（9）滚轮小车和移动小车拖缆机构动作灵活，无挂住、卡死现象。

（10）机上三条皮带机可参照皮带机系统检查方法进行。

（11）发现煤中有大块异物时应立即停机进行清理。

### 三、斗轮机运行注意事项

（1）堆煤时，煤堆与轨道之间的距离应大于3m，以防煤堆塌方埋没轨道；煤堆与活动梁之间的距离应大于0.5m，以防活动梁或移动小车碰及煤堆。

（2）堆煤应力求平整，以使取煤方便。

（3）2号斗轮机堆煤运行时，为防止P11B皮带启动时大煤量将堆取料皮带压死，应将斗轮机尾车跑偏总开关断开，等大煤量通过后再将开关复位。

（4）取煤时，滚轮吃煤不可太深，以防煤堆突然塌方将滚轮小车或移动小车砸出轨道。

（5）调换场地时，应将活动梁升高，滚轮小车停在柔性腿侧，并确认滚轮及活动梁均不会碰及煤堆，方可开动大车行走。

（6）堆取煤作业时大车应慢速行走，调车时应快速行走。

（7）斗轮机电缆卷筒在环境温度低时有时会收缆慢，大车行走时可以采用点动方式，利用卷筒的惯性多收缆。

（8）冬季发生降雪或降雨时：

1）当班期间应将皮带上的积雪、积水转空，并空转5min以上，防止雪水或雨水冻结在皮带上造成皮带无法启动。

2）当班期间应至少对斗轮机所有转动设备进行一次空载试转，防止低温造成各转动设备冻结无法启动。

3）当班期间应对各皮带滚筒进行检查，防止滚筒上黏煤、黏雪冻结影响运行。

（9）火车煤场有汽车转煤或铲车整理煤场作业时：

1）斗轮机应停在安全位置，确保车辆不能到达斗轮机所在位置，当条件不具备时应将活动梁升到足够的高度，确保车辆可以安全从斗轮机下通过。

2）斗轮机与煤场转煤同时作业时，必须保证斗轮机与转煤作业车之间有 3m 以上距离，以防距离过近发生碰撞。

3）铲车整理转煤煤堆时应推到底，以防形成硬底煤。

4）斗轮机在运行前应对煤场的轨道进行检查，防止积煤将斗轮机轨道埋没。

### 四、斗轮机防风注意事项

（1）风速超过 15m/s 时，不得进行堆取料作业。如风速继续增大，活动梁应降到尽可能低的位置，夹紧夹轨器，插好铁鞋。

（2）斗轮机夹轨器因故障强制打开、风速超过 13m/s 时，不得进行堆取料作业。如风速继续增大，活动梁应降到尽可能低的位置，夹紧夹轨器，插好铁鞋。

（3）斗轮机运行结束后应将滚轮小车开至柔性腿侧，大车开至空地，活动梁降至尽可能低的位置，夹紧夹轨器，插好铁鞋。

（4）每台斗轮机有 4 只铁鞋，插铁鞋时应在大车两侧车轮下方对称位置对向放置。

（5）火车煤场周围挡风墙应无破损。

### 五、平衡轮调整方法及注意事项

（一）调整方法

哪侧平衡轮向升降机构驱动装置侧偏移，就放松哪侧活动梁升降机构抱闸。

（二）注意事项

（1）松开活动梁升降机构抱闸前，滚轮小车应开至柔性腿侧限位处，活动梁与煤堆之间的距离应在 0.5m 以上。

（2）松活动梁升降机构抱闸时，卷扬机上钢丝绳每次移动长度不得超过 0.5m。

（3）调整结束后，平衡轮两侧限位片与限位之间距离应相等。

# 第三节　典型故障原因及处理措施

## 一、斗轮机取料作业时滚轮机构振动过大原因及处理措施

在斗轮机的运行过程中，经常会发生滚轮振动过大的情况，严重时会造成滚轮机构损坏，造成斗轮机无法取煤。常见的滚轮机构损坏现象有驱动齿轮断齿、滚轮减速机地脚螺栓松动、滚轮减速机底座破裂、滚轮驱动装置梅花垫破损等。

（一）原因分析

（1）滚轮机构本身有缺陷，如导辊磨损严重、滚轮减速机地脚螺栓松动、滚轮驱动装

置梅花垫有损伤、滚轮分段连接处螺栓松动、导向轮不转等，这些缺陷都影响滚轮机构的正常运转，造成取煤过程中振动过大。

（2）取煤量过大，滚轮机构超负荷运行造成振动过大。

（3）轮斗吃进煤层太深，滚圈受力增加，造成振动过大。

（4）取煤时，轮斗碰到了大石块等异物，滚轮瞬时受力过大，造成振动过大。

（5）滚轮机构在取底层煤时，因煤层底部过硬或底层煤中石块过多，造成振动过大。

（6）滚轮机构在冬季取煤时，由于煤堆有冻结现象，煤堆变硬，造成滚轮振动过大。

（7）滚轮在运转时，滚轮导辊与驱动齿轮之间卡涩异物，使滚轮转动时受力增大，造成振动过大。

（二）处理措施

（1）发现滚轮机构有缺陷应及时进行处理。

（2）取煤时煤量不得超过额定出力。

（3）取煤时应控制煤层的厚度，一般额定高度的煤堆应分四层取，煤层厚度控制在 2m 左右，煤层可以取薄，但不可取得过厚。

（4）取煤过程中滚轮振动突然增大时，应立即停止滚轮运行，并查明原因。

（5）取底层煤应适当减小煤量，特别是底层煤中石块较多时更应控制煤量。

（6）汽车向火车煤场转煤时，铲车整理煤堆应将煤堆推到底，以防滚轮机构在最低位取煤时碰到硬底煤。斗轮在取底层煤时应取到底。

（7）发现煤场有大石块等异物时应及时清理。

**二、斗轮机尾车撒煤原因及处理措施**

由于各种原因，斗轮机尾车在运行中容易发生撒煤现象，清理撒煤工作量大。P11 皮带沿线和头尾部清扫器处大量积煤后还会影响 P11 皮带的安全运行。

（一）堆煤运行方式撒煤原因分析

（1）堆煤煤量过大。虽然斗轮机的设计堆煤出力是 1500t/h，但受实际情况所限，煤量超过 1200t/h 以后在尾车导煤槽处很容易造成撒煤。

（2）2 号皮带头部落煤筒三通挡板切换不到位，运行中往 P11B 皮带落煤筒内漏煤。在煤较干时短时间内就会使 P11B 落煤筒漏满，当启动 P11B 皮带后就会形成十几米的大煤量，经过斗轮机尾车导煤槽时造成撒煤。

（3）P11 皮带跑偏。由于皮带跑偏会造成煤流不在皮带中间，当经过尾车导煤槽时造成撒煤。

（4）尾车导煤槽处卡有杂物。当煤经过导煤槽时被杂物刮下，造成撒煤。

（二）堆煤运行方式撒煤处理措施

（1）控制堆煤煤量。在堆煤运行时煤量尽量控制在 1100t 以下，尤其是皮带跑偏时更应减小煤量。

（2）消除 2 号皮带头部落煤筒三通挡板漏煤现象。

（3）及时对 P11 皮带跑偏进行调整，消除 P11 皮带跑偏现象。

（4）P1 皮带机值班员应及时将皮带头部算子上的杂物捡出，尽量避免杂物进入 2 号皮带；P11 皮带机值班员应注意对尾车导煤槽处进行检查，发现杂物及时取出。

（三）取煤运行方式撒煤原因分析

（1）煤湿黏，部分煤会黏附在移动皮带工作面上，在回程段甩下形成撒煤。

（2）斗轮机活动梁尾车侧端部一钢架与移动皮带回程段距离过近。此钢架上积煤后会形成类似于清扫器的作用，在取煤时刚好把皮带上黏附的煤刮到 P11 皮带外侧沿线。在煤黏时此现象十分严重。

（3）尾车导煤槽挡煤皮磨损严重。当煤从移动皮带落到 P11 皮带时，部分煤从挡煤皮缝隙中撒出。

（4）移动皮带到 P11 皮带落煤不正，皮带跑偏造成煤流往一侧偏移，严重时引起撒煤。

（5）取煤量过大。

（四）取煤运行方式撒煤处理措施

（1）在移动皮带滚筒处加装清扫器，将皮带工作面上黏附的煤清扫至落煤筒。

（2）运行前对斗轮机活动梁尾车侧端部钢架上的积煤进行清理，以减少此处的刮撒煤。

（3）尾车导煤槽挡煤皮破损时应及时更换。

（4）及时对 P11 皮带跑偏进行调整，消除 P11 皮带跑偏。

（5）取煤量不应过大，取底层煤时应适当减小煤量。

# 第二篇

# 输煤设备控制系统

# 第六章

# 控 制 系 统

## 第一节　控制系统及设备概述

　　火电厂输煤生产工艺系统一般由卸煤、上煤、配煤和储煤四部分组成，本章主要介绍上煤和配煤部分的控制。上煤设备主要完成煤的转运输送，主要设备是皮带机。配煤部分为上煤系统的末端，主要作用是按生产运行需求将燃煤分别配入锅炉的原煤仓。

### 一、设备组成

　　上煤、配煤设备分为 A、B 两路，主要有皮带运输机、滚轴机、碎煤机、除铁器、叶轮给煤机、皮带给煤机、除尘器等共 162 台。其系统布置如图 6-1 所示，主要设备如表6-1所示。

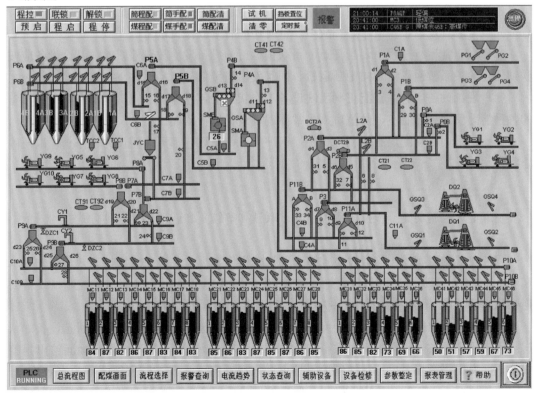

图 6-1　输煤控制系统布置图（以某电厂输煤系统为例）

**表 6-1** 程控系统控制设备清单

| 序号 | 名　称 | 数量 | 序号 | 名　称 | 数量 |
|---|---|---|---|---|---|
| 1 | 皮带机 | 23 | 11 | 滚轴筛 | 2 |
| 2 | 叶轮给煤机 | 10 | 12 | 皮带给煤机 | 4 |
| 3 | 盘式除铁器 | 6 | 13 | 振打器 | 28 |
| 4 | 入炉煤采样机 | 2 | 14 | 速度装置 | 23 |
| 5 | 犁煤器 | 71 | 15 | 料流信号 | 18 |
| 6 | 刮水器 | 4 | 16 | 跑偏 | 62 |
| 7 | 除尘器 | 20 | 17 | 拉绳 | 128 |
| 8 | 三通挡板 | 11 | 18 | 高料位计 | 44 |
| 9 | 带式除铁器 | 2 | 19 | 超声波料位计 | 33 |
| 10 | 碎煤机 | 2 | | | |

皮带系统主要保护及监测装置有落煤筒振动器，皮带速度信号、料流信号装置，跑偏开关装置，纵向撕裂检测器，双向拉绳开关，原煤仓和圆筒仓的高料位检测装置，筒仓检测装置，连续料位监测装置。

### 二、控制要求

输煤程控系统要实现对上述设备进行控制，其基本要求如下：

（1）运煤系统必须按逆煤流方向启动，按顺煤流方向停止。

（2）设备启动后，在控制室的 CRT 上应有明显的设备运行状态显示，在事故情况下有声光报警装置发出报警信号，在故障严重时还应有事故停机信号。

（3）在正常运行过程中，当任意一台联锁运行的设备发生故障停机时，其余设备应按联锁停止的关系按逆煤流方向中断运行，同时发出报警信号。

（4）现场设备应有一套能正确反映设备工作状态的传感保护装置，能及时将现场设备的各种情况反馈到控制室，供值班人员掌握现场设备运行状况。

（5）在采用自动配煤的控制方式中，锅炉的每个原煤仓都可以假设为检修仓，以便停止配煤。

### 三、控制方式

输煤上煤控制功能分程控、程控手动（联锁和解锁）和就地手动三种方式。

1. 程控方式

程控方式的所有操作均通过主控室上位机软操作实现，各设备之间按工艺流程的要求在 PLC 控制下自动联锁运行。程控自动方式实现输煤工艺流程的顺序自动控制（设备的逆煤流启动、顺煤流停机，联锁保护等均由程序控制自动执行）。

首先通过上位机流程选择分画面来选择运行流程，选择过程中自动检查所选设备的状态是否满足启动条件（设备是否准备好及是否处于程控状态），若不满足则画面给出报警提示，并发出语音报警提示，控制逻辑禁止进入自动启动方式。若所选流程为有效流程，则由语音提示下一步的"预启"操作，此操作发出后，所选设备沿线发出音响预告，各设备满足启动条件后，则发出"允许启动"语音提示，此时可以进行"程启"操作。选择

"程启"后沿线设备从末端皮带机按所选流程逆煤流方向延时启动各设备直至煤源。在此过程中每台设备启动前先向现场发出 10s 的警告信号后再启动设备。当上煤结束时，应立即进行"程停"操作，在多流程同时运行时要先选择煤源再进行"程停"操作，程停操作根据所选流程从煤源设备开始顺煤流方向逐台按预定的延迟时间顺序停止各设备直至最后一台设备。延迟时间是为保证每台运行设备上的煤走完后该设备才停机。在自动运行中，如某一设备出现故障或事故时，如拉绳，持续 2s 以上的跑偏、打滑或堵煤时，立即停止该皮带，同时联跳逆煤流方向的所有设备，但故障点下游设备保持原工作状态不变。待故障解除后，先进行"清零"操作，再重新进行"预启"操作，从故障点向上游重新延时启动设备；也可在故障未解除时，执行"程停"操作，从故障点下游开始顺煤流方向逐台按预定的延迟时间顺序停止各设备直至最末端。仅碎煤机、滚轴筛不参与联跳。当按"紧急停机"按钮（操作台上和上位机都有此开关）时，所有设备（包括碎煤机、滚轴筛、全线其他运行设备）立即停止运行。

在上位机 CRT 上可随时查询任一设备的状态，如检修、运行、堵煤、跑偏、打滑、拉绳等。

系统还具有检修设置的功能，当现场设备需要检修时，在上位机中设定此设备为"检修"，则 PLC 控制程序禁止此设备运行。

2. 程控手动方式

程控手动方式有两种：一种是程控联锁手动；另一种是程控解锁手动。两种方式都在上位机上软操作。

程控联锁手动是运行人员按照工艺要求逐一手动启停设备，流程内的设备间存在联锁关系，在此种方式下无法对现场设备进行任意启停操作。

程控解锁手动时，程控人员可在上位机上随意启停任何一台设备，此时各设备间无联锁关系。

3. 就地手动方式

就地手动方式时运行人员在就地控制箱上进行操作，此时主控室对设备不起控制作用，设备之间也无联锁关系。

## 第二节　控　制　系　统

整个系统的控制由 Quantum 系列 140CPU53414 型 PLC 来完成，监控采用 Intouch 软件包，显示系统全貌或局部动态工艺流程、设备电流值、各台设备运行参数、实时报警信息，并配备多媒体语音报警。

### 一、系统网络结构

输煤程控控制系统布置为：输煤综合楼设 1 个主控室（1 个主站与 1 个分布式单元）、1 号远程站、筒仓顶、350MW 机组煤仓间、300MW 机组煤仓间分别设 1 个远程站，主控室与远程站采用双缆冗余通信。主控室设有上位机 2 台，互为冗余，正常情况下一台作为全系统工况的监测及控制操作，另一台负责事故报表、运行报表及统计报表的管理和打印，当其中任意一台发生故障时，另一台能完全承担所有功能。

主控室和远程站的电源柜设有自动切换分路装置，24V 直流稳压电源，每个分路均有工作指示灯和熔断器保护，电源柜设有"接地"和"断路"报警。

主控室控制站主要监视和控制 4 号 AB、5 号 AB、7 号 AB、8 号 AB 皮带机、滚轴筛等设备，相应输入信号送到主控室控制站输入模块，经 CPU 处理后通过本地的输出模块直接送到相应被控设备。

350MW 机组煤仓间远程站主要监视和控制犁煤器、碎煤机、6kV 皮带机、入炉煤采样装置等设备；300MW 机组煤仓间远程站设备主要监视和控制 10 号 AB 皮带运输机、原煤仓犁煤器等设备；1 号转运站远程站主要监视和控制 0 号 AB、1 号 AB、2 号 AB、3号、11 号 AB 皮带运输机，1～4 号叶轮给煤机，1～4 号皮带给煤机；筒仓顶远程站主要监视和控制筒仓犁煤器。

各远程站通过 RIO 网络，将就地设备的检测信号送至主控室 CPU，经过逻辑处理后，再通过 RIO 网络送到远程站输出模块，经输出控制将控制信号送至就地被控设备。

为满足输出驱动电流较大的要求，提高系统抗干扰能力，同时对 I/O 模块进行保护，全系统输入/输出信号全部采用继电器隔离。

## 二、可编程序控制器（PLC）基本工作原理

与其他控制装置一样，PLC 根据输入信号的状态，按照控制要求进行处理判断，产生控制输出。PLC 采用循环扫描的方式进行工作，其过程如图 6-2 所示。这个过程分为读输入、程序执行、写输出三个阶段。整个过程进行一次循环所需要的时间称为扫描周期。

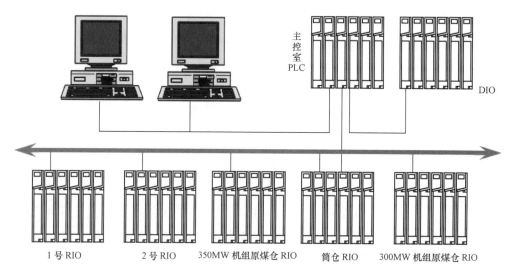

图 6-2 输煤控制系统网络结构图

（一）工作过程

1. 读输入（输入采样）阶段

在输入采样阶段，PLC 以扫描方式依次读入所有输入状态和数据，并将它们存入 I/O 映象区中的相应单元内。输入采样结束后，转入执行用户程序和写输出阶段。在这两个阶

段中，即使输入状态和数据发生变化，I/O映象区中相应单元的状态和数据也不会改变。因此，如果输入的是脉冲信号，则该脉冲信号的宽度必须大于一个I/O扫描周期，才能保证在任何情况下该输入均能被读入。

2. 执行用户程序阶段

在执行用户程序阶段，PLC总是按由上而下的顺序依次地扫描用户程序（梯形图）。在扫描每一条梯形图时，又总是先扫描梯形图左边由各触点构成的控制线路，并按先左后右、先上后下的顺序对由触点构成的控制线路进行逻辑运算，然后根据逻辑运算的结果，刷新该逻辑线圈在系统RAM存储区中对应位的状态，或者刷新该输出线圈在I/O映象区中对应位的状态；或者确定是否要执行该梯形图所规定的特殊功能指令。也就是在用户程序执行过程中，只有输入点在I/O映象区内的状态和数据不会发生变化，而其他输出点和软设备在I/O映象区或系统RAM存储区内的状态和数据都有可能发生变化，而且排在上面的梯形图程序执行结果会对排在下面的凡是用到这些线圈或数据的梯形图起作用。相反，排在下面的梯形图，其被刷新的逻辑线圈的状态或数据只能到下一个扫描周期才能对排在其上面的程序起作用。

3. 写输出（输出刷新）阶段

当扫描用户程序结束后，PLC就进入输出刷新阶段。在此期间，CPU按照I/O映象区内对应的状态和数据刷新所有的输出锁存电路，再经输出电路驱动相应的外设（如控制指示灯、电磁阀、接触器等）。这才是PLC的真正输出。

上述三个过程构成了PLC工作的一个工作扫描周期，见图6-3、图6-4。

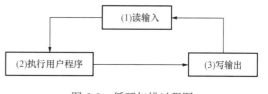

图6-3　循环扫描过程图

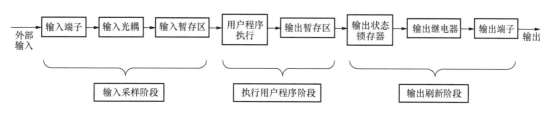

图6-4　PLC三个阶段的工程过程图

PLC按工作扫描周期方式周而复始地循环工作，完成对被控对象的控制作用。但严格说来，PLC的一个工作扫描周期还包括下述四个过程，这四个过程都是在输入扫描过程之前进行的。

（1）系统自监测。检查Watchdog是否超时，即检查程序执行是否正确。如果超时，则停止中央处理器工作。

（2）与编程器交换信息。这在使用编程器输入和调试程序时才执行。

（3）与数字处理器交换信息。这只有在PLC中配置有专用的数字处理器时才执行。

（4）网络通信。当PLC配置有网络通信模块时，应与通信对象（编程器和其他PLC或计算机等）做数据交换。

PLC 在一个工作周期中，输入扫描和输出刷新的时间是固定的，而程序执行时间可因程序的长度差异而不同，但如果取其可能的最大长度来考虑，这个时间也是可以预料到的。一般 PLC 的工作周期在 40～100ms 之间。为了适应不同长度程序的运行和 PLC 不同配置所需不同的时间，有些 PLC 的 Watchdog 定时时间可由用户自行用软件设定。

**（二）梯形图逻辑**

梯形图逻辑是一种高度图形化、易于使用的编程语言，它使用类似继电器的符号编程，其主要结构由段、网络和元素组成。具有下列特点：

（1）梯形图按自上而下、自左而右的顺序排列，最左边的竖线称为起始母线，然后连接各个触点，最后以继电器线圈结束，称为一个逻辑行，见图 6-5。

（2）梯形图中触点只有动合和动断触点，它可以是 PLC 输入端子上接的外接开关，如启动按钮、行程开关等，也可以是 PLC 内部继电器触点或内部寄存器、计数器的状态。需要注意的是每一种 PLC 都有自己特殊的标记。

（3）梯形图中的继电器线圈不全是实际继电器的线圈，它包括输出继电器线圈、辅助继电器线圈、寄存器及计数器的运算结果等。但其逻辑动作只有线圈接通之后，对应的动合、动断触点才动作。

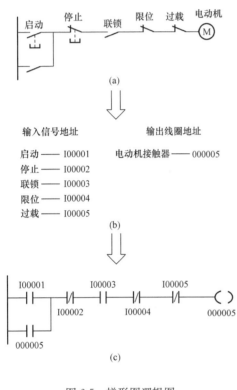

图 6-5　梯形图逻辑图

（4）梯形图中的触点可以做任意串、并联，但继电器线圈只能并联，不能串联。

（5）内部继电器、寄存器及计数器等不能作输出控制使用，只能作中间结果供 PLC 内部使用。

（6）PLC 是按循环扫描方式沿梯形图的先后顺序执行程序，在同一扫描周期中的结果保留在输出状态暂存器内，所以输出点的值在用户程序中可以当作条件使用。

用梯形图语言编程时，不需要更多计算机的知识，只要按梯形图前后顺序把逻辑行输入到计算机中去，最后用 END 结束符表示程序结束，计算机就可自动将梯形图转换成 PLC 能接受的机器语言，并存入内存单元。

梯形图逻辑程序是段的集合，虽然在大多数情况下，段的数量大于站的数量（站的数量不能大于段的数量），但原则上段的数量等于由控制器所带的 I/O 站的数量，一个段由一组网络构成，一个段里网络数量没有规定限度，其大小仅由有效的用户存储器和 CPU 有效的最大逻辑扫描时间（250ms）所限定。

可以用段调度程序修改逻辑解算顺序，段调度程序是一个可以用软件在系统内存中调整解算顺序的编辑器。

构成梯形图逻辑段的网络有明确定义了的结构，每一网络左边是电源线，习惯上，右边也有一条线（不显示），中间连接小梯形图，一个网络长度为 7 行，宽度为 11 列。

行和列的 77 个交点称为节点，在网络节点中插入逻辑元素（触点、线圈、垂直连线、水平连线以及功能块指令）。由逻辑元素和指令组成梯形图逻辑的基本构成块，可以占用网络区内的全部 77 个节点或其中的一部分。

### 三、Quantum PLC 系统概述

#### （一）CPU 模块

某电厂输煤程控采用 Quantum 53414A 586 CPU 模块，如图 6-6 所示。CPU 模块安装在输煤程控室主控站本地 I/O 底板上，是单槽位控制器。CPU 模块内含有执行存储器、应用程序存储器、通信端口及 CPU 状态、通信端口状态 LED 指示灯。LED 状态指示灯显示 CPU 本身及所有通信端口的工作是否正常，以便及时进行故障检修。

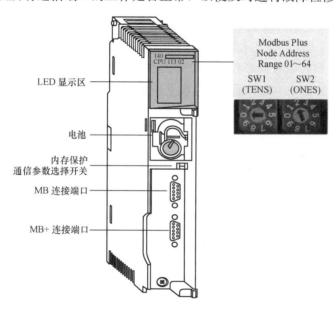

图 6-6　Quantum CPU 面板指示图

Quantum CPU 使用闪速存储器（Flash Memory）技术，支持控制器的执行存储器和指令集。操作系统的升级可通过 Modbus 和 Modbus Plus 通信端口直接下装给 CPU 的闪速存储器。

对于较复杂的过程控制，Quantum CPU 可通过过程控制功能库（Process Control Funclion Library，PCFL），由协处理器配合完成过程控制中较复杂的代数及数学运算。

Quantum 系列 CPU 使用电池后备的 RAM，以保护用户应用程序。电池安装在 CPU 模块正面，当控制器运行时即可投入使用。

在 CPU 的前面板还装有两个 3 位置滑动开关，左边的开关是用来保护存储器的，当开关在上面位置时起保护作用。右边的 3 位置滑动开关用来选择设定 Modbus（RS-232C）通信参数，包括 ASCⅡ通信端口参数、RTU 通信端口参数和有效通信端口参数。

CPU 模块前面板上都有标准的 Modbus 和 Modbua Plus 通信接口，以支持两种联网

方案，CPU 前面板上的 LED 指示灯用于指示其工作状态。CPU 模块的后面板上装有两个旋转开关，用于设置 Modbus Plus 节点和 Modbus 端口地址，有效地址为 1～64。SW1设置地址高位（十位），SW2 设置低位（个位）。如果节点地址选为 0 或大于 64，Modbus＋LED 将维持常亮，以指示所选地址无效。

对于 Modbus 端口，包括波特率、数据位、停止位、奇偶校验位、站地址以及协议等端口均设置在控制器配置中。缺省时，端口设置编程参数为 9600、E、8、1、RTU、NODEL。CPU 面板上的开关能将端口设置为调制解调器工作方式，参数为 2400、E、7、1、ASCⅡ。

（二）开关量和模拟量 I/O 模块

输煤程控所用开关量模块主要包括 DDI35300 和 DDO35300 两种型号，如图 6-7 所示。开关量 I/O 模块的主要作用是实现 PLC 与外部设备之间数字信号的连接。它完成电平转换、电气隔离、串/并型数据转换、码字错误检测以及提供具有足够驱动能力的各种数字驱动信号等工作，有时还提供各种中断和通信等方面的控制信号。开关量 I/O 模块通常配置有相应的 LED 状态显示器，以利于操作人员的监测。

开关量 I/O 的输入信号常来自按钮、开关和继电器触点等实际开关量，也可以是各种外设或被控制对象送来的数字量。它的数字输出信号主要是以继电器触点或与 TTL 电平兼容的数字电平形式提供。

输煤程控所用模拟量模块主要包括 ACI03000 和 ACO02000 两种型号。模拟量 I/O 模块主要实现 PLC 与外部 I/O 装置之间模拟信号的连接。其中模拟量输入模块主要完成阻抗匹配、I/V 转换、小信号放大、信号滤波以及 A/D 转换等功能，实现将被控对象进出的模拟量转换成 PLC 易于处理的数字量。模拟量输出模块主要完成阻抗匹配、功率放大和波形校正等功能，以便向被控对象提供正常工作所需要的模拟控制（驱动）信号。

所有的 Quantum PLC I/O 模块均可使用编程软件实现软件配置。I/O 的软件配置允许用户为每个模块配置 I/O 地址。软件寻址使现有系统在加入模块或改变 I/O 配置时，无需从物理上改变应用程序。I/O Map 的概念是基于智能模块的扩充，该智能模块需要地址范围以外的额外信息。

Quantum 系列 PLC 的 I/O 模块如图 6-7 所示。每个模块都有 LED 信息，包括现有的I/O 状态和现场接线故障、熔断器断开、超量程等信息。每一个 I/O 模块需要一个单独的

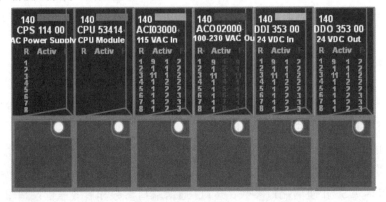

图 6-7　Quantum I/O 模块状态指示图

I/O 接线端子 P/N140XTS00200。所有的 I/O 模块使用同样的连接端子。

（三）电源及底板

Quantum 系列 PLC 中，有三种类型的电源可供选用，即低功率独立型、大功率可累加型和高功率冗余型。输煤程控系统主要采用独立型电源 CPS11400 3A 型电源。

独立型电源为 3A 型，3A 电源也使用在与 Modbus Plus 适配器的组合中，以组成分布式 I/O 电源和适配器接口。电源模块皆为单槽位，为安装在同一底板上的所有模块提供所需功率。

可累加电源是 8A 型，两个累加电源组合时可为本地或远程底板提供 16A 电源。但两个电源模块必须是同一型号并安装在边沿槽位中。

在高可靠性的应用中，可使用冗余电源，Quantum 提供 AC 和 DC 两种类型的电源。在这一组态中，底板上安装两个冗余电源，当其中一个电源的供电或电源模块发生故障时，另一个状态正常的电源将维持必要的电源供给，从而使底板的运行或现有的通信不受影响。控制器上有状态指示，用于电源故障的快速识别。两个 8A 冗余电源的组合为本地或远程 I/O 系统提供 8A 的冗余供电。如果在冗余电源配置中需要额外电源，可以加入第三台冗余电源，以提供更高的容量。在使用冗余电源的地方，电源必须是同一型号，并且放在靠边的槽位中。

Quantum 系列 PLC 使用公用底板，底板有 2、3、4、6、10、16 槽位 6 种型号可供选择。16 槽底板的型号为 140XBP01600，模块插在底板上，每一个槽位上插一个模块。底板提供控制信号及模块的电源，这个来自系统供电的电源仅仅为模块供电，而不能用于现场供电。底板中每一个槽位的电气特性都是一样的，即任何模块可插入任意一个槽位中，不存在对槽位的依赖关系，也不存在某些模块必须安装在某一特定底板上的问题。对底板的限制仅是模块电源容量及寻址空间。所有寻址全通过软件进行，无需经 DIP 开关来进行模块配置。此外，底板可用于本地 I/O、远程 I/O 和分布式三种系统结构，无需为某种结构选择专门的底板。底板只要选择包含有足够可用的槽位，能安装下需要的模块并留有将来扩展余地即可。

（四）Quantum PLC 系统结构

Quantum 系列 PLC 提供了一个高度灵活的系统结构，从中央集中控制系统到高级分布系统及联网的分布控制系统，灵活组合的系统结构可使控制系统达到很高的性能价格比，最大程度地满足控制要求。

1. 本地 I/O 结构

输煤程控室 2 号控制柜配置的就是一种本地式 I/O 结构。在这种系统结构中，本地 I/O 模块能够与 CPU 模块和电源模块安装在一个底板上，最少有 1 个（3 槽位底板，含 1 块 CPU 模块和 1 块电源模块），最多有 14 个（16 槽位底板，含 CPU 模块、电源模块），本地站最多可提供 448 个 I/O 点。

在本地 I/O 结构中，最小的系统包括 1 个电源模块、1 个 CPU 模块、所需的若干个 I/O 模块以及根据需要所选用的其他模块。系统可选模块包括远程 I/O 处理器（CPA93200）或 Modbus Plus 网络接口模块（NOM21200），其他所有可利用的模块均如同 I/O 模块一样组态。

如果需要，本地 I/O 底板还可安装通信及联网模块。Quantum 的通信及联网模块有 Modbus Plus 和 Modbus 网络接口模块（支持两块）、Ethernet 网络、Interbus-S 网络以及控制器热备等其他可选模块。支持的上述模块与所选的 CPU 模块型号有关。

每个 CPU 模块、可选模块和 I/O 模块均需从底板上获得电源，此电源由系统电源提供。为确保有效的配置，把在底板上所有模块的电流值（mA）简单相加，确保其总值小于所选的电源额定电流。

对于 Quantum PLC 的 CPU 模块，一个本地 I/O 分站能处理最多 64 个 I/O 输入字和 64 个 I/O 输出字。16 位输入或输出等于 1 个字。把每个模块的寻址要求相加以确保其范围不超出上述值。

2. 分布式 I/O 结构

Quantum PLC 提供分布式 I/O 结构，如图 6-8 所示。在输煤程控室 3 号控制柜配置了一套分布式 I/O 系统，这种 I/O 结构适用于 I/O 信号分布在较大区域的应用场合。分布式 I/O 结构使用与本地 I/O 结构一样的 I/O 模块，使用双绞线电缆连接不同的分站。分布式 I/O 结构是为一个较大范围内、点数较少、I/O 分站较多的应用而设计的。远程 I/O 结构应用配置能支持 4500m 的距离。而分布式结构对一台 CPU 支持三个网络，每个网络距离为 2000m，对系统结构提供可选的网络策略。如果需要更远的距离时，可使用光纤中继器。

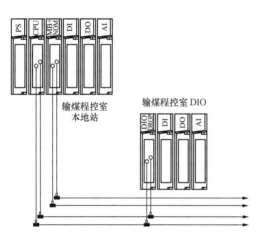

图 6-8　Quantum PLC 分布式 I/O 系统布置图

分布式 I/O（DIO）结构基于 Modbus Plus 网络技术。采用双绞线拓扑结构的 Modbus Plus 支持 32 个节点（每个网络），距离为 500m；而采用中继器可支持 64 个节点，距离为 2000m。Quantum 支持最多连接三个分布式 DIO 网络，其中一个网络能够接至 CPU 上的本机 Modbus Plus 端口，另外两个网络经由备选的 Modbus Plus 接口模块来接。

分布式 I/O 系统中，CPU 模块上的 Modbus Plus 端通信口是一个主站通信处理器，如果使用一个附加的或双电缆网络，则主 CPU 底板上必须接入一个可选的主站通信处理器（140NOM21200）。依据所需电源及单/双电缆结构，每个结点必须选一个分布式通信处理器（140CRA21200）。分布式通信适配器是一个 3A 的电源和 Modbus Plus 通信适配器集成的单模块。

每个 I/O 模块所需的电源来自底板。此电源可以是 DIO 适配器内装的电源，也可以是来自一个独立/可累加的电源。为确保有效的配置，把底板上每个模块的电流值相加，如果所需的底板电流值总和不超过 3A，则 DIO 适配器的内装电源足够使用。如果所需电流值大于 3A，则不能使用 DIO 内装电源，而在同一底板上的另一个槽位上插入一个标准的 8A 电源。

在分布式 I/O 系统中，每个 I/O 分站可管理多达 30 个 I/O 寻址输入字和 32 个输出字。把每个模块所需寻址字数相加，确保总和不超过上述值。每个分布式 I/O 网络可支持 500 个输入字和 500 个输出字。每个 Quantum CPU 支持三个网络干线，一个是 CPU 本身，另两个由 NOM2lx 可选模块扩展。

系统中每个分站需一个分支器，部件号为 990NAD23000。用双绞线电缆将 CPU 模块或 NOM 模块连接至分支器，并确保分支器干线的正确接地。

3. 远程 I/O 结构

当系统需要大量的 I/O 分站，且需要具有极高的 I/O 性能，或需要与现有的 Modicon 远程 I/O 分站连接时，可使用 Quantum PLC 的远程 I/O 结构，如图 6-9 所示。Quantum 的 RIO 网络为高速（1.544Mbit/s）局域网络（LAN），它采用同轴电缆和 CATV 介质技术。RIO 网络中，数据在 RIO 处理器和 RIO 适配器之间进行传送。

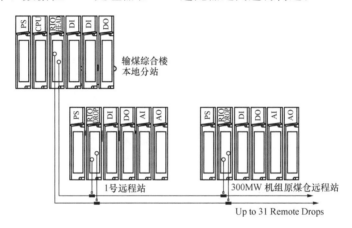

图 6-9 Quantum PLC 远程 I/O 系统布置图

Quantum 的 RIO 网络采用 S908 的远程 I/O 通信协议，因此 Quantum 系列 PLC 可通过远程 I/O 处理器，把 Modicon 984 系列原有的 800、200 系列 I/O 作为自己的一个远程站处理。

远程 I/O 使用同轴电缆，网络距离可达 4500m，最多可接 31 个远程 I/O 站，每个分站支持 128 个 I/O 字（64 字输入/64 字输出）。远程 I/O 电缆拓扑结构包括一条线性主干线、主干线分支器、接至远程 I/O 接口的分站电缆。

Modicon 段调度表利用交叉存取 I/O 服务和逻辑解算对 I/O 网络的高性能进行处理，使系统处理能力达到最高。段调度表把应用程序分成若干个逻辑段，然后生成与该逻辑段相应的调度 I/O 服务。在逻辑解算之前写输出，在其后读输入。这样就可以消除因输出系统响应快于控制系统而需等待一个扫描周期。

对于要求高可靠性的系统，使用双电缆系统将使应用系统免受电缆断裂或连接器损坏而引起的危险。

配置一个远程 I/O 系统时，必须选择基于单电缆结构或双电缆结构的主站通信处理器（140CRP 93x）和分站通信处理器（140 CRA 93x）。Quantum 系列 PLC 的远程通信处理器在每一个 RIO 组态中，RIO 主站通信处理器模块用同轴电缆连至每一个远程分站的 RIO 分站通信处理器模块。

远程 I/O 与分布式 I/O 的区别见表 6-2。

表 6-2　　　　　　　　　　　　远程 I/O 与分布式 I/O 的区别

| | 远程 I/O | 分布式 I/O |
|---|---|---|
| 介质 | 同轴电缆 | 双绞线 |
| 无中继器时的最大距离 | 15 000ft（4572m） | 1500ft（457m） |
| 速度 | 1.5MHz | 1MHz |
| 同步扫描 I/O 服务 | 有 | 无 |
| 热备支持 | 有 | 无 |
| Momentum I/O 支持 | 无 | 有 |
| Modbus Plus 兼容 | 不 | 是 |
| 每网络最大站数 | 31 | 63 |
| 每网络最大 I/O 字数 | 1984 入<br>1984 出 | 500 入<br>500 出 |
| 每网络最大<br>离散量 | 31 744 入<br>31 744 出 | 7840 入<br>7840 出 |
| 每网络最大<br>模拟量 | 1984 入<br>1984 出 | 500 入<br>500 出 |
| 每控制器的网络数 | 1 | 3 |

4. Modbus 和 Modbus Plus 网络

Quantum 系列的控制器与控制器、控制器与人机接口、控制器与计算机之间的通信，延续了 Modicon 传统的 Modbus（MB）和 Modbus Plus（MB＋）的两种网络方式。

Modbus 是一种工业标准主/从协议，使用 RS-232 通信口。Modbus 可用在只有两台装置的点对点控制方式，或用在具有 247 台设备的网络结构中。

在大于 15m 的长距离应用中，使用调制解调器，通过 RS-485、电话线、红外线、光纤、微波等多种介质可实现 Modbus 连接。通过调制解调器将网络连接到公共载波线上，可使 MB 网络拓扑到 4500m 的距离。

Modbus Plus 网络是一种高速对等的局域网，这一局域网络允许主计算机、控制器和其他数据源通过低价的双绞线电缆（最远通信距离可达 500m）或光缆，在整个工厂进行对等通信。Modbus Plus 作为一个确定性的令牌传递网络以 1Mbit/s 波特率通信，快速访问过程数据。典型应用包括控制联网与互锁、数据采集、程序上装与下装、远程在线编程等。

所有的 Quantum CPU 上均有 Modbus 和 Modbus Plus 通信口，输煤上位机的通信就是通过 Modbus Plus 接口连至 SA85 通信卡，Modbus 接口可连接笔记本电脑或 Modbus 主从网络。

（五）元素标识

为了表明元素类型，不同型号的可编程序控制器均有自己的表示方法。Quantum PLC 使用的元素编号如下：

（1）0×××××＝Coila/Discrete Outputs（线圈/开关量输出）。

线圈有两种：一种是仅在梯形图中使用，没有实际外部输出的"内部线圈"；另一种是通过输出模块驱动外部设备的"输出线圈"。作为编号，两种线圈均无区别，将哪个线圈作为输出线圈，是由输入/输出地址分配决定的。一般内部线圈的编号大于输出线圈的编号。

作为线圈编号，用户程序中仅能出现一次，不可重复使用，但线圈的触点（和线圈取相同的编号）在任意网络中可使用多次。

（2）1×××××＝Discrete Inputs（开关量输入）。

通过输入模块指示开关量输入的 ON 或 OFF 状态信号，适用于用户逻辑中的输入触点，在任意网络中可使用无数次。

（3）3×××××＝Input Registers（输入寄存器）。

用于读入数字开关、A/D 转换器、高速计数器或计算机等外部设备的数值信号，并暂时存储的存储器（16 位字长）叫做输入寄存器，编号为 3×××××。输入寄存器的数值可为二进制，也可以是 BCD 码。输入寄存器的数值虽然可在梯形图中使用，但不能修改。

（4）4×××××＝Holding/Output Registers（保持/输出寄存器）。

用于存储定时器、计数器的设定值、当前值、四则运算的常数与结果、数据传送及矩阵的数据，以及其他运算所需各常数等的存储器（16 位字长）叫做保持寄存器。保持寄存器的内容既可在梯形图中使用，也可以变更，并且在停电时仍保持其内容。在必要时，保持寄存器的内容可以通过输出模块向外部输出，这种应用又称为输出寄存器。

## 四、Concept 软件常用操作

Concept 是用于 Modicon TSX Quantum 可编程序控制器的编程组态工具，适用于 Windows 操作系统，如图 6-10 所示。它包括 IEC 编程语言功能块图（FBD）、梯形图（LD）、顺序功能流程图（SFC）、指令表（IL）和结构化文本（ST），以及面向 Modsoft

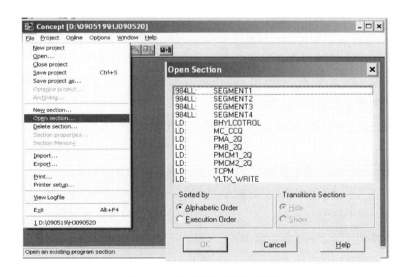

图 6-10　输煤程控程序结构图

的梯形图（LL984）。

Concept 的控制程序按区段设计，在每一区段中，只能使用 FBD、LD、SFC、IL、ST 和 LL984 中的一种。将所有的区段联合成一个整体就组成了 Concept 的控制程序。在程序内，IEC 区段（FBD、LD、SFC、ST）可以任意次序安排，而 LL984 区段总是在 IEC 区段前编辑为一个块。

输煤程控系统主要使用 984LL 块与 LD 块，共 12 个区段，其中 984LL 是与原 MOD-SOFT 系统兼容，主要实现皮带系统的控制，LD 块主要实现叶轮给煤机与配煤系统的控制。

（一）系统配置

可编程序控制器配置是程序和硬件之间的接口。可使用主菜单 Project 中的菜单命令 Configuration 调用可编程序控制器配置器进行硬件的配置，见图 6-11。

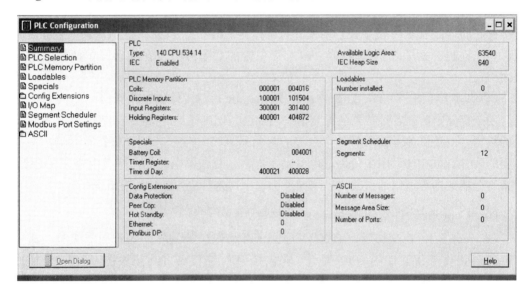

图 6-11  PLC 系统配置主界面

在 Configuration 子菜单中，使用下述命令完成可编程序控制器的硬件配置：

PLC Selection：选择可编程序控制器的型号和存储器容量的大小。

Loadables：确定可装载功能（Loadable Functions），可装载功能主要取决于所选可编程序控制器的型号和 CPU 的类型。

PLC Memory Partition：设定用户程序所需要的 In/Out 保持位和 In/Out 寄存器的数量。

Config Extensions：设定数据访问的保护范围、清除 Peer Cop 和（或）Hot Standby（热备）以及确定以太网接口模块 NOE 的数目。

I/O Map：用于设定远程站、配置站的模块输入/输出地址及参数，见图 6-12。

使用命令按钮 Head Setup 设置 RIO、DIO 槽位。

在列表框 GOTO 中选择本地 I/O、远程 I/O 或分布式 I/O 分站，利用 Insert 指令按钮确定其他分站、Drop 确定站号、Type 指定 I/O 模块的类型（800 系列或 Quantum）。

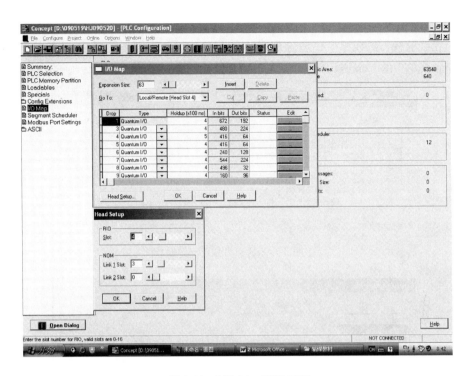

图 6-12 I/O Map 配置画面

Edit 确定 I/O 模块型号、参考号和槽号。选择 In Ref 和 Out Ref 栏并输入模块要占用输入和输出基准范围的第一个地址。

选择 Params 用于设定相应模块的参数，如果该模块拥有参数对话框，就可以在这里定义参数（如断线行为、数据格式、测量范围）。模拟量输出如图 6-13 所示。

Modbus Port Settings：用于设定通信参数，见图 6-14。

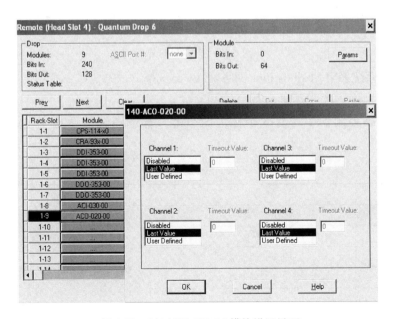

图 6-13 140ACO 020 00 模块设置界面

（二）在线监视

要想在线监视，离线程序必须与 PLC 中的程序相同，否则不能显示实时运行情况。选择 On Line 菜单中的 Connect 出现如图 6-15 所示对话框，可以选择四个级别的在线功能。

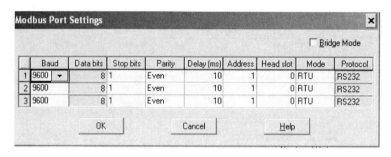

图 6-14　通信参数设定界面

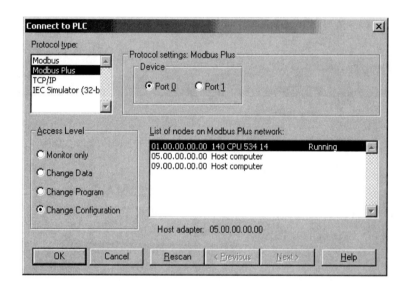

图 6-15　连接 PLC 界面

输煤程控系统采用 Modbus Plus 网络，Device 选择 Port0。

（三）Quantum 梯形图逻辑元素

在 Quantum 控制器中含有 6 个标准的单节点梯形图逻辑元素（触点和线圈），见表6-3。

表 6-3　　　　　　　　　　　　　Quantum 逻辑元素

| 符号 | 含　义 | 备　注 |
|---|---|---|
| -\| \|- | 动合触点 | |
| -\|/\|- | 动断触点 | |
| -\|↓\|- | 下降沿瞬动触点 | 标准的单节点梯形图逻辑元素 |
| -\|↑\|- | 上升沿瞬动触点 | |
| -( )- | 普通线圈 | |
| -(L)- | 锁存线圈 | |

| 符 号 | 含 义 | 备 注 |
|------|------|------|
| UCTR | 从 0 到设定值上升计数 | 计数器和定时器指令 |
| DCTR | 从设定值到 0 下降计数 | |
| T1.0 | 以秒为增量的定时器 | |
| T0.1 | 以 0.1s 为增量的定时器 | |
| T0.01 | 以 0.01s 为增量的定时器 | |
| ADD | 加法指令 | 计算指令 |
| SUB | 减法指令 | |
| MUL | 乘法指令 | |
| DIV | 除法指令 | |

在梯形图逻辑中，通过双击网络中的一个逻辑项或对拥有焦点的逻辑项按下 Enter 键，可以对逻辑项引用的节点进行查看或编辑，见图 6-16。

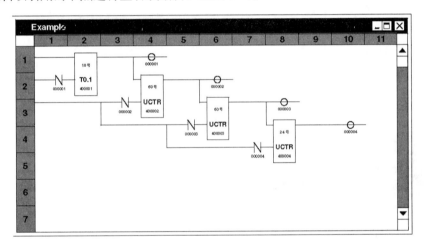

图 6-16　梯形图逻辑编辑界面

当双击一个高亮对象或对拥有焦点的逻辑项按下 Enter 键时会出现一个 Object Properties（对象属性）对话框，可以通过单击 Lookup（查寻）按钮查看已经创建的变量，见图 6-17；可以通过单击 Variable Declarations（变量声明）按钮创建新变量。编辑引用可以对逻辑元素每个节点（比如多节点）的引用进行编辑。

另外可以从下拉列表中输入子功能名称。如果输入常量，则必须在以 0、1、2、3 或 4 开始的常量前输入"♯"符号，也可以为引用输入一个变量名称。带 Lookup Variables（查寻变量）对话框的对象属性如图 6-17 所示。

（四）引用数据编辑器

引用数据编辑器用于监视输入/输出的状态值，并可对信号进行强制，经常使用的输入/输出变量可保存为一个模板，在以后使用时可直接调用，不必每次都进行输入，见图 6-18、图 6-19。

选中 Disable 栏后，就可对变量进行修改，如果没有复选 Cyclic Set（循环设置）栏中的

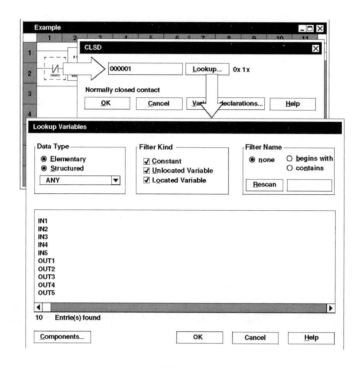

图 6-17 梯形图逻辑元素编辑界面

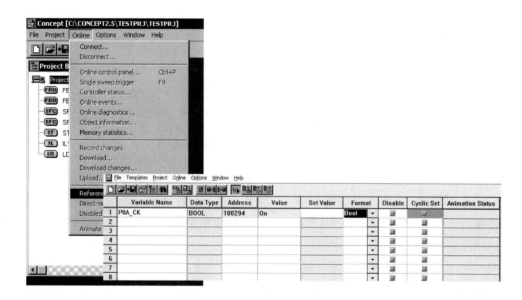

图 6-18 引用数据编辑器界面

复选框，Value（值）栏中的信号状态将直接加载到 PLC 中并在逻辑中使用，可以最多循环设置 300 个变量。如果一个变量在引用数据编辑器中多次使用，那么总是使用最后一次输入的值用于循环设置。

需要注意的是：所有更改的信号状态直接下载到 PLC 中。操作中要注意避免人员伤害或设备损坏。

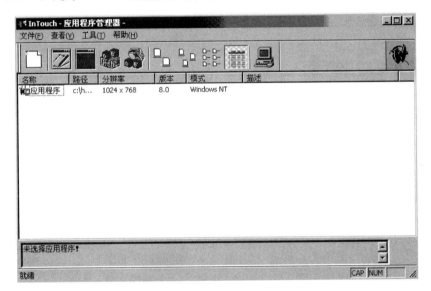

图 6-19　信号强制过程界面

## 五、Intouch 软件常用操作

Intouch 包括三个主要程序，即 Intouch 应用程序管理器（见图 6-20）、Window Maker 和 Window Viewer，此外 Intouch 还包括诊断程序 Wonderwarelogger。

图 6-20　Intouch 主操作界面

Window Maker 是一个开发环境，在这个开发环境中可以使用面向对象的图形来创建富于动画感的触控式显示窗口。这些显示窗口可以连接到工业 I/O 系统和其他 Microsoft Windows 应用程序。

Window Viewer 是用于显示在 window Maker 中创建的图形窗口的运行环境。Window Viewer 执行 Intouch Quick Script 历史数据的记录和报告、处理报警记录和报告，并且可以充当 DDE 和通信协议的客户机和服务器。

（一）Modbus Plus 通信设置

在 Qauntum PLC 与 Intouch 之间交换数据，需要使用 Modbus Plus 服务软件，在服务软件中，需要设置 SA85 卡的通信参数。打开 MBPLUS，选择 Configure 出现 Adapter Card Settings 对话框，点击 Modify 出现 MBPLUS Adatper Card Settings 对话框，可对卡编号、超时等参数进行设置，见图 6-21。

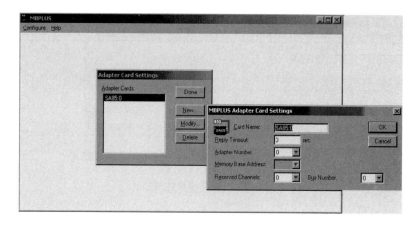

图 6-21　SA85 卡设置界面

设置完 SA85 卡之后，需要建立通信连接，输煤程控系统共建立两个连接，即 SHUMEI 与 SHM2Q，具体参数如图 6-22 所示。

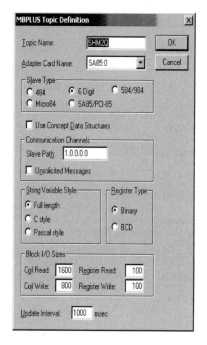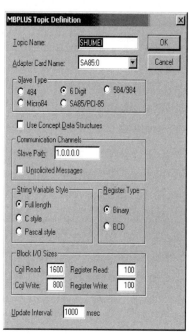

图 6-22　通信连接设置界面

（二）标记名字典

标记名字典（运行时数据库）是 Intouch 的核心。在运行时，数据库包含数据库中所有项目的当前值。为了创建运行时数据库，Intouch 需要所有已创建变量的信息。每个变量必须指定标记名和变量类型。对某些变量类型 Intouch 需要额外的信息，例如对于 I/O 类型标记名，Intouch 需要更多的信息以便获得数据并转换它供内部使用。标记名字典就是用来输入这些资料的机制。

在 Intouch 数据库中定义标记名时，必须根据其用法为每一个标记名指定一种类型。例如，如果一个标记名要读或写来自像 I/O 服务器这样的另一 Windows 应用程序的数值，它就必须是一个 I/O 类型的标记名。下面描述每种 Intouch 标记名类型及其用法。

1. 内存类型标记名

内存类型标记名存在于 Intouch 应用程序内，可以使用它们来生成系统常数和模拟量，也可以用它们建立由其他 Windows 程序访问的计算变量。共有三种内存类型，即内存离散型、内存实型、内存消息型。

2. I/O 类型标记名

所有从另一 Windows 程序读取其值或将其值写入另一 Windows 程序的标记名为 I/O 类型标记。这包括所有来自可编程序控制器、过程计算机的输入/输出以及来自网络接点的数据。可以通过 Microsoft 动态数据交换（DDE）或 Wonderware Suitelink 通信协议来访问 I/O 标记名。

当一个读/写 I/O 类型标记名改变时，它将被立即写入远程应用程序。标记名也可以从远程应用程序上更新。缺省时，所有的 I/O 标记名设置为读/写。然而，也可以通过选择"标记名字典"对话框中的"只读"选项将其限制为只读。共有四种 I/O 类型，即 I/O 离散型、I/O 整型、I/O 实型、I/O 消息型。

3. 其他类型标记名

另外可以赋予标记名一些特殊标记名类型来执行复合函数，如动态报警显示、历史趋势、监控每一历史趋势笔所绘制的标记名，还可以用间接标记名类型来将一个标记名赋予多个资源。

4. 定义新的标记名

在"特别"菜单上，单击"标记名字典"，或者在应用程序浏览器中，双击"标记名字典"，"标记名字典"对话框出现，见图 6-23。

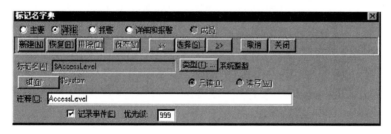

图 6-23  标记名字典界面

单击"新建"（"标记名"框被清除）。

在"标记名"框中，输入新标记名的名称。

单击"类型"，"标记类型"对话框出现。

选择标记名类型，然后单击"确定"，所选类型的相应详细资料对话框出现。

单击"组"将标记名指定给特定报警组，"报警组"对话框出现，选择要指定给标记名的报警组，然后单击"完成"。

对于 I/O 类型标记名，选择"只读"以将标记名限制为在运行时只读。

对于 I/O 类型标记名，选择"读写"让标记名设定为在运行时可以读和写。

在"注释"框中，输入要系统存储的有关标记名的任何其他注释（最多 50 个字符）。

选择"记录数据",则每当工程单位值变化超过指定的记录死区值时,程序运行时将标记名写入历史记录文件。否则,程序将缺省时间记录一次而不管值的变化。

注意:为了实际记录标记名,必须通过"特别"菜单上的"配置历史记录"命令来启动历史记录。

选择"记录事件",记录由操作员、I/O、Quickscript 或系统对标记名所做的所有数据值更改。

选择"保留值",则每次 Window Viewer 退出时,都会保留标记名的当前值。每次 Window Viewer 重新启动时,此值将用作标记名的初始值。

如果要保留操作员对标记名的报警限字段值所做的任何更改,选择"保留参数"。此值将用作 Window Viewer 重新启动后的报警初始值。

定义标记名类型的详细资料,然后单击"关闭"。

5. 定义模拟量变量

内存模拟型标记名存在于 Intouch 应用程序内,有两种内存模拟类型,即内存整型和内存实型。

选择内存整型或内存实型作为标记名类型,出现如图 6-24 所示的详细资料对话框。

| 初始值(I) | 0 | 最小值(N) | 0 | 死区(D) | 0 |
| 工程单位(E) | | 最大值(X) | 9999 | 记录死区(B) | 0 |

图 6-24　模拟量变量设置界面

在"初始值"框中,输入首次加载运行时数据库时,需要存储在标记名中的值。

在"最小值"框中,输入标记名的最小值。此值将用于历史趋势图表、I/O 及 Min EU 标记名点域中。

在"最大值"框中,输入标记名的最大值。此值将用于历史趋势图表、I/O 及 Max EU 标记名点域中。

在"工程单位"框中,输入要用于标记名的工程单位的标签。

在"死区"框中,输入数据库更新前标记名的工程单位必须变更的数量。

在"记录死区"框中,输入标记名的死区数值,只有标记名变更超过该数值,历史数据库存才会进行记录。缺省值零表示每次变更都会被记录。

如果要为标记名定义报警条件,可以单击"标记名字典"对话框顶部的"报警"或"详细和报警",以显示所定义的标记名类型的相应报警条件对话框。

在定义完标记名后,单击"关闭"以保存标记名定义,并关闭标记名对话框。

## 第三节　低压 (380V) 皮带机控制系统

输煤共安装 17 路 380V 低压皮带控制系统。该系统主要设备有电动机,PC 配电柜,现场跑偏、拉绳开关等保护装置。控制系统由就地控制柜、PC 控制箱,配合输煤程控 PLC 逻辑控制完成相应的操作。本节主要分析 P5A 皮带系统设备构成以及工作原理,同时对控制系统的维护和检修进行简要说明。

## 一、设备组成与功能

P5A 皮带系统由就地控制箱、电动机、就地保护装置、PC 配电柜等设备组成。其信号联系图见图 6-25。

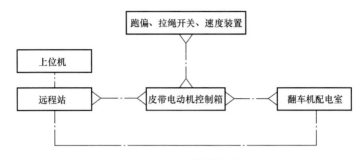

图 6-25  P5A 皮带信号联系图

## 二、控制系统工作原理

1. P5A 启动逻辑

P5A 启动回路梯形图触点说明见表 6-4，启动逻辑见图 6-26。

表 6-4　　　　　　　　　　　　P5A 启动回路梯形图触点说明

| 序号 | 触点名称 | 说　　　明 |
|---|---|---|
| 1 | S_D15、S_D16 | 三通挡板到位信号，对应现场限位开关输入 |
| 2 | P6ASB、P7ASB | 皮带速度保持信号，启动信号发出，并且运行信号返回时，信号接通 |
| 3 | ATUO、LOCK、MANU | 操作方式，对应主操作画面程控、联锁、解锁按钮 |
| 4 | S_KSH | 试机，对应操作画面试机按钮 |
| 5 | P5AXZ | 皮带选中信号，当在操作画面选中皮带时，信号接通 |
| 6 | S_P5ASQ | P5A 手启，对应操作画面手动启动按钮命令 |
| 7 | YXQD | 允许启动信号，流程选中，并预启，条件满足后，信号接通 |
| 8 | CQ | 程启，对应操作画面程启按钮 |
| 9 | P5A_CK | 程控信号，对应就地操作箱就地/远程输换开关 |
| 10 | P5AQB | P5A 启动保持信号，记忆皮带运行状态 |
| 11 | P5AZSG | P5A 总事故信号 |
| 12 | S_QL | 清零信号，对应操作画面清零按钮，相当于复位信号 |
| 13 | P5AQ、P5A_QD | P5A 启动中间触点与启动输出触点 |

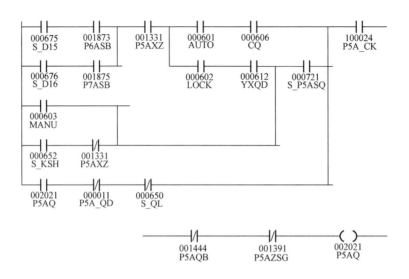

图 6-26　P5A 启动逻辑图

在程控方式下：当挡板到位信号返回（S_D15 或 S_D16）、相应挡板对应的上级皮带已启动（P6ASB 或 P7ASB）、P5A 皮带选中（P5AXZ），并且没有总事故、在程控位、已操作程启按钮后，皮带启动中间信号输出，中间信号接通启动报警回路（P5AZB），启动报警完成（P5AZB 下降沿）后，皮带启动输出点接通（P5A_QD），输出信号接继电器隔离，送到 PC 柜启动回路（图 6-27 中 KMH 触点）。

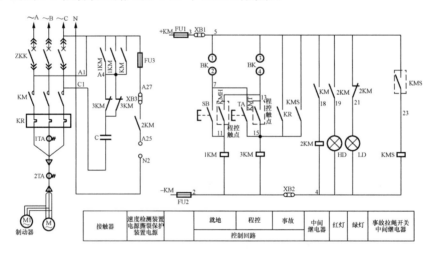

图 6-27　PC 段皮带二次回路原理图

在联锁方式下：与程控方式条件相同，只是预启完成，允许启动信号接通后，需运行人员手动启动，但相应设备间联锁关系依然存在。

在解锁方式下，可以随时启动皮带，没有任何联锁关系；试机方式下，设备必须在非选中模式中。

2. P5A 停机逻辑

（1）停机总逻辑。触点说明见表 6-5，停机逻辑见图 6-28。

表6-5 P5A停机回路梯形图触点说明

| 序　号 | 触点名称 | 说　明 |
|---|---|---|
| 1 | JIT | 急停 |
| 2 | P5ACT | 程控停机 |
| 3 | P5ALT | 联锁停机 |
| 4 | P5AZSG | 总事故 |
| 5 | P5ATB | 停机保持 |
| 6 | S P5AST | P5A手停，对应操作画面P5A停机按钮 |

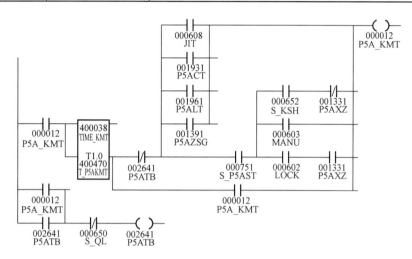

图6-28 P5A停机逻辑图

当急停信号、程停信号、联锁停机信号、总事故信号任何一个条件满足时，皮带发停机信号；在解锁、试机(设备非选中)、联锁(设备选中)时，可通过操作画面手动停机。

停机信号输出后，经继电器隔离，送到PC配电柜KT触点，启动停机回路。

(2) 程停与联锁停机逻辑，见图6-29。

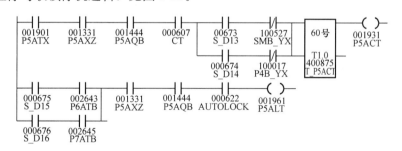

图6-29 P5A程停、联锁停机逻辑图

程停：上煤完毕后，当P5A前级设备停机(挡板在S_D13时，SMB非运行；挡板在S_D14侧时，P4B非运行)时，P5A延时停机。

联锁停机：当出现异常情况，P5A后级设备(挡板在S_D15侧时，P6A停机，挡板在S_D16侧时，P7A停机)停机时，P5A立即停机。

(3) 总事故逻辑。触点说明见表6-6，总事故逻辑见图6-30。

69

表 6-6  P5A 总事故回路梯形图触点说明

| 序号 | 触点名称 | 说　　明 |
|---|---|---|
| 1 | P5ALS | P5A 拉绳 |
| 2 | P5AZP | P5A 重偏 |
| 3 | DM15 | 堵煤 |
| 4 | P5AGT | P5A 过流 |
| 5 | P5ADH | P5A 打滑 |
| 6 | P5AZT | P5A 自跳：程控状态下，程控启动运行后，在程控没有发停机时运行信号丢失，报自跳 |
| 7 | P5ASK | P5A 启动失败：程控状态下，启动指令发出后，延时 5s，运行信号未返回，报启动失败 |
| 8 | HJ6 | 区域火警 |

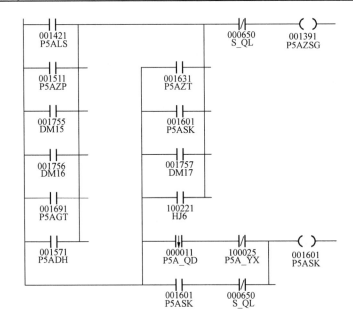

图 6-30　P5A 总事故逻辑图

## 三、典型故障

PC 段皮带启动失败。

1. 故障现象

程控操作发出启动指令后，皮带未启动，程控报启动失败。

2. 原因分析

（1）程控启动继电器损坏，信号未发送至 PC 柜，设备未启动，程控系统检测不到启动信号而发报警，并发停止信号，停止皮带运行。

（2）程控状态熔断器熔断，运行信号返回后不能送至 PLC，程控系统检测不到运行信号而发报警，并发停止信号，停止皮带运行。

（3）PC 柜抽屉后侧插座接触不良，启动信号传动不到抽屉内启动回路，设备无法启动。

3. 处理措施

（1）发启动信号时，检查启动继电器是否动作。

（2）检查操作熔断器是否熔断。

（3）上述正常情况下，检查 PC 柜抽屉柜接触情况。

**四、维护和检修**

（1）日常巡检：重点检查就地限位固定是否牢固，就地控制箱面板指示及柜内元件接线是否有松动。

（2）停机后检修专业进行专项检查。

**五、设备变更**

变更项目：P11 皮带控制回路改进。

存在问题：PLC 程序未设置堆取料互锁，互锁通过 6kV 开关柜硬接线实现，当同时点击堆与启时，硬接线无法实现互锁，容易四个开关同时启动，短路。

改进措施：修改上位机程序，通过程序实现多级互锁，增强系统的抗误操作性。

# 第四节　叶轮给煤机控制系统

汽车卸煤沟共安装 4 台叶轮给煤机。该系统主要设备有主电动机、两台行走电动机、就地控制箱等保护装置。控制系统由就地控制箱、PC 控制柜，配合输煤程控 PLC 逻辑控制完成启停操作，见图 6-31。本节主要分析叶轮给煤机系统设备构成以及工作原理，同时对控制系统的维护和检修进行简要说明。

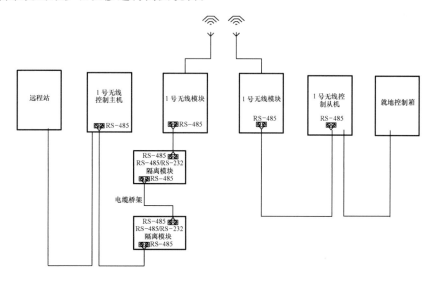

图 6-31　0 号皮带叶轮给煤机无线系统配置图

## 一、设备组成与功能

叶轮给煤机系统由就地控制箱、电动机、无线数传装置等设备组成。

## 二、控制系统工作原理

### （一）YG1 合闸逻辑

YG1 合闸回路梯形图触点说明见表 6-7，启动逻辑见图 6-32。

表 6-7 YG1 合闸回路梯形图触点说明

| 序号 | 触点名称 | 说　　明 |
| --- | --- | --- |
| 1 | ATUO、LOCK、MANU | 操作方式，对应主操作画面程控、联锁、解锁按钮 |
| 2 | S_KSH | 试机，对应操作画面试机按钮 |
| 3 | P0AXZ | 皮带选中信号，当在操作画面选中皮带时，信号接通 |
| 4 | S_YG1SQ | 叶轮给煤机 1 手启，对应操作画面手动启动按钮命令 |
| 5 | YXQD | 允许启动信号，流程选中，并预启，条件满足后，信号接通 |
| 6 | CQ | 程启，对应操作画面程启按钮 |
| 7 | YG1_CK | 程控信号，对应就地操作输换开关选择 |
| 8 | YG1QB | 叶轮给煤机 1 启动保持信号，记忆运行状态 |
| 9 | YG1ZSG | 叶轮给煤机 1 总事故信号 |
| 10 | S_QL | 清零信号，对应操作画面清零按钮，相当于复位信号 |
| 11 | YG1Q、YG1HZ | 叶轮给煤机 1 叶轮启动中间点与输出点 |

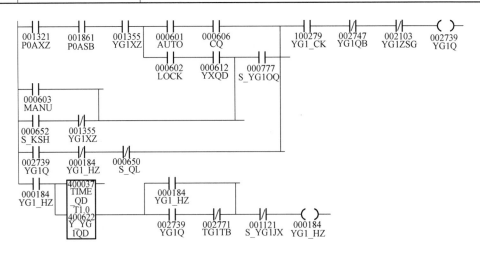

图 6-32　YG1 启动逻辑图

在程控方式下：当 P0A 选中并启动保持、YG1 选中，并且没有总事故、在程控位、已操作程启按钮后，叶轮给煤机 1 启动中间信号输出。

在联锁方式下：与程控方式条件相同，只是预启完成，允许启动信号接通后，需运行人员手动启动，但相应设备间联锁关系依然存在。

在联锁方式下，只在程控位，并且没有总事故，可以随时启动叶轮给煤机，没有任何联锁关系；试机方式下，设备必须在非选中模式中。

### （二）YG1 行走逻辑

YG1 行走回路梯形图触点说明见表 6-8，启动逻辑见图 6-33。

**表 6-8**               **YG1 行走回路梯形图触点说明**

| 序号 | 触点名称 | 说　明 |
|---|---|---|
| 1 | ATUOLOCK、MANU | 程控与联锁 |
| 2 | YG1_YX | 叶轮给煤机 1 叶轮运行信号 |
| 3 | YG1_SDD | 叶轮给煤机 1 速度到达，变频器运行信号 |
| 4 | YG1_JXW | 叶轮给煤机 1 检修，在操作画面可以设定设备检修，禁止启动 |
| 5 | YG1TXB | 叶轮给煤机 1 停行保持，即叶轮给煤机 1 停行信号 |
| 6 | YG1_QB | 叶轮给煤机 1 启动保持信号，记忆运行状态 |
| 7 | YG1_ZSG | 叶轮给煤机 1 总事故信号 |
| 8 | S_YG1ZQ、S_YG1YQ | 叶轮给煤机 1 左行启动、右行启动 |
| 9 | YG1_ZXYX、YG1_YXYX | 叶轮给煤机 1 左行运行，右行运行 |

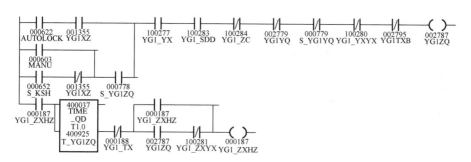

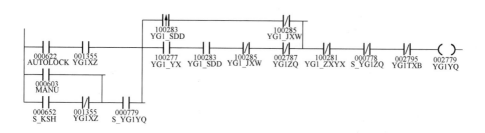

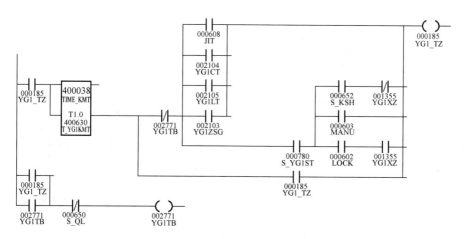

图 6-33　YG1 左右行、跳闸启动逻辑图

在程控联锁状态下，当叶轮给煤机 1 选中，并且叶轮运行信号返回、变频器运行信号返回，没有右行信号时，右行启动信号输出，经中间继电器送到无线数传装置主机，经无线网络送到叶轮给煤机控制箱从机，从机解调出启动信号，送至启动回路，右行启动。

在手动与试机状态下，可通过画面操作按钮对行走进行控制。

左行控制同右行控制。

YG1 二次控制回路见图 6-34。

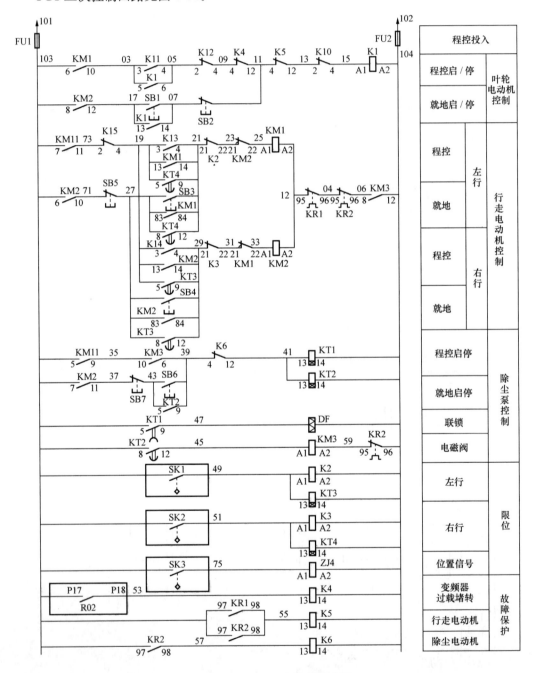

图 6-34　YG1 二次控制回路图

（三）叶轮给煤机停机逻辑

1. 停机逻辑

当急停信号、程停信号、联锁停机信号、总事故信号任何一个条件满足时，叶轮给煤机发停机信号；在解锁、试机（设备非选中）、联锁（设备选中）时，可通过操作画面手动停机。

停机信号输出后，经继电器隔离，由无线数传系统送到叶轮给煤机控制箱。

2. 程停与联锁停机逻辑

程停：上煤完毕后，上位机发出停煤源信号，YG1 停止行走信号发出，叶轮给煤机停止行走，并且 YG1 发程序 YG1CT。

联锁停机：在正常运行情况下，当出现异常情况，YG1 上级设备 P0A 停止运行（P0ATXB）时，YG1 发联锁停机。

停止行走：当左行至撞车限位、右行至极限限位、YG1 跳闸或程控发手停时，YG1 停行发出（YG1_TX）。

YG1 程停、联锁停机、停行逻辑见图 6-35。

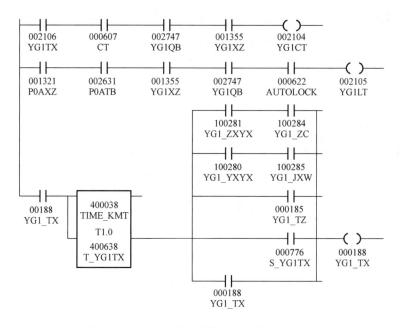

图 6-35　YG1 程停、联锁联机、停行逻辑图

# 第五节　高压（6kV）皮带机控制系统

输煤共安装 6 路 6kV 皮带控制系统。该系统主要设备有电动机，6kV 配电柜，现场跑偏、拉绳开关等保护装置。控制系统由就地控制箱、PC 控制柜，配合输煤程控 PLC 逻辑控制完成启停操作。本节主要分析皮带系统设备构成以及工作原理，同时对控制系统的维护和检修进行简要说明。

## 一、设备组成与功能

（1）就地控制箱包括就地操作按钮、运行指示，就地/程控转换开关，中间启动回路。

（2）6kV 配电柜包括一次动力回路与 6kV 操作回路。

信号联系图见图 6-36。

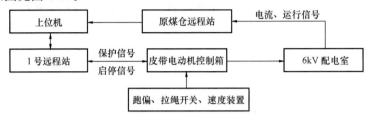

图 6-36　P11A 皮带信号联系图

## 二、控制系统工作原理

### （一）P11A 启动逻辑

6kV 皮带机启动回路梯形图触点说明见表 6-9，P11A 皮带启动逻辑见图 6-37。

表 6-9　　　　　　　　　　　6kV 皮带机启动回路梯形图触点说明

| 序号 | 触点名称 | 说　　明 |
|---|---|---|
| 1 | S_D15、S_D16 | 三通挡板到位信号，对应现场限位开关输入 |
| 2 | P11ADQB、P11AQQB | P11A 堆料启动保持，即取料启动保持信号 |
| 3 | ATUO、LOCK、MANU | 操作方式，对应主操作画面程控、联锁、解锁按钮 |
| 4 | S_KSH | 试机，对应操作画机试机按钮 |
| 5 | P11AXZ | 皮带选中信号，当在操作画面选中皮带时，信号接通 |
| 6 | S_P11ADQ、S_P11AQQ | P11A 堆料手启与取料手启，对应操作画面手动启动按钮命令 |
| 7 | YXQD | 允许启动信号，流程选中，并预启，条件满足后，信号接通 |
| 8 | CQ | 程启，对应操作画面程启按钮 |
| 9 | P11A_CK | 程控信号，对应就地操作转换开关选择 |
| 10 | P11AZSG | P11A 总事故信号 |
| 11 | S_QL | 清零信号，对应操作画面清零按钮，相当于复位信号 |
| 12 | P11ADQ、P11AQD | P11A 堆料启动、取料启动中间触点与启动输出触点 |

在程控方式下：堆料时，首先选中皮带 P11ADXZ，斗轮机选中并且启动信号返回 S_DQ1XZ、DQ1YD，当整个流程有效后预启完成，点击程启按钮，并且没有总事故、皮带启动中间信号输出，中间信号接通启动报警回路（P11AZB），启动报警完成（P11AZB

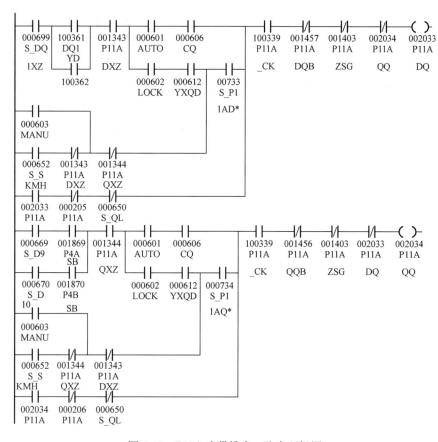

图 6-37　P11A 皮带堆启、取启逻辑图

下降沿）后，皮带启动输出点接通（P11ADQ），输出信号接继电器隔离，送到就地控制箱（图 6-38 中 KMD 触点），启动就地中间回路 KMD 中间继电器，KMD 触点送至 6kV 配电柜（头部堆料与尾部堆料柜）B6、B7 端子，启动 6kV 回路，皮带堆料启动。

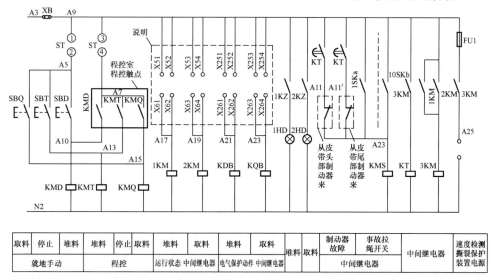

图 6-38　P11A 皮带就地启动回路图

取料时，首先选中皮带 P11AQXZ，SD9 到位，P4A 速度保持或 SD10 到位，P4B 速度保持，当整个流程有效并预启完成，点击程启按钮，并且没有总事故、皮带启动中间信号输出，中间信号接通启动报警回路（P11AZB），启动报警完成（P11AZB 下降沿）后，皮带启动输出点接通（P11AQQ），输出信号接继电器隔离，送到就地控制箱（图 6-38 中 KMQ 触点），启动就地中间回路 KMQ 中间继电器，KMD 触点送至 6kV 配电柜（头部堆料与尾部堆料柜）B6、B7 端子，启动 6kV 回路，皮带取料启动（见图 6-39）。

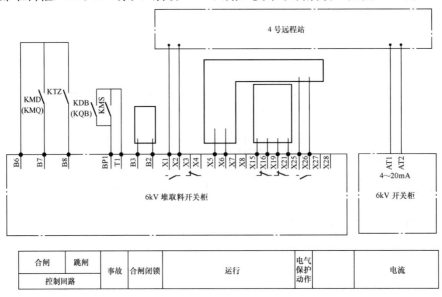

图 6-39　P11A 皮带 6kV 配电柜控制回路图

在联锁方式下：与程控方式条件相同，只是预启完成，允许启动信号接通后，需运行人员手动启动，但相应设备间联锁关系，依然存在。

在解锁方式下，可以随时启动皮带，没有任何联锁关系；试机方式下，设备必须在非选中模式中。

（二）P11A 停机逻辑

P11A 皮带停机逻辑见图 6-40，触点说明见表 6-10。

表 6-10　　　　　　　　　　**6kV 皮带机停机回路梯形图触点说明**

| 序号 | 触点名称 | 说明 |
| --- | --- | --- |
| 1 | JIT | 急停 |
| 2 | P11ACT | 程控停机 |
| 3 | P11ALT | 联锁停机 |
| 4 | P11AZSG | 总事故 |
| 5 | P11ATB | 停机保持 |
| 6 | S P11AST | P5A 手停，对应操作画面 P5A 停机按钮 |

程停：堆料时，当堆料完成，上位机发出程停信号，设备按顺煤流方向停机，P11A 前级设备程停后（2A 单侧犁落下时，P2A 停止运行或 2B 单侧犁落下时，P2B 停止运

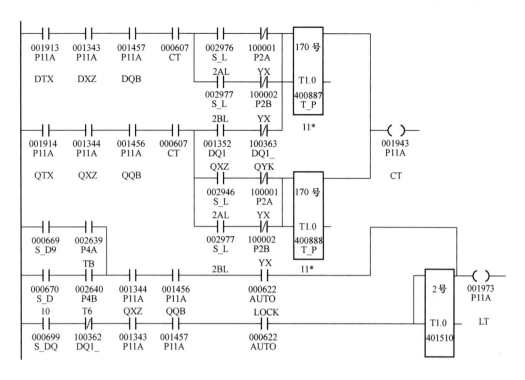

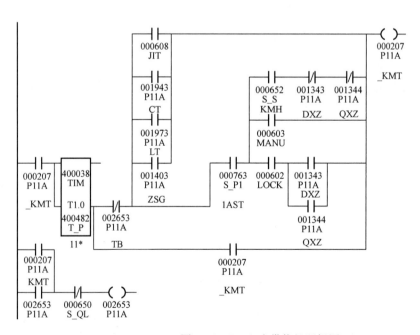

图 6-40 P11A 皮带停机逻辑图

行），P11A 延时发程停。取料时，当取料完成，上位机发程停信号后，斗轮机停止运行后（DQ1YX），P11A 延时发程停。

联锁停机：堆料时，当斗轮机在选中状态，并且停止运行后，P11A 仍然在堆料运行，立即发联锁停机。取料时，若 P11A 皮带之前设备异常停机（S_D9 到位时 P4A 停机保持或 S_D10 到位 P4B 停机保持），P11A 立即发联锁停机。

当急停信号、程停信号、联锁停机信号、总事故信号任何一个条件满足时，皮带发停机信号；在解锁、试机（设备非选中）、联锁（设备选中）时，可能通过操作画面手动停机。

停机信号输出后，经继电器隔离，送到就地控制箱停机继电器回路，停机信号再从就地控制箱送到 6kV 配电柜 B6、B8 接点，启动 P11A 皮带 6kV 电动机停机回路，皮带停机。

### 三、典型故障

P11A 皮带启动失败。

1. 故障现象

程控操作发出启动指令后，皮带未启动，程控报启动失败。

2. 原因分析

（1）程控启动继电器损坏，信号未发送至就地控制箱，设备未启动，程控系统检测不到启动信号而发报警，并发停止信号，停止皮带运行。

（2）程控状态熔断器熔断，运行信号返回后不能送至 PLC，程控系统检测不到运行信号发报警，并发停止信号，停止皮带运行。

（3）6kV 柜抽屉运行信号反馈回路故障，启动后信号未返回。

（4）就地操作箱电源未合，启动中间继电器未启动。

3. 处理措施

（1）发启动信号时，检查启动继电器是否动作。

（2）检查操作熔断器是否熔断。

（3）检查就地操作电源与中间继电器。

（4）上述正常情况下，检查 6kV 柜抽屉柜接触情况。

### 四、设备变更

变更项目：P11 皮带控制回路改进。

存在问题：PLC 程序未设置堆、取料互锁，互锁通过 6kV 开关柜硬接线实现，当同时点击堆与启时，硬接线无法实现互锁，容易 4 个开关同时启动，引起 6kV 开关柜短路。

改进措施：修改上位机程序，通过程序实现多级互锁，增强系统的抗误操作性。

# 第六节　碎煤机控制系统

输煤共安装 2 台 HCSC8 型环锤式碎煤机，动力电源取自厂用 6kV 段。系统主要设备有电机，6kV 配电柜，现场测温测振装置、防喷装置等保护装置。控制系统由就地控制箱、6kV 控制柜，配合输煤程控 PLC 逻辑控制完成启停操作。本节主要分析碎煤机系统设备构成以及工作原理，同时对控制系统的维护和检修进行简要说明。

### 一、设备组成与功能

（1）就地控制箱包括就地操作按钮、运行指示，就地/程控转换开关，中间启动回路。

（2）6kV 配电柜包括一次动力回路与 6kV 操作回路。

（3）测温测振系统包括就地传感器、控制箱，其测量转换通过 S7-200 PLC 实现，在触摸屏上可以显示、设定报警参数。报警信号送到碎煤机控制箱。

碎煤机信号联系图见图 6-41。

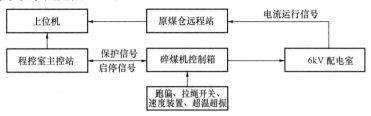

图 6-41 碎煤机信号联系图

## 二、控制系统工作原理

1. 碎煤机启动回路

碎煤机就地控制回路见图 6-42，启动逻辑见图 6-43。

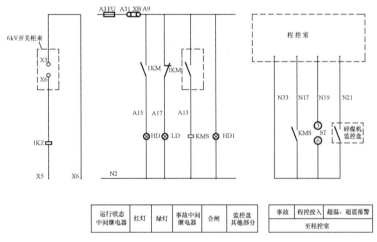

图 6-42 碎煤机就地控制回路图

碎煤机控制回路与 6kV 皮带控制回路基本相同，不同之处在于，就地控制箱只进行信号中转，没有中间控制回路。就地控制箱仅有启停信号指示与信号报警控制回路。

在程控方式下：当碎煤机的所在流程选择有效，上级设备正常启动时，若 SMA 没有故障报警，SMA 启动报警信号发出，启动启动报警回路，当按警完成后（报警信号下降沿发出），SMA 启动指令发出，经程控室中间继电器隔离后，送至就地控制箱，与就地转换开关程控信号串联后，送到 6kV 控制柜 B6、B7 端子，启动 6kV 控制回路，SMA 启动，SMA 运行后，一路运行信号与电流信号经 6kV 控制柜送到 350MW 机组原煤仓远程站，经 RIO 网络送到输煤程控室显示。另一路运行信号送至就地控制箱，进行状态显示。

在联锁方式下：与程控方式条件相同，只是预启完成，允许启动信号接通后，需运行人员手动启动，但相应设备间联锁关系依然存在。

81

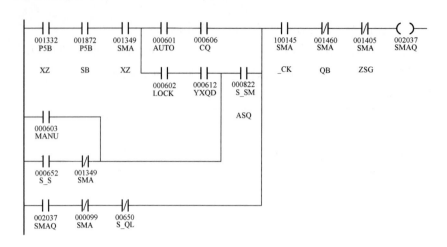

图 6-43　碎煤机启动逻辑图

在解锁方式下，可以随时启动皮带，没有任何联锁关系；试机方式下，设备必须在非选中模式中。

2. 碎煤机停机

碎煤机停机逻辑见图 6-44，总事故逻辑见图 6-45。

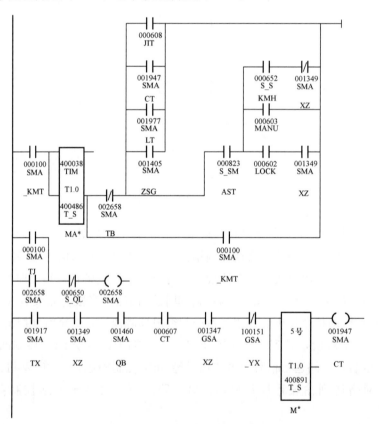

图 6-44　碎煤机停机逻辑图

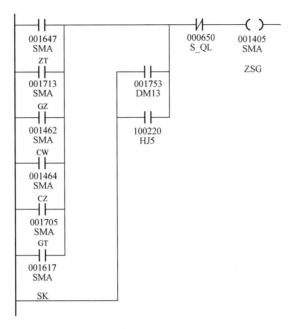

图 6-45　碎煤机总事故逻辑图

碎煤机不参与联锁停机，即在上级设备故障时，碎煤机不联锁停机，保证碎煤机内不积煤，避免下次带负载启动。

碎煤机程停 SMACT：上煤完成，顺煤流停机，当碎煤机上级设备 GSA 停止运行时（GSA＿YX 断开），碎煤机延时发停机指示。

### 三、典型故障

碎煤机启动失败。

1. 故障现象

程控操作发出启动指令后，碎煤机未启动，程控报启动失败。

2. 原因分析

（1）程控启动继电器损坏，信号未发送至就地控制箱，设备未启动，程控检测不到启动信号而发报警，并发停止信号，停止设备运行。

（2）程控状态熔断器熔断，运行信号返加后不能送至 PLC，程控系统检测不到运行信号发报警，并发停止信号，停止皮带运行。

（3）6kV 柜抽屉运行信号反馈回路故障，启动后信号未返回。

3. 处理措施

（1）发启动信号时，检查启动继电器是否动作。

（2）检查操作熔断器是否熔断。

（3）上述正常情况下，检查 6kV 柜抽屉接触情况。

# 第七章

# 翻 车 机 系 统

## 第一节　翻车机系统及设备概述

　　某电厂翻车机系统采用的是 FZ1-2B "C" 型转子式翻车机，共有两套，可翻卸 50～70t 铁路敞车所装载的散粒物料，单套系统设计卸车能力为 25～30 节/h。系统主要由翻车机、拨车机、迁车台、推车机、夹轮器、喷水除尘装置、轨道衡七部分组成。其中翻车机的作用是完成其上重车的翻转卸料；拨车机的作用是完成重车线重、空车皮的牵引、推送及定位；迁车台的作用是将完成卸料的空车从重车线移送至空车线；推车机的作用是将迁车台上的空车推送到空车线；夹轮器的作用是固定重车线上的重车列，防止车皮溜车情况的发生；喷水除尘装置的作用是控制翻车机卸料过程中产生的粉尘，改善现场作业环境；轨道衡的作用是完成车皮重量的测量。每套翻车机下方都设计有两个煤斗及两台皮带给煤机，以完成翻卸物料暂存及向输煤皮带转送的作用。

　　翻车机、拨车机、推车机、迁车台及夹轮器的主要技术参数见表 7-1。

表 7-1　　　　　　　　　　　　　　　主要技术参数

| 名称 | 翻车机 | 拨车机 | 推车机 | 迁车台 | 夹轮器 |
|---|---|---|---|---|---|
| 适用车型 | 长 11 938～14 038mm、宽 3140～3243mm、高 2790～3293mm | | | | |
| 最大载重量 | 100t | 4000t | 1200t | 30t（事故 100t） | 200kN |
| 回转角度 | 正常 165°，最大 175° | 工作行程 41m | — | — | — |
| 驱动功率 | 变频调速 2×45kW | 变频调速 4×45kW | 变频调速 2×45kW | 变频调速 2×7.5kW | Y180L-2 22kW |
| 工作速度 | 60s/次 | 牵车 0.6m/s 挂钩 0.3m/s 返回 1.4m/s 臂升 13s 臂降 12s | 0.7m/s | 0.63m/s | — |
| 总重（t） | 129 | 86 | 36.4 | 21.8 | — |

　　控制系统采用多点控制方法，即 2 个操作台、5 个机旁（机上）控制箱。操作台完成自动、集中手动操作，机旁（机上）控制箱在系统故障时可进行单机启停。所有操作都由

S7-3152DP PLC 完成，系统的每个单机可分为三种控制方式，即集中手动、自动、机旁手动，且该系统具有故障显示、位置显示、状态显示等功能（见图7-1）。

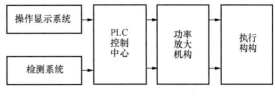

图 7-1  控制示意图

翻车机、迁车台、推车机与拨车机均采用变频调速控制，可以实现启、制动的平稳性及回零、对轨的准确性，且为了提高翻卸质量，还在翻车机上设 4 台振动电动机和喷水装置。

# 第二节  翻车机控制设备

整个系统的控制由 S7-300 PLC 来完成，监控采用 WINCC 软件包，显示系统全貌或局部动态工艺流程、设备电流值、各台设备运行参数，实时显示各种事故报警（见图7-2）。

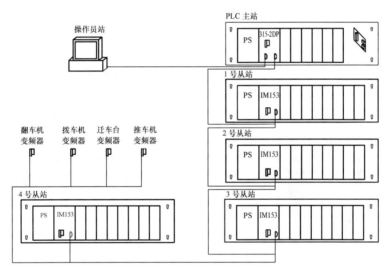

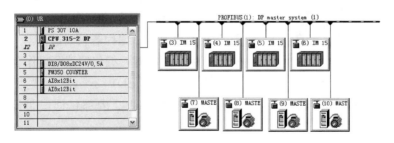

图 7-2  控制系统配置图

## 一、S7-300 可编程控制器基本工作原理

S7-300 PLC 系统构成包括信号模块、接口模块、占位模块、功能模块及通信处理器等，见图7-3。

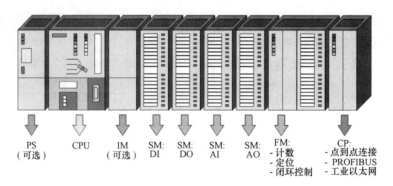

图 7-3　S7-300 系统结构图

信号模块（SM）包括：

（1）数字量输入模块：DC 24V、AC 120/230V。

（2）数字量输出模块：DC 24V、继电器。

（3）模拟量输入模块：电压、电流，电阻，热电偶。

（4）模拟量输出模块：电压、电流。

接口模块 IM360/IM361 和 IM365 可以用来进行多层组态，它们把总线从一层传到另一层。

DM370 占位模块为没有设置参数的信号模块保留一个插槽。它也可以用来为以后安装的接口模块保留一个插槽。

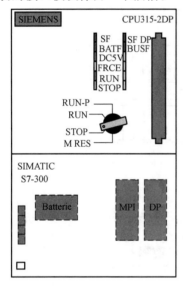

图 7-4　CPU 模块状态图

功能模块（FM）执行"特殊功能"，如计数、定位、闭环控制等。

通信处理器（CP）用于组建网络，提供网络通迅能力，包括点到点连接、PROFIBUS、工业以太网。

（一）S7-315-2DP

1. 模式选择

在 S7-315DP 面板上包括模式选择器，实现各种方式的切换，见图 7-4。

MRES＝模块复位功能（Module Reset）。

STOP＝停止模式：程序不执行。

RUN＝程序执行，编程器只读操作。

RUN-P＝程序执行，编程器读写操作。

2. 状态指示器（LED）

SF＝系统错误：CPU 内部错误或带诊断功能模块错误。

BATF＝电池故障：电池不足或不存在。

DC 5V ＝内部 5V DC 电压指示。

FRCE＝ FORCE：指示至少有一个输入或输出被强制。

RUN＝当 CPU 启动时闪烁，在运行模式下常亮。

STOP=在停止模式下常亮，有存储器复位请求时慢速闪烁，正在执行存储器复位时快速闪烁，由于存储器卡插入需要存储器复位时慢速闪烁。

3. 存储器卡

为存储器卡提供一个插槽。当发生断电时，利用存储器卡可以不需要电池就保存程序。

4. 电池盒

在前盖下有一个装锂电池的空间，当出现断电时锂电池用来保存 RAM 中的内容。

5. MPI 连接

MPI 接口连接到编程设备或其他设备，DP 接口分布式 I/O 直接连接到 CPU 的接口。

（二）S7-300 可编程控制器基础知识

1. 程序结构

S7-300 可编程控制器程序结构包括线性化编程、模块化编程与结构化编程三种方式，适用于不同的应用场合。

线性化编程中所有的程序都在一个连续的指令块中，这种结构和 PLC 所代替的固定接线的继电器线路类似，系统按照顺序处理各个指令，所有的指令都在一个块内，此方法适于单人编写程序的工程。由于仅有一个程序文件，软件管理的功能相对简单。但是，由于所有的指令都在一个块内，每个扫描周期所有的程序都要执行一次，即使程序的某些部分并没有使用，此方法没有有效地利用 CPU。另外，如果在程序中有多个设备，其指令相同，但参数不同，将只得用不同的参数重复编写这部分程序。

模块化编程将程序分成不同的块，每个块包含了一些设备和任务的逻辑指令，在组织块（OB1）中的指令决定控制程序的模块执行。模块化编程功能（FC）或功能块（FB）控制着不同的过程任务，如操作模式、诊断或实际控制程序。这些块相当于主循环程序的子程序。

在模块化编程中，在主循环程序和被调用的块之间仍没有数据的交换。但是，每个功能区被分成不同的块，这样就易于几个人同时编程，而相互之间没有冲突。另外，把程序分成若干小块，将易于对程序进行调试和查找故障。OB1 中的程序包含调用不同块的指令。由于每次循环中不是所有的块都执行，只有需要时才调用有关的程序块，这样 CPU 将更有效地得到利用。一些用户对模块化编程不熟悉，开始时此方法看起来没有什么优点，但是一旦理解了这个技术，编程人员将可以编写更有效和更易于开发的程序。

结构化程序包含带有参数的用户自定义的指令块。这些块可以设计成一般调用，实际的参数（输入和输出的地址）在调用时进行赋值。OB1（或其他块）中的程序调用这些通用执行块。和模块化编程不同，通用的数据和代码可以共享，不需要重复这些指令，然后对不同的设备代入不同的地址，可以在一个块中写程序，用程序把参数（如要操作的设备或数据的地址）传给程序块。这样，可以写一个通用模块，更多的设备或过程可以使用此模块。当使用结构化编程方法时，需要管理程序存储和使用数据。S7-300 程序结构见图 7-5。

2. 程序块类型

可编程控制器提供各种类型的块，可以存放用户程序和相关数据。根据处理的需要，程序可以由不同的块构成（见图 7-6）。

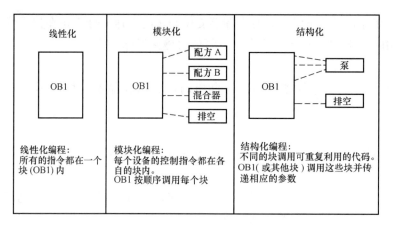

图 7-5　S7-300 程序结构图

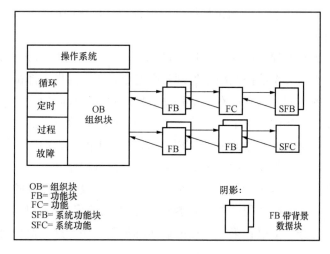

图 7-6　S7-300 程序块类型图

　　组织块（OB）构成了操作系统和用户程序之间的接口。可以把全部程序存在 OB1 中，让它连续不断地循环处理（线性程序），也可以把程序放在不同的块中，用 OB1 在需要的时候调用这些程序块（结构化程序）。

　　当 CPU 上电，或操作模式改变为运行状态（通过 CPU 上的模式选择开关或利用 PG）后，在循环程序执行之前，要执行启动程序。OB100～OB102 就是用于启动程序的组织块（见图 7-7）。例如，在这些块里可以预置通信连接。

　　需要连续执行的程序存在组织块 OB1 里。OB1 中的用户程序执行完毕后，将开始一个新的循环：刷新映象区，然后从 OB1 的第一条语句开始执行。循环扫描时间和系统响应时间就是由这些操作来决定的。系统响应时间包括 CPU 操作系统总的执行时间和执行所有用户程序的时间。响应时间，也就是当输入信号变化后到输出动作的时间，等于两个扫描周期。定期的程序执行可以根据设定的间隔中断循环的程序执行。

　　组织块 OB30～OB38 为循环中断，可以每隔一段预定的时间（如 100ms）执行一次。例如，在这些块中可以以它的采样间隔来调用闭环控制程序。

　　通过日期时间中断，一个 OB 可以在特定的时间执行，例如每天 17：00 保存数据。

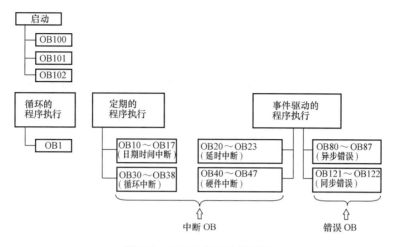

图 7-7　S7-300 组织块类型图

硬件中断可以用于快速响应的过程事件。当事件发生后，马上中断循环程序并执行中断程序。

延时中断可以在一个过程事件出现后延时一段时间响应。

通过错误 OB 可以在出现错误时（如后备电池故障）决定系统如何响应。

功能（FC）含有程序的部分功能，可以编写可分配参数的功能，也适合编写常用、复杂的部分功能，例如计算。

系统功能（SFC）是集成在 CPU 操作系统中可分配参数的功能。它们的号码和它们的功能都是固定的。更多信息可看 Online Help。

功能块（FB）提供和功能相同的可能性，更进一步，功能块有背景数据块形式的自己的存储器，于是功能块也适合编写常用、复杂的功能，例如闭环控制任务。

系统功能块（SFB）是集成在 CPU 操作系统中可分配参数的功能，它们的号码和它们的功能都是固定的。更多信息可看 Online Help。

数据块（DB）是用户程序的数据区，其中用户数据以结构的方式管理。

3. 程序的执行

当 PLC 得电或从 STOP 切换到 RUN 模式时，CPU 执行一次全启动（使用 OB100）。在全启动期间，操作系统清除非保持位存储器、定时器和计数器，删除中断堆栈和块堆栈，复位所有保存的硬件中断，并启动扫描循环监视时间。扫描循环 CPU 的循环操作包括以下三个主要部分（见图 7-8）：

（1）CPU 检查输入信号的状态并刷新过程映象输入表。

（2）执行用户程序。

（3）把过程映象输出表写到输出模块。

4. 过程映象

PII 过程映象输入表建立在 CPU 存储器区，所有输入模块的信号状态存放在这里。

PIQ 过程映象输出表包含程序执行的结果值，在扫描结束后传送到实际输出模块上。

过程映象工作过程见图 7-9。

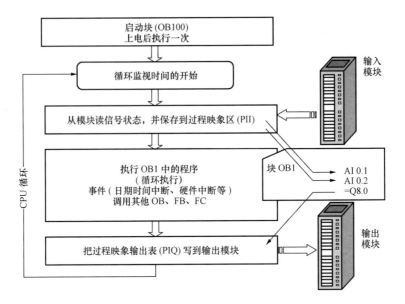

图 7-8　S7-300 循环程序执行顺序图

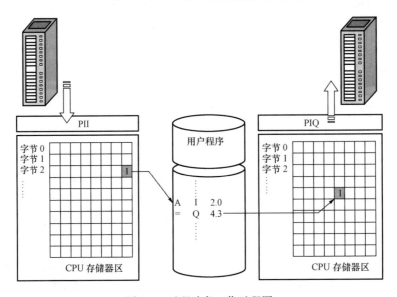

图 7-9　过程映象工作过程图

5. 模块编址

插槽号在 S7-300 中，机架上的插槽号简化了模块编址。模块的第一个地址由机架上的模块地址决定。

槽 1 为电源，电源模块不是必须的，S7-300 也可以直接用 24V 供电。

槽 2 为 CPU 的插槽。

槽 3 当采用扩展机架进行多层组态时，为接口模板（IM）保留。即使不安装 IM，也必须保留这个位置用于寻址。插入一个 DM370 占位模块可以物理地保留该槽位（如以后安装 IM）。

槽 4～11 是用于 I/O 模块、通信处理器（CP）或功能模块（FM）的第一个槽位。I/O 模块的地址规划见图 7-10。从第一个 I/O 模块开始，根据模块的类型地址递增。

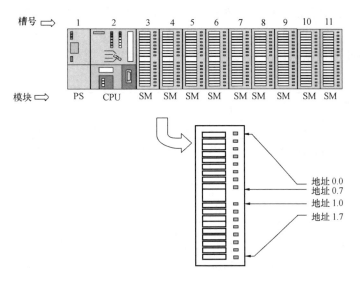

图 7-10 S7-300 模块编址图

数字量寻址中，在第一个信号模块槽处，数字量输入/输出的地址为 0。插槽位置与模块地址的关系如图 7-11 所示。每个数字量模块的地址寄存器自动按 4 个字节分配，不管实际的 I/O 点数是否与之相同。S7-300 系统的实际 I/O 与 CPU 内的外设存储区（PI 和 PQ）相对应。也可以通过过程映象输入/输出区域存储器来访问 I/O。可以用位、字节、字或双字的形式访问过程映象输入/输出区，例如：Q4.0 是存储在过程映象输出表的第 4 个字节的第一位（使用图 7-11 中缺省的 I/O 编号，此点在第二个模块上）。

| 机架 3 | PS | IM（接受） | 96.0 to 99.7 | 100.0 to 103.7 | 104.0 to 107.7 | 108.0 to 111.7 | 112.0 to 115.7 | 116.0 to 119.7 | 120.0 to 123.7 | 124.0 to 127.7 |
| 机架 2 | PS | IM（接受） | 64.0 to 67.7 | 68.0 to 70.7 | 72.0 to 75.7 | 76.0 to 79.7 | 80.0 to 83.7 | 84.0 to 87.7 | 88.0 to 91.7 | 92.0 to 95.7 |
| 机架 1 | PS | IM（接受） | 32.0 to 35.7 | 36.0 to 39.7 | 40.0 to 43.7 | 44.0 to 47.7 | 48.0 to 51.7 | 52.0 to 55.7 | 56.0 to 59.7 | 60.0 to 63.7 |
| 机架 0 | PS | CPU | IM（发送） | 0.0 to 3.7 | 4.0 to 7.7 | 8.0 to 11.7 | 12.0 to 15.7 | 16.0 to 19.7 | 20.0 to 23.7 | 24.0 to 27.7 | 28.0 to 31.7 |
| 槽 | 1 | 2 | 3 | 4 | 5 | 6 | 7 | 8 | 9 | 10 | 11 |

图 7-11 多层组态中 DI/DO 编址图

IB100 指过程映象输入表的第 100 个字节的数据。

IW100 指过程映象输入表的第 100、101 个字节的数据。

QD24 是存储在过程映象输出表的第 24、25、26、27 个字节中的数据。

模拟量寻址将第一个信号模块插槽位置的模拟量输入/输出板的地址定为 256。图

7-12给出了模块插槽和模块地址的对应关系。每个模拟量模块自动按 16 个字节的地址寄存器分配地址。每个模拟量值占用 2 个字节，所以在用户程序中的模拟量地址应该使用偶数，以免使用数据错误。模拟量模块的输入/输出通道从实际插槽的相同基地址开始编号。

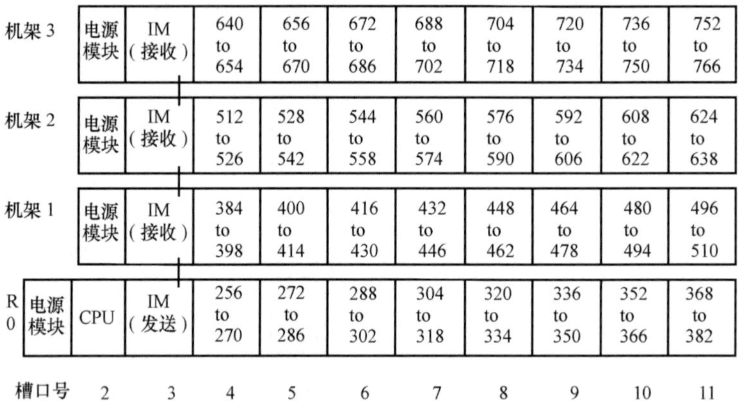

| | | | | | | | | | | |
|---|---|---|---|---|---|---|---|---|---|---|
| 机架 3 | 电源模块 | IM（接收） | 640 to 654 | 656 to 670 | 672 to 686 | 688 to 702 | 704 to 718 | 720 to 734 | 736 to 750 | 752 to 766 |
| 机架 2 | 电源模块 | IM（接收） | 512 to 526 | 528 to 542 | 544 to 558 | 560 to 574 | 576 to 590 | 592 to 606 | 608 to 622 | 624 to 638 |
| 机架 1 | 电源模块 | IM（接收） | 384 to 398 | 400 to 414 | 416 to 430 | 432 to 446 | 448 to 462 | 464 to 478 | 480 to 494 | 496 to 510 |
| R 0 | 电源模块 | CPU | IM（发送） | 256 to 270 | 272 to 286 | 288 to 302 | 304 to 318 | 320 to 334 | 336 to 350 | 352 to 366 | 368 to 382 |
| 槽口号 | 2 | 3 | 4 | 5 | 6 | 7 | 8 | 9 | 10 | 11 |

图 7-12　S7-300 模拟量寻址图

S7-300 系统的实际 I/O 与 CPU 内的外设存储区（PI 和 PQ）相对应。S7-300/400 对模拟量没有指定的寄存器，如 PII、PIQ，它们在每个扫描周期自动更新。相反地，在用户程序中，通过访问模拟量地址可以更新数据。模拟量输入的标识是 PIW，模拟量输出的标识是 PQW。因为模拟量的起始地址是 256，所以在第一个机架的第一个模块上，第一个通道的地址是 PIW256，最后一个模拟量的地址是 766。例如：要访问机架 2 的第一个模块的第二个通道，模拟量输入地址是 PIW514。

6. S7-300 存储器

S7-300 存储器包括装载存储器、工作存储器、保持存储器及存储卡。

装载存储器是一个可编程模块，包括建立在编程设备上的装载对象（逻辑块、数据块和其他信息）。装载存储器可以是存储器卡或内部集成的 RAM。

工作存储器仅包含和运行时间使用的程序和数据。RAM 工作存储器集成在 CPU 中，通过后备电池保持。

系统存储器包含下面的存储器区域：

（1）过程映象输入和输出表（PII，PIQ）；

（2）位存储器（M）；

（3）定时器（T）；

（4）计数器（C）；

（5）局部堆栈（L）。

保持存储器是记忆的 RAM，即使没有安装后备电池也用来保存位存储器、定时器、计数器和数据块。可以在设置 CPU 参数时指定要保持的区域。

当插入存储器卡时，操作系统申请一个存储器复位（STOP LED 慢速闪烁），把模式选择器打到"MRES"位置执行一次存储器复位，可执行的程序就从存储器卡（具有装载存储器功能）传递到工作存储器。当程序执行时存储器卡必须插在 CPU 模块上。

S7-300 存储器类概念见图 7-13。

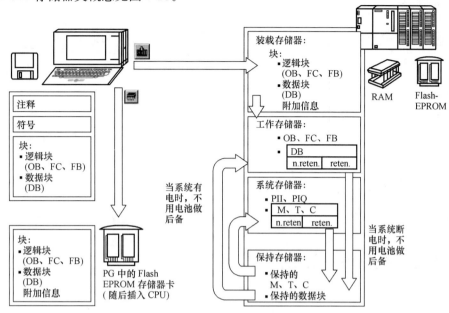

图 7-13　S7-300 存储器类概念图

## 二、STEP7 编程软件的使用

STEP7 编程软件用于 SIMATIC S7、C7 和 M7 以及基于 PC 的 WinAC，是供它们编程、监控和参数设置的标准工具。为了在 PC 机上使用 STEP7，必须配置 MPI 通信卡或 PC/MPI 通信适配器，将计算机接入 MPI 或 PROFIBUS 网络，以便下载和上载用户程序及组态数据。STEP7 允许多个用户同时处理一个工程项目，但不允许多个用户同时对一个项目进行写操作。

（一）设置通信接口

PG/PC 接口（PG/PC Interface）是 PG/PC 和 PLC 之间进行通信连接的接口。PG/PC支持多种类型的接口，每种接口都需要进行相应的参数设置（如通信的波特率等）。因此，要实现 PG/PC 和 PLC 之间的通信连接，必须正确地设置 PG/PC 接口。

SETP7 的安装过程中，会提示用户设置 PG/PC 接口参数。在安装完成之后，可以通过以下几种方法打开 PG/PC 设置对话框：

（1）Windows 的［开始］｜［SIMATIC］｜［STEP7］｜［设置 PG-PC 接口］。

（2）Windows 的［控制面板］｜［设置 PG-PC 接口］。

（3）在［SIMATIC Manager］中，通过菜单［选项］｜［设置 PG/PC 接口］。

设置步骤（见图 7-14）如下：

（1）将［应用程序访问点］设置为［S7ONLINE(SETP7)］。

（2）在［以使用的接口参数分配］中，选择需要的接口类型。如果列表中没有需要的类型，可以通过单击［选择］按钮安装相应的模块或协议。

（3）选中一个接口类型，单击［属性］按钮，在弹出的对话框中可以设置 PROFI-BUS 的通信地址、传输速率、通信协议等。

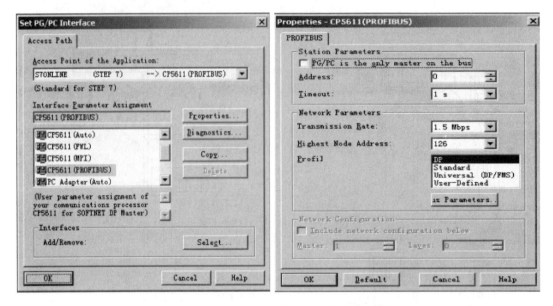

图 7-14　PG/PC 设置界面

某翻车机程序结构界面见图 7-15。

图 7-15　某翻车机程序结构界面

（二）硬件配置

硬件配置用于对硬件组态、分配参数和诊断，见图 7-16。

在 SIMATIC 管理器下选择硬件站，并选择菜单 Edit→Open Object 或双击硬件对象图标"硬件组态"，出现"硬件组态"应用程序窗口，利用它可以从"硬件目录"窗口中插入对象。该窗口的标题条包含项目名称和站名称。

选择菜单 View→Catalog 或点击工具条中的图标，可打开"硬件目录"。

如果选择"Standard"作为硬件目录库，则会在"硬件目录"窗口中提供所有的机架、模块和接口模块。

通过选择菜单 Options→Edit Catalog Profiles 可以建立自己经常使用的目录库。

在 STEP7 中，可以通过简单的拖放操作来完成主机架的配置。在配置过程中，添加到主机架中的模块订货号（在硬件目录中选中一个模块，目录下方的窗口会显示模块的订

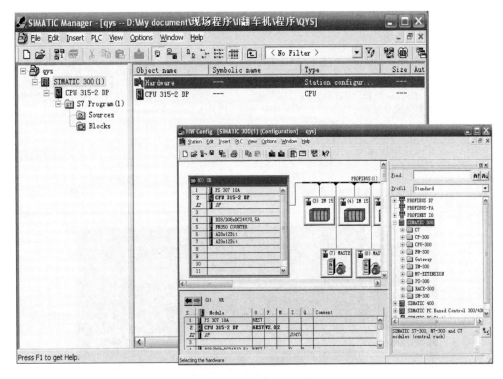

图 7-16　硬件配置界面

货号和对模块的描述）应该与实际的硬件一致。

插入主机架后，分别向机架中的 1 号插槽添加电源、2 号插槽添加 CPU。硬件目录中的某些 CPU 型号有多种操作系统（Firmware）版本，在添加 CPU 时，CPU 的型号和操作系统版本都要与实际的硬件一致。

4～11 号槽中可以添加信号模块、功能模块、通信处理器等，上述模块分别在硬件目录的 SM-300、FM-300 和 CP-300 中。例如图 7-15 在主机架中添加了一个数字量输入模块和一个数字量输出模块。

在配置过程中，STEP7 可以自动检查配置的正确性。当硬件目录中的一个模块被选中时，机架中允许插入该模块的槽会变成绿色，而不允许该模块插入的槽颜色无变化。将选中的模块拖到不能插入该模块的槽时，会提示不能插入的原因。

CPU 参数配置：双击机架中的 CPU，打开 CPU 属性对话框，在这里可以配置 CPU 的各类参数，不同型号的 CPU 参数不尽相同，在应用时应注意。

（三）存储器复位

存储器复位见表 7-2。

（四）信号强制

退出 WINCC 监控画面，输入用户名和密码，打开 STEP7 画面，点击开始 \ simatic \ simatic manager，如图 7-17 所示。

出现 SIMATIC 主画面：逻辑画面主要在 OB1 中，包括大部分梯形逻辑。双击 OB1 可进入 LAD/STL/FBD 画面，可查看梯形图（最好选中 View/Display With，打勾 System Information 以方便查看地址与注释，如图 7-18 所示）。

表 7-2                                                存储器复位

| 项目 | 手动 | 通过 PG | 插入存储器卡后 |
|---|---|---|---|
| 要求存储器复位 | （1）把模式选择器放在"STOP"位置。<br>（2）把模式选择器保持在"MRES"位置，直到"STOP"指示灯闪烁两次（慢速）。<br>（3）松开模式选择器（自动回到"STOP"位置） | （1）把模式选择器放在"SUN-P"位置。<br>（2）菜单选择：PLC → Operating Mode→Stop。<br>（3）菜单选择：PLC→Clear/Reset | （1）把模式选择器放在"STOP"位置。<br>（2）插入存储器卡。<br>（3）"STOP"灯慢速闪烁 |
| 执行存储器复位 | （1）把模式选择器保持在"MRES"位置（STOP 指示灯快速闪烁）。<br>（2）松开模式选择器（自动回到"STOP"位置） | 点击"OK"按钮确认存储器复位 | （1）把模式选择器保持在"MRES"位置（STOP 指示灯快速闪烁）。<br>（2）松开模式选择器（自动回到"STOP"位置） |

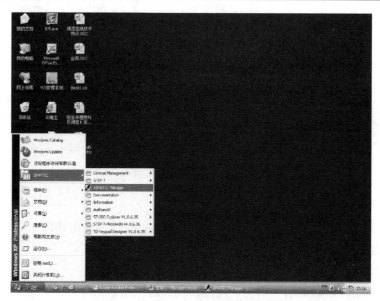

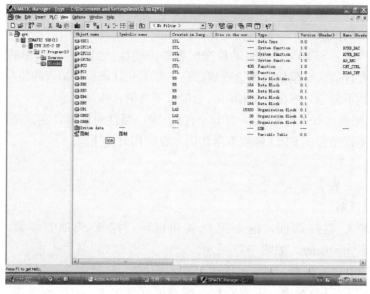

图 7-17　程序启动界面

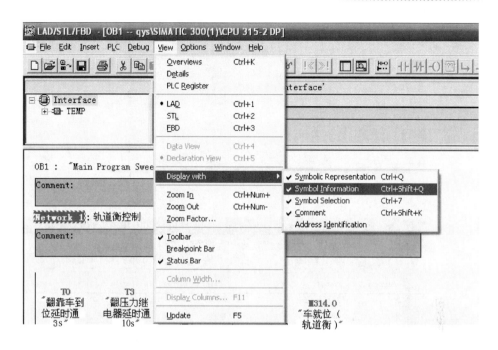

图 7-18  梯形图注释设置界面

点击工具条中![]可进入在线监视。在符号表（IO 表）中可双击打开 S7 Program 下右窗口 Symbols 选项进行查看，以方便在梯形图中查询信号，见图 7-19。

图 7-19  STEP7 符号表界面

信号强制可双击 SIMATIC，在 BLOCK 窗口中强制选项，见图 7-20。

图 7-20　STEP7 信号强制界面

信号强制时，将要强制的信号地址，例如 M3.1 输入地址栏 Address，双击 60"进入在线状态，这时在 status value 中可看到当前状态，如需强制，在 Modify Value 栏中输入需强制值，比如 1（true）或 0（false），然后点击 进行强制，点击后出现确认画面，选择 OK，信号强制结束。

强制完成后，要将 Modify Value 值清除，然后取消强制（再点击一次 ），再消除 Address 中的输入值（选中行，然后删除），关闭窗口，选择不保存。

大多数需强制的信号为一些触发保持信号（最多的是倾翻终点 M3.0 与倾返到位 M3.1），一般强制是为了恢复信号状态，现场检测信号原件有问题，一定要处理问题，不能强制信号。

注意在强制时，一定要明确当前信号对系统的影响，明确后果或采取相应措施后，方可强制。

# 第三节　翻车机控制系统

## 一、设备组成与功能

（一）电气系统

翻车机电气控制系统包括变频器、电动机、主令控制器、现场检测元器件（夹紧限位、夹紧原位等）。

主令控制器用于检测翻车机的翻转角度，对翻车过程中喷水、减速进行控制。其触点闭合状态如表 7-3 所示，共包含 9 对触点，通过凸轮滑块驱动触点闭合与断开。

表 7-3 主令控制器闭合触点表

| 回路号 | 功能说明 | 触点闭合状态 | 方向 |
|---|---|---|---|
| | 翻转角度 | 0　27　45　70　110 120 135　165 175 | |
| LK1-1 | 翻车机零位 | （触点闭合区图示） | ⇄ |
| LK1-2 | 翻车机 165° | （触点闭合区图示） | ⇄ |
| LK1-3 | 翻车机 175° | （触点闭合区图示） | ⇄ |
| LK1-4 | 返回慢速 | （触点闭合区图示） | ⇄ |
| LK1-5 | YA8 密封阀得电 | （触点闭合区图示） | ⇄ |
| LK1-6 | 压力检测 | （触点闭合区图示） | ⇄ |
| LK1-7 | 除尘洒水 | （触点闭合区图示） | ⇄ |
| LK1-8 | 终止补偿 | （触点闭合区图示） | ⇄ |
| LK1-9 | 倾翻减速 | （触点闭合区图示） | ⇄ |

注 ▼使触点闭合凸轮碰块，▲使触点打开凸轮碰块；→表示"倾翻"，←表示"返回"；（斜纹）为触点"闭合区"，（空白）为触点"打开区"。

（二）液压系统

翻车机液压控制设备由油泵、电磁阀、加热器等组成。其中电磁阀 YH1 为夹紧靠板动力回路溢流阀、电磁阀 YH2 为夹紧控制回路溢流阀、电磁阀 YH3 为靠板靠车阀、电磁阀 YH4 为靠板返回阀、电磁阀 YH5 为夹紧阀、电磁阀 YH6 为松开阀、电磁阀 YH7 为夹紧控制阀、电磁阀 YH8 为密封阀。

泵站主要由油箱、泵和各种液压附件组成，是整个装置的动力源。

油箱装置采用封闭式油箱，以防翻车机翻转时发生外泄漏，油箱中部设有隔板。油箱上部装有预压空气滤清器，当油箱内压力小于预定的压力时，排气单向阀处于关闭状态，能保持油箱内预定压力，提高油泵的自吸能力，维持油箱内液体平稳，避免油箱内液体因振荡引起泵出现空穴气蚀等故障。随着液压系统工作时间的增长，工作后流回油箱的液体使液面上升，工作介质温度也随着升高，所生成的油雾气体增加了油箱内的压力，当油箱内的压力大于预定压力时，排气单向阀自动开启向外排气，直至箱内压力等于预定压力时排气单向阀自动关闭，就这样来回循环，保护液压系统的正常工作，延长工作介质及元件的使用寿命（见图 7-21）。

泵站装有空气调节器装置，在系统执行机构运动过程中，由于油缸采用的是单活塞杆双作用油缸，故油缸运动时，进入油缸中的油液和排出油缸的油液体积不等，因此在这一

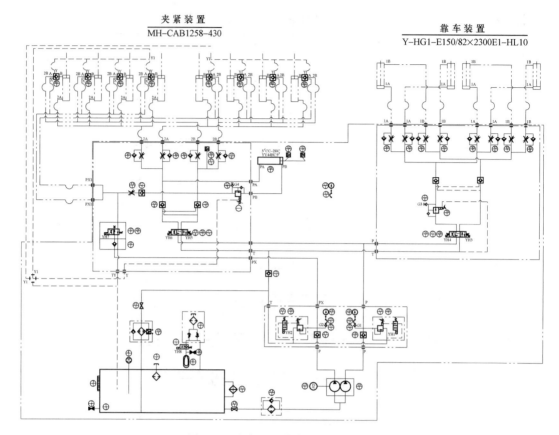

图 7-21　翻车机系统液压工作原理图

过程中，油箱的液面处于变化状态，为了补偿液面的上升和降低所引起油箱内压力的变化，采用空气调节器进行调节补偿，以保证油泵在封闭油箱状态下可靠工作。

油箱上装有回油滤油器，回油管部分浸于油箱内并装设旁通阀、滤芯污染堵塞发信器，当滤芯被污染物堵塞，压差达到 0.35MPa 时，发信装置便发出信号，应及时更换滤芯，以保证滤油器及液压系统正常工作。

泵站设置一套泵装置，采用双联泵供油，大泵向系统中提供执行机构所需的动力，而小泵为控制动力，两泵出口分别设有独立的调压及卸荷回路，减少系统非工作状态下的发热量。

压车装置用于控制各压车油缸的动作，其上有压力阀用于调节动力回路和控制回路的压力，压力继电器用于系统压力检测，顺序阀用于补偿压力的调节。

靠车装置用于控制各靠车油缸的动作，其上有节流阀和减压阀分别用于调节各靠车油缸的速度和靠车压力。

补偿装置用于补偿车辆弹簧的反弹力，此反弹力是由煤重对弹簧的压缩造成的。

压车油缸阀组装置用于调节各压车油缸的速度，并且在补偿结束或在翻转到 110°时或在检测压力失压时释放控制回路的压力。

各机构的设定值如下：

系统泵压力（大泵）：3～4.5MPa。

控制泵压力（小泵）：3.5～5MPa。

电加热器投入工作：15℃。

电加热器停止工作：25℃。

靠板前进减压：0.35～1MPa。

夹紧压力继电器检测压力：3～4.5MPa。

## 二、控制系统工作原理

当拨车机将重车定位为翻车机上时，翻车机液压系统启动，夹紧靠车系统动作，将车皮夹紧靠紧，然后变频系统启动，开始翻车，主令控制器控制翻车过程减速、喷水、补偿、压力检测。

首先启动油泵，当拨车机把重车车皮推进翻车机内到达指定位置后。电磁阀 YH1 和 YH3 得电，4 个靠车油缸推动靠板前进，当靠板接触到车皮后，触动了限位开关，限位开关发出信号（该信号作为翻车机翻车联锁信号）让电磁阀 YH1 和 YH3 失电，靠板停止动作，同时两个液控单向阀锁闭，以保证 4 个靠车油缸内的压力值不变。

靠板停止动作后，电磁阀 YH1、YH2、YH6 和 YH7 得电，8 个压车油缸开始向下动作，当夹紧到位，并且夹紧回路的压力达到压力继电器调定压力值时，压力继电器发出一个信号。该信号作为翻车机翻车联锁信号，同时也作为压力检测信号，但是当 YH2 和 YH7 失电时，检测就终止了。

另外，在翻车前补偿油缸应处于前限位，该限位开关发出的信号也作为翻车机翻车联锁信号。

当允许翻车的所有条件都具备后，翻车机开始翻车。在翻转到 45°时，电磁阀 YH1 和 YH6 失电，压车装置上的两个液控单向阀锁闭，以保证压车回路的压力值不变。

在翻车机翻转过程中，当补偿油缸全部完成补偿碰到了后面的限位开关，限位开关发出一个信号（还有一情况，补偿油缸完成补偿后并没有碰到后面的限位开关，这是由于各车皮所需的补偿量不同而造成的。出现这种情况时，则当翻车机翻转到 110°时，由主令控制器发出这个信号）让电磁阀 YH2 和 YH7 失电，8 个压车油缸锁闭，确保压车油缸可靠地压住车辆。当在翻车机翻转过程中由于某种原因造成压车回路压力降低到低于压力继电器调定压力值时，压力继电器发出的压力检测信号消失，此时应让电磁阀 YH2 和 YH7 失电，翻车机应立即停止翻车，并应返回到零位。

在翻车机往回翻转到零位后，电磁阀 YH1、YH2、YH5 和 YH7 得电，8 个压车油缸上升，松开车皮，返回到原位后碰到原位限位开关，发出信号让电磁阀 YH1、YH2、YH5 和 YH7 失电，夹紧油缸停止动作。同时，电磁阀 YHI 和 YH4 得电，靠车油缸返回原位，碰到原位限位开关后发出信号让电磁阀 YH1 和 YH4 失电，靠车油缸停止动作。

1. 翻车机油泵控制

启动条件：电源合闸 I20.6、油泵无过热 I20.7、油温非高、油温非低、滤油器非堵。

启动指令：就地方式时就地启动操作；中控手动时点击启动按钮；或在中控自动时油泵自动发指令启动。

翻车机油泵启动逻辑见图 7-22。

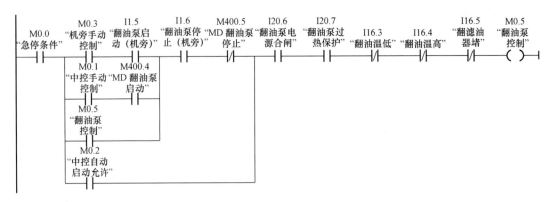

图 7-22　翻车机油泵启动逻辑图

2. 靠车控制

靠板装置由 1 个换向阀（电磁阀分别为 YH3 和 YH4）、1 个减压阀、2 个液控单向阀及 8 个单向节流阀集成在一个阀板上来控制。先通过减压阀将靠板机构工作压力调定到指定值（0.35～1MPa）。然后操作电液换向阀控制 4 个靠车油缸动作，注意观察 4 个靠车油缸动作是否正确，并通过 8 个单向节流阀来调节 4 个油缸的前进和后退速度保持同步，从而保证靠板能平稳地靠车和返回。

靠车启动条件：油泵启动指令发出，并且接触器合闸、翻车机无跨接、翻靠压机构工作条件 1（见图 7-23）满足。

靠车启动指令：就地方式时就地启动操作，中控手动时点击启动按钮，或在中控自动时翻自动靠车允许。

靠返启动条件：油泵启动指令发出，并且接触器合闸、翻车机无跨接、翻靠压机构工作条件 1、翻靠压机构工作条件 2（见图 7-23）满足。

靠车返回指令：就地方式时就地启动操作，中控手动时点击启动按钮，或在中控自动时翻自动靠返允许。

3. 夹紧控制

压车装置由 1 个电液换向阀（电磁阀分别为 YH5 和 YH6）、2 个液控单向阀、1 个顺序阀、1 个压力继电器、2 个电磁溢流阀、2 个单向阀、1 个叠加式单向阀和 1 个电磁换向阀（YH7）组成。

夹紧启动条件：油泵启动指令发出，并且接触器合闸、翻车机无跨接、翻靠压机构工作条件 1、翻靠压机构工作条件 2（见图 7-24）、非翻车机补偿 2 保护满足。

夹紧启动指令：就地方式时就地启动操作，中控手动时点击启动按钮，或在中控自动时翻自动夹紧允许。

松开启动条件：油泵启动指令发出并且接触器合闸、翻车机无跨接、翻靠压机构工作条件 1、翻靠压机构工作条件 2（见图 7-24）满足。

松开返回指令：就地方式时就地启动操作，中控手动时点击启动按钮，或在中控自动时翻自动松开允许。

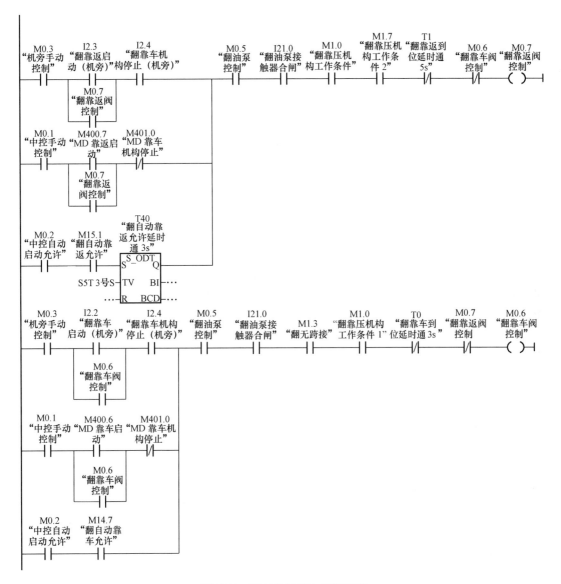

图 7-23　翻车机靠板工作逻辑图

4. 翻车控制

倾翻启动条件：倾翻允许满足 M3.2、翻转基本条件满足 M2.7（翻变频合闸、翻油泵合闸、翻变频输入电源合闸、变频输出电源合闸、制动器电源合闸、风机电源合闸、应急电源未合闸）、拨大臂 0°不在翻车机区域内、翻车机主令开关非故障（倾翻启动 10s 后零位信号未消除）。

倾翻启动指令：就地方式时就地启动操作，中控手动时点击启动按钮，或在中控自动时倾翻自动允许 M3.2（靠板到位延时 3s、夹紧到位延时 10s、靠车夹紧原位检测没有误动）满足。

返回启动条件：翻转基本条件满足 M2.7、翻转条件满足 M14.3（就地转换开关位置未动作）、非点动、未返回到位。

103

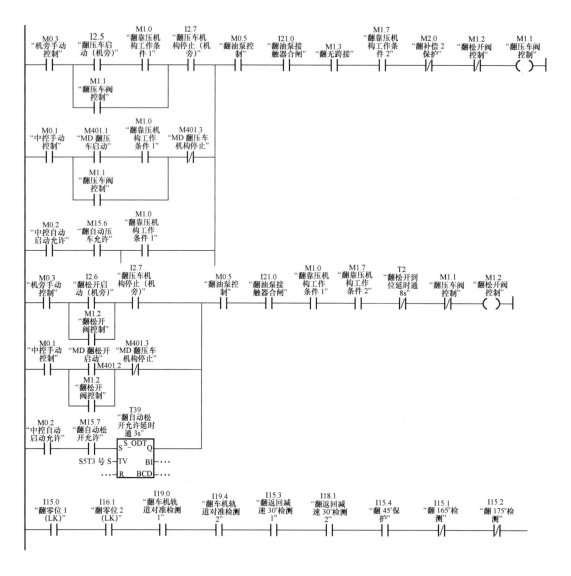

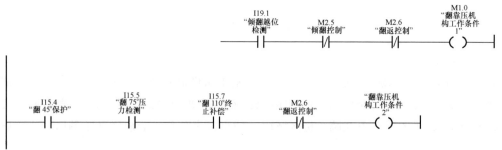

图 7-24　翻车机夹紧系统工作逻辑图

返回返回指令：就地方式时就地启动操作，中控手动时点击启动按钮，或在中控自动时翻自动松开允许。

翻车机倾翻工作逻辑见图 7-25。

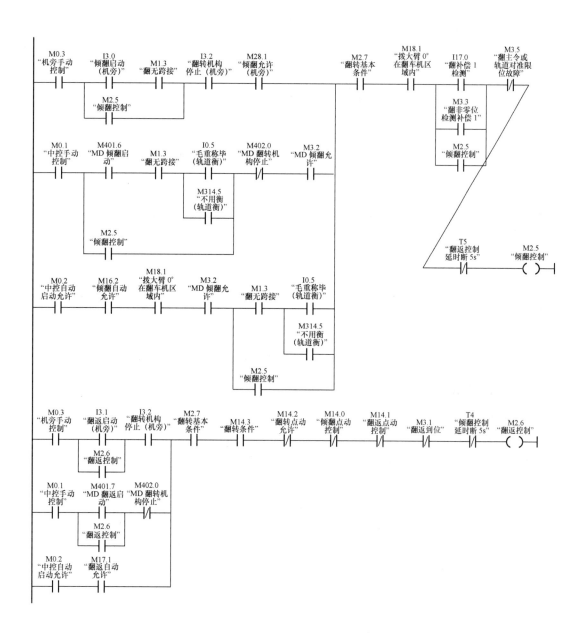

图 7-25　翻车机倾翻工作逻辑图（一）

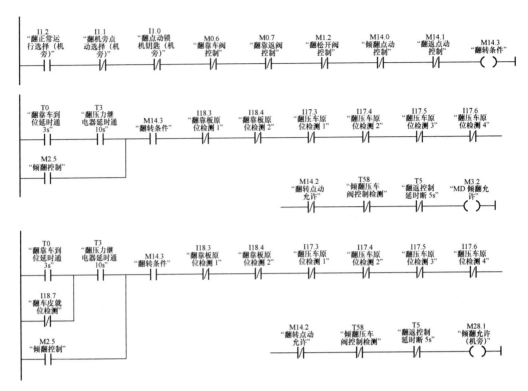

图 7-25 翻车机倾翻工作逻辑图（二）

## 三、典型故障

**（一）翻车机无法启动**

1. 故障现象

液压系统已启动、夹紧靠板已到位，但翻车机翻转不动作。

2. 原因分析

（1）车皮跨接，翻车机联锁条件不具备。

（2）地面翻车机极限信号因有铁质杂物落下误动，信号保持，无法动作。

（3）变频器故障，或变频器与 PLC 通信异常，信号无法发出。

（4）制动器、油泵等电源未合或虽开关已合，但信号未反馈至 PLC，条件不具备。

（5）翻车机机旁就地操作开关与钥匙未打回机上位。

3. 处理措施

（1）检查是否有跨接物、跨接开关是否脏须清理，信号是否正常动作。

（2）检查信号，停电复位或从 PLC 中强制消除。

（3）检查变频器与 PLC 通信指示、电缆连接情况。

（4）检查各电源开关及信号反馈。

（5）检查就地控制箱转换开关与钥匙开关位置。

**（二）翻车机靠车夹紧无法动作**

1. 故障现象

油泵已启动，靠车夹紧不动作。

2. 处理措施

（1）上位机操作后，无反应（按钮无闪动，动作条件不具备）：

1）主令开关信号（30°、45°、75°）没有复位。

2）地面轨道对准信号未发出。

3）倾翻终点、倾翻越位信号发出。

4）检查是否有跨接物、跨接开关是否脏须清理，信号是否正常动作。

（2）上位机操作后，按钮闪动，但系统仍不动（条件具备），首先检查就地电磁阀接线、操作时电磁阀是否带电，如果带电则检查电磁阀本体，不带电检查中间电缆接线（从配电柜至中转箱、移动电缆等）。

（三）翻车机翻转过程中停止

1. 故障现象

翻车机翻转过程中停止。

2. 原因分析

（1）车皮跨接，翻车机联锁条件不具备。

（2）地面翻车机极限信号因有铁制杂物落下误动，信号保持，无法动作。

（3）夹紧信号丢失。

（4）变频器报故障。

3. 处理措施

（1）检查是否有跨接物、跨接开关是否脏须清理，信号是否正常动作。

（2）检查信号、停电复位或从 PLC 中强制消除。

（3）检查夹紧压力、溢流阀压力调整，并检查压力继电器接线。

（4）检查变频报警代码，针对故障情况处理。

（四）翻车机轨道对位不准

1. 故障现象

翻车机轨道对位不准。

2. 原因分析

（1）抱闸磨损。

（2）翻车机轨道与基础轨道相蹭。

（3）翻车机本体与支承轮相蹭或其他机械部分卡涩。

（4）主令开关传动减速系统间隙大。

（5）主令开关限位移位。

3. 处理措施

（1）根据情况调整松紧，或更换闸皮。

（2）紧固轨道，调整间隙。

（3）检查卡涩部位并调整。

（4）调整间隙。

（5）调整限位开关位置。

（五）轨道衡回零不准

1. 故障现象

翻车机轨道衡回零不准确。

2. 原因分析

（1）翻车机本体堆积杂物。

（2）翻车机四侧连杆生锈卡涩。

（3）翻车机侧面积煤卡涩。

（4）翻车机与四面支柱有积煤卡涩。

3. 处理措施

（1）及时清理杂物。

（2）机械应定期进行除锈检查。

（3）及时清理积煤。

（六）车皮重量数据传输不到计算机

1. 故障现象

翻车机轨道测量数据传输不到计算机。

2. 原因分析

（1）翻车机车就位信号未发至计算机，计算机不能取样。

（2）连接线路接触不良。

3. 处理措施

（1）检查测量单元，手动测试回路动作情况。

（2）检查连接线路，保证接触良好。

（七）水箱水位异常或不进水

1. 故障现象

水箱水位异常或不进水。

2. 原因分析及处理措施

（1）进水阀堵塞，清理电磁阀。

（2）进水阀不带电，两台翻车机共用一个进水阀，进水阀通过300MW机组翻车机进行控制，要保证300MW机组翻车机电源正常，处于自动进水状态或采取手动进水。

（3）液控仪故障，进水指令未发出，检查调整液控仪。

## 第四节　拨车机控制系统

### 一、设备组成与功能

（一）电气控制系统

电气控制系统包括变频器、电动机、制动器、现场检测元器件。

（二）液压控制系统

拨车机液压控制系统主要由叶片油泵、电磁阀（大臂摆动电磁阀YH3、YH4，平衡缸电磁阀YH5，空钩销电磁阀YH6、YH7，重钩销电磁阀YH8、YH9）、加热器等组成，见图 7-26。

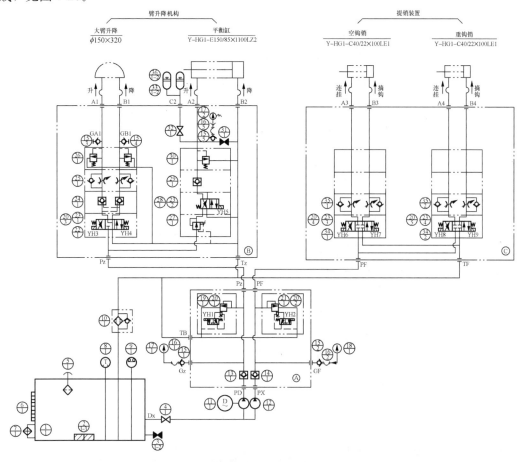

图 7-26　拨车机液压系统图

## 二、控制系统工作原理

拨车机工作流程如图 7-27 所示。系统开始工作后，拨车机从原位启动，大臂下降，开始接车；重钩舌闭合挂上重车后，拨车机开始牵整列重车，停于摘钩平台，工作人员摘钩，拨车机牵一节重车定位于翻车机内定位，同时空钩舌闭合，将翻车机内空车皮推出翻车机，在翻车机内重钩舌打开后，这时翻车机工作流程启动，拨车机继续将前一节空车皮推到迁车台，到迁车台内定位后，造车台工作流程启动，空钩舌打开后，拨车机后限至抬臂返回位，大臂抬起，返回至拨车机原位，准备下一次工作流程。

（一）油泵控制

启动条件：电源合闸、油泵无过热、油温非高、油温非低、滤油器非堵。

启动指令：就地方式时就地启动操作，中控手动时点击启动按钮，或在中控自动时中控自动启动允许指令发出。

拨车机油泵控制逻辑见图 7-28。

（二）大臂控制

1. 大臂升

启动条件：拨油泵启动、拨油泵接触器输助触点返回、拨车机原位或抬臂返回位、拨

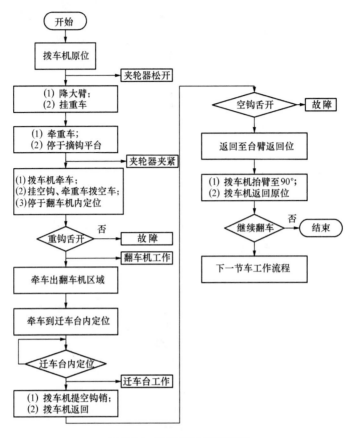

图 7-27　拨车机工作流程图

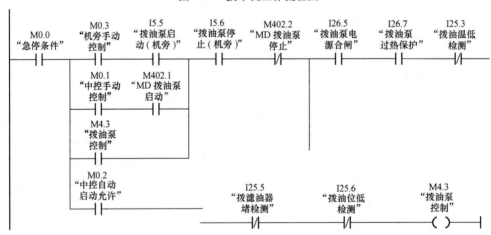

图 7-28　拨车机油泵控制逻辑图

大臂升允许、大臂非降启动、大臂非 90°。

启动指令：就地方式时就地启动操作；中控手动时点击启动按钮，并且没有禁止升条件；或在中控自动时拨自动升臂允许延时指令发出。

拨车机大臂升控制逻辑见图 7-29。

2. 大臂降

启动条件：拨油泵启动、拨油泵接触器输助触点返回、拨车机原位或抬臂返回位、拨

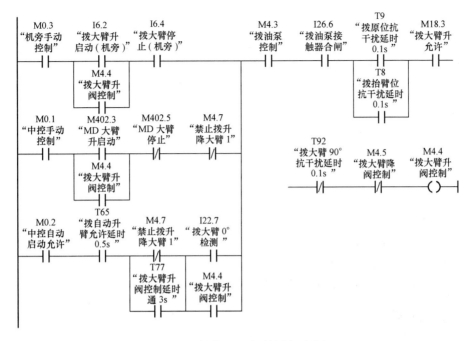

图 7-29　拨车机大臂升控制逻辑图

大臂降允许 M18.4、拨车机非走行状态 M6.5、大臂非 0° I22.7、非大臂升控制 M4.4。

启动指令：就地方式时就地启动操作；中控手动时点击启动按钮，并且没有禁止升条件；或在中控自动时拨自动降臂允许延时指令发出。

拨车机大臂降控制逻辑见图 7-30。

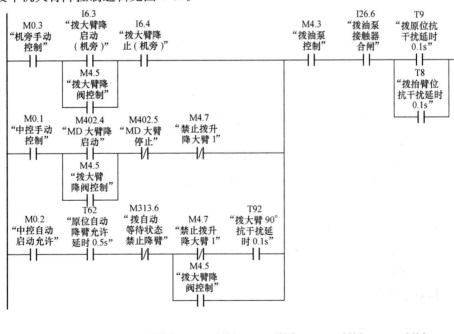

图 7-30　拨车机大臂降控制逻辑图

（三）钩销控制

启动条件：拨油泵启动、拨油泵接触器辅助触点返回、拨车机非走行状态 M6.5、非反向操作（M5.0 或 M5.1 动断），动作没有到位（提销未至上位，落销未至位）。

启动指令：就地方式时就地启动操作；中控手动时点击启动按钮，并且没有禁止升条件；或在中控自动时拨自动指令发出。

拨车机钩销控制逻辑见图 7-31。

（四）拨车机行走控制

启动条件：拨零压保护、非拨接车方向启动、拨车机牵车允许、皮重称闭或不用衡或大臂 90°或光电编码器计数小于 11 000、非牵车/接车极限、非拨接车/牵车方向控制启动。

启动指令：就地方式时就地启动操作；中控手动时点击启动按钮，并且没有禁止升条件；或在中控自动时拨自动指令发出。

拨车机行车控制逻辑见图 7-32。

另外，拨车机控制还包括速度的控制，其控制逻辑见图 7-33。

## 三、典型故障

拨车机不能行走。

1. 故障现象

油泵启动、变频启动，接车后不能行走。

2. 原因分析

（1）抱闸未打开或虽打开，但信号未返回。

（2）没有皮重称毕信号。

（3）机上操作开关不在零位。

（4）极限信号误发，信号保持。

（5）迁车台有车或涨轮器未松开。

（6）翻车机不在原位，夹紧、靠板不在原位或原位信号未发出。

（7）迁车台信号错误：对位销对位、涨紧松开、重车线对准等任意一个信号不到位。

3. 处理措施

（1）检查抱闸动作情况及信号反馈状态。

（2）第一节上车时，等车就位再开轨道衡开始测量。

（3）检查机上拨车机行走转换开关是否在零位。

（4）检查极限位开关，并强制消除信号。

（5）检查迁车台车皮检测及涨轮器状态、信号检测状况。

（6）检查翻车机状态及信号反馈。

（7）检查迁车台各信号的原位状态。

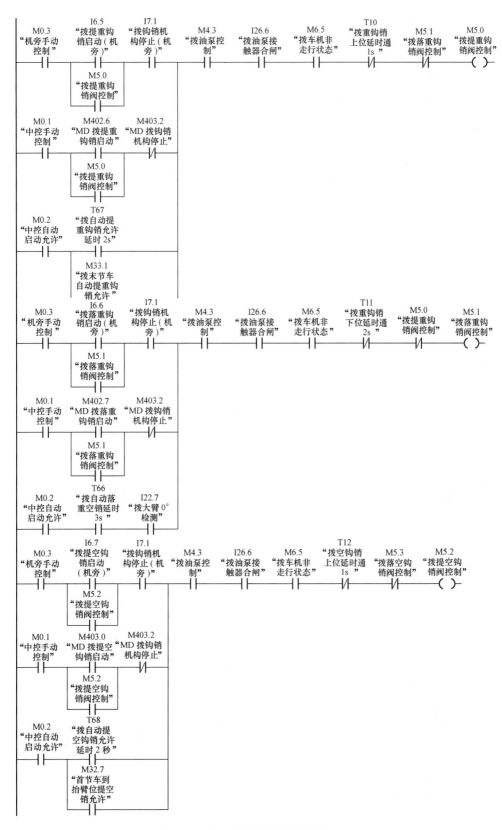

图 7-31　拨车机钩销控制逻辑图（一）

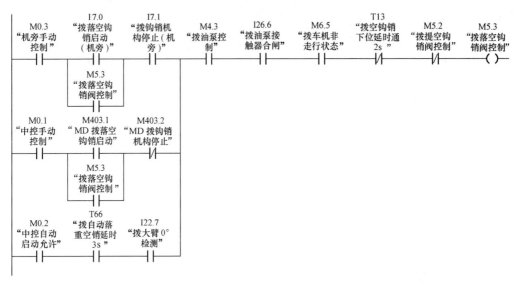

图 7-31　拨车机钩销控制逻辑图（二）

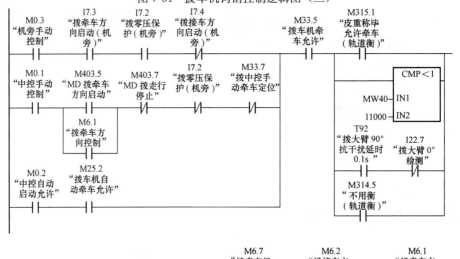

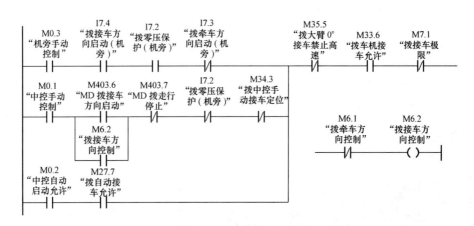

图 7-32　拨车机行走控制逻辑图

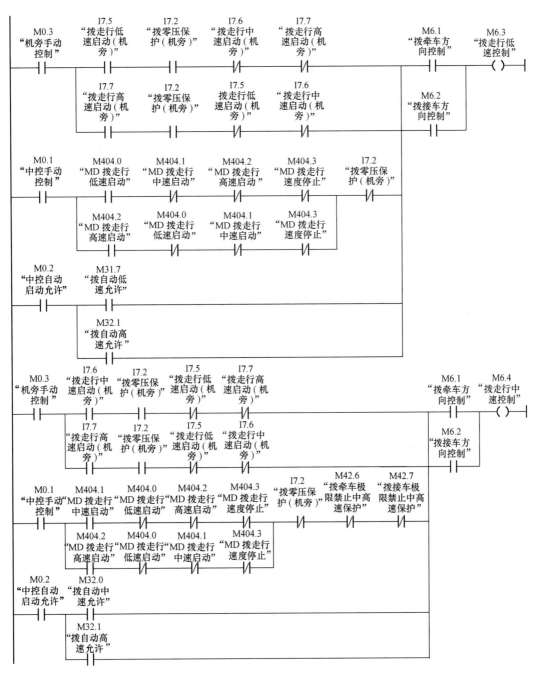

图 7-33 拨车机速度控制逻辑图

# 第五节 迁车台、推车机控制系统

## 一、设备组成与功能

（一）电气控制系统

迁车台、推车机电气控制系统包括变频器、电动机、制动器、现场检测元器件（对位限位、减速限位等）。

（二）液压控制系统

迁车台液压控制系统主要由叶片油泵、电磁阀（对位退位电磁阀 YH2、YH3，涨紧松开电磁阀 YH4、YH5，溢流电磁阀 YH1）、加热器等组成，见图 7-34。

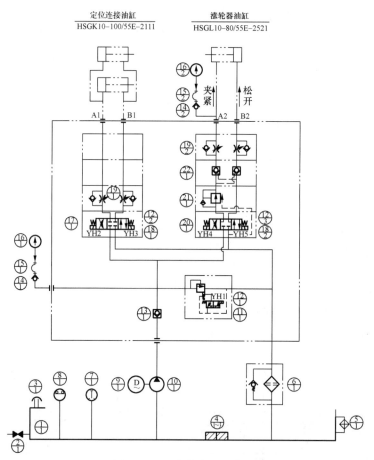

图 7-34　迁车台液压系统图

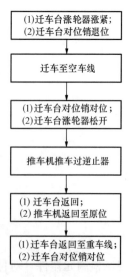

图 7-35　迁车台
工作流程图

## 二、工作流程

迁车台工作流程如图 7-35 所示。当拨车机将空车推至迁车台内定位后，涨轮器启动，涨紧车轮，以防溜车，并且对位销退位，迁车台行走系统启动，将空车皮迁至空车线，至空车线后，对位销对位，涨轮器松开，推车机启动，将车皮推出迁车台至空车线。

## 三、控制系统工作原理

1. 迁车台对位销控制

启动条件：迁油泵启动、油泵接触器辅助触点信号返回、迁车台非走行、迁车台重车线对准或空车线对准、动作非到位（对位操作时对位信号未返回、退位操作时退位信号未返回）、非反向操作（对位时无退位指令、退位进无对位指令）。

启动指令：就地方式时就地启动操作；中控手动时点击启动

按钮，并且没有禁止升条件；或在中控自动时拨自动指令发出。

迁车台对位销控制逻辑见图7-36。

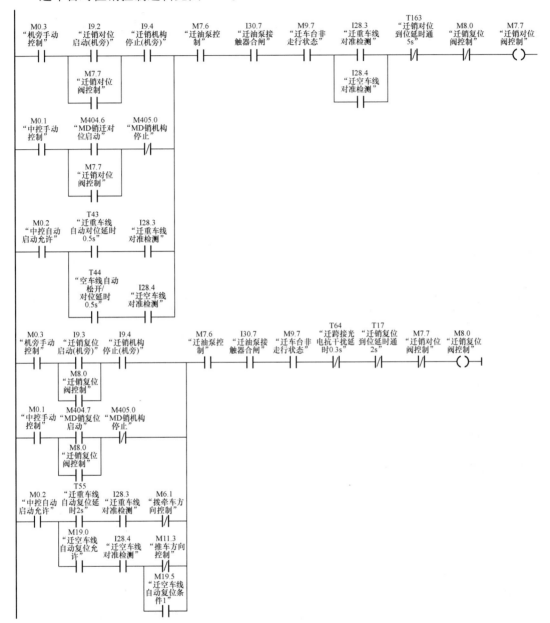

图 7-36　迁车台对位销控制逻辑图

2. 迁车台涨轮器控制

启动条件：迁油泵启动、油泵接触器辅助触点信号返回、迁车台非走行、迁车台无跨接、动作非到位（涨紧操作时涨紧信号未返回、松开操作时松开信号未返回）、非反向操作（涨紧时无松开指令、松开时无涨紧指令）。

启动指令：就地方式时就地启动操作；中控手动时点击启动按钮，并且没有禁止升条件；或在中控自动时拨自动指令发出。

迁车台涨轮器控制逻辑见图 7-37。

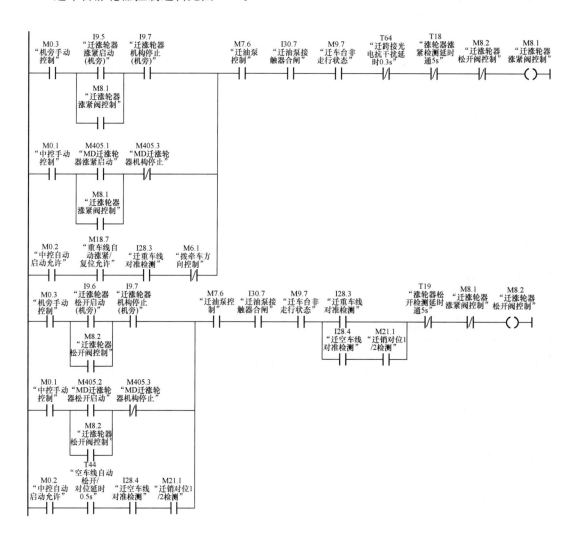

图 7-37　迁车台涨轮器控制逻辑图

3. 迁车台行走控制

迁车启动条件：迁走行基本条件满足 M9.0、迁液压系统非工作状态 M9.1、迁车走行允许 M9.2、推车机非走行状态 M12.1、拨车机大臂非 0°禁止迁车条件 M315.2 未动作、非迁车到位 M9.7、非迁返控制 M8.6。

迁返启动条件：迁走行基本条件 M9.0、迁液压系统非工作状态 M9.1、迁返走行允许 M9.6、非推车方向控制 M11.3 或迁车台有车且无跨接信号、非迁返到位 M9.5、非迁车控制 M8.7。

启动指令：就地方式时就地启动操作；中控手动时点击启动按钮，并且没有禁止升条件；或在中控自动时拨自动指令发出。

迁车台行车控制逻辑见图 7-38。

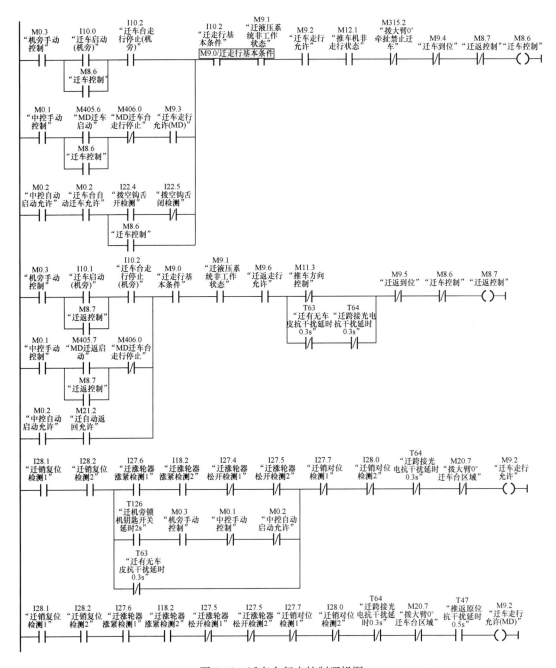

图 7-38 迁车台行走控制逻辑图

## 四、典型故障

### （一）迁车台不能行走

1. 故障现象

油泵启动、变频启动，迁车台不能行走。

2. 原因分析

（1）迁车台对位信号误发。

（2）拨车机大臂 0°在迁车台区域。

（3）车皮跨接。

（4）推车机不在原位或原位信号未发。

3. 处理措施

（1）检查对位信号，保证两侧退位信号发出，且没有对位信号误发。

（2）检查拨车机位置：大臂 0°不在迁车区域或大臂 90°。

（3）车皮跨接：检查迁车台入口皮带跨接情况，保证车皮不跨接。

（4）检查推车机位置及信号动作情况。

（二）推车机不能行走

1. 故障现象

油泵启动、变频启动，推车机不按流程行走。

2. 原因分析及处理措施

（1）抱闸未缓解或缓解信号未发出：检查缓解动作情况及信号反馈状态。

（2）变频器报警：检查变频器状态且状态为 009。

（3）迁车台空车线对准，涨轮器松开信号未发出：检查松开信号。

（4）行走终点信号动作：停电或强制取消终点信号。

# 第八章

# 斗 轮 机 系 统

## 第一节　斗轮机系统及设备概述

MDQ1000/1500.50 是一种半自动多功能堆取料设备，主要用于从料场取料至系统皮带机及从系统皮带机堆料至料场。

### 一、系统组成

系统主要由大车行走机构、活动梁升降机构、尾车变换机构、滚轮机构、皮带机、移动小车行走机构六部分组成。大车行走机构的作用是实现整车的前后行走；活动梁升降机构的作用是完成活动梁的上升与下降；尾车变换机构的作用是完成尾车堆取煤位置的变换；滚轮机构的作用是实现料场物料的挖取及滚轮小车在活动梁上的来回行走，只有在取煤方式时才会使用；皮带机的作用是完成斗轮机至输煤皮带或输煤皮带到料场的物料转运，机上共有三条皮带机，分别是取料皮带、堆取料皮带及移动皮带，在取料方式时三条皮带都会使用，但堆料方式时只有堆取料皮带及移动皮带会使用；移动小车的作用是堆煤作业时在活动梁上来回行走，以满足料场不同位置的堆煤需要。

### 二、控制系统

斗轮机采用 6kV 高压上机，磁滞式电缆着卷筒供电。6kV 高压上机后，一路通过高压电力变压器输出 380V 电压作为低压动力电源，供给各电动机以驱动各机构。另一路经过高压控制变压器输出的 AC 380V 三相电源。从中取出两相为 AC 220V 作为机上总的控制电源。

电气设备主要分布于电气室和司机室。

（1）电气室：

2×0 高压电气柜：高压电源回路。

2×1 低压电气柜：低压电源回路。

2×2 低压电气柜：大车行走控制回路、启车报警、电缆卷筒、夹轨器控制回路。

2×3 低压电气柜：洒水系统、尾车变换、活动梁升降、斗轮及斗轮小车控制。

2×4 低压电气柜：移动皮带小车、（与系统联锁）电话系统、移动皮带、固定堆取料皮带及取料皮带控制回路。

2×5 低压电气柜：PLC 控制柜。

（2）司机室：设有 3×1 左操作台，3×2 右操作台。

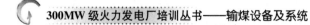

左操作台设有选择开关、按钮、NT可编程终端及蜂鸣器。

右操作台设有钥匙开关、按钮、选择开关、转换开关和电压表。

其控制分为联动与半自动操作，采用C200H系列可编程控制器控制，主要完成堆取料程序控制、信号报警控制和位置显示控制。

# 第二节  斗轮机控制设备

## 一、PLC配置图

斗轮机PLC配置图见图8-1。

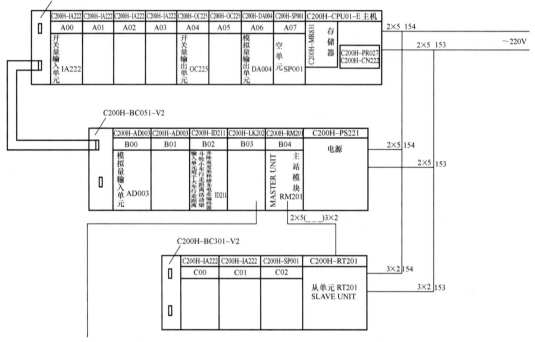

图8-1  斗轮机PLC配置图

## 二、C200H PLC系统简介

### （一）各组成部分功能

C200H PLC系列采用模块结构，所有I/O模块均通过标准总线SYSBUS与CPU单元相连。某电厂在斗轮机2×5控制柜内设有一个主机架（主站单元，安装有CPU和若干I/O模块）和一个扩展机架（从站单元，需安装CPU，安装一个扩展电源即可），另外还在3×2右操作台内安装一个远程I/O系统（远程站），远程I/O系统需安装一个远程I/O从单元（RT201），以便通过双绞线与扩展机架的远程I/O主单元进行通信。

C200H PLC基本组成：1个提供系统总线和模块插槽的安装机架（母板）、1个CPU单元、1个用户存储器单元、1个编程器及若干个基本I/O单元或特殊I/O单元。

安装机架为CPU单元和各I/O单元、特殊功能单元提供电气和机械安装接口，支持

PLC 的 SYSBUS 安装结构，安装机架提供一个带总线控制器的印制电路板及 CPU 单元和各单元的机械连接、紧固部件，其中印刷电路板上有数量不等的 32 位总线插槽和扩展机架接口，供安装各功能单元和连接扩展机架使用。

CPU 单元是 PLC 系统的核心，它按照系统程序所规定的程序完成 PLC 的各项功能，当用户程序编制完成并投入运行时，由 CPU 单元负责对用户程序进行译码并解释执行。

基本 I/O 单元可实现多种形式数字量的输入和输出，为了适应更广泛的控制需要，它还提供了特殊功能单元。此外，还有用于实现远程 I/O 的远程 I/O 单元，用于 PLC 之间或 PLC 与计算机之间互连通信的链接单元，其所有的 I/O 单元都具有标准 SYSBUS 总线接口，均可安装在安装机架的 SYSBUS 插槽上，安装顺序可以任意。基本 I/O 单元的地址由其所在机架中的槽位确定，特殊功能单元的地址由单元面板上的开关设定。基本 I/O 单元的数量由安装机架的槽数确定，特殊功能单元的数量不能超过 10 个。

（二）存储器分配

C200H PLC 的存储系统由系统程序存储器、用户程序存储器和数据存储器三个部分组成，其中系统程序存储器和用户程序存储器分别用来存放系统程序和用户程序，数据存储器则是用来存放 I/O 点的状态、中间运算结果、系统运行状态、指令执行的结果以及其他系统的用户数据等，了解数据存储器的存储区分配是了解 C200H PLC 工作原理及掌握其编程方法的关键。

数据存储器的分区引用了电器控制系统术语，将数据存储器分为几个继电器区，每个继电器区都划分为若干个连续的通道，一个通道由 16 个二进制位组成，每一个位称为一个继电器，每个通道都有一个由 2~4 位数字组成的唯一的通道地址，每个继电器也有一个唯一的地址，由其所在的通道地址后加两位数字 00~15 组成，表 8-1 列出了各分区的名称及通道地址。

表 8-1　　　　　　　　　　　　各分区的名称及通道地址

| 区域名称 | 通道号 | 区域名称 | 通道号 |
|---|---|---|---|
| I/O 继电器区 | 000~029（可作为内部辅助继电器） | 辅助存储继电器区 HR | HR00~HR27 |
| 内部辅助继电器区 IR | 030~250 | 链接继电器区 LR | LR00~LR63 |
| 专用继电器区 SR | 251~255 | 定时/计数继电器区 TC | TM000~TM511 |
| 暂存继电器区 TR | TR0~TR7 | 数据存储区 DM | DM0000~DM0999（读写） |
| 保持继电器区 HR | HR00~HR99 | | DM1000~DM1999（只读） |

（1）I/O 继电器区：该继电器区是 PLC 系统外部输入/输出设备状态的映象区，共有30 个通道，地址为 000~029，每个通道对应一个 I/O 单元，每个继电器与 I/O 单元的一个 I/O 端子相对应。

（2）内部辅助继电器区 IR：用作数据处理结果的存储及内部中间继电器，其通道号为 030~250。

（3）专用继电器区 SR：用于监测 PLC 系统的工作状态，产生时钟脉冲和错误信号等，其通道号为 $251\sim255$。其状态一般由系统程序自动写入，用户一般只能读取和使用。

（4）保持继电器区 HR：可用于各种数据的存储和操作，当系统操作方式改变或电源发生故障时，HR 区的通道保持它们的状态。

（5）暂存继电器区 TR：只有 8 个二进制位，寻址范围为 TR00～TR07。用于存储程序分支点上的数据，对于有多输出分支点的程序是很有用的。

在一个程序段内（即源于梯形图左边母线的一个独立分支），同一个 TR 号不允许重复，然而同一个 TR 号可以再次用于不同的程序段中，与 IR 和 SR 不同，TR 位只能与 LD 和 OUT 指令一起使用。

（6）辅助存储继电器区 HR：其寻址范围为 HR00～HR27，HR 区的一部分通道是用户可写区，寻址范围为 HR07～HR22，其功能和用法与 HR 区相同，其余通道（HR00～HR06 及 HR23～HR27）是用户不可写的，其状态由系统程序置位，其功能和作用与 SR 区相同。HR 区数据也有断电保护功能。

（7）链接继电器区 LR：其寻址范围为 LR00～LR63。

（8）定时/计数继电器区 TC：其寻址范围为 000～512，为用户提供了 512 个定时器/计数器。

（9）数据存储区 DM：用于内部数据的存储和处理，并只能以 16 位通道为单位来使用，有电源故障期间保持其数据。数据访问可采用间接寻址方式。

（三）PLC 的维护与检修

1. PLC 机的自检

PLC 机本身有各种各样的自诊断功能，以使机器运行的各种异常或报警及时得到处理。

在 OMRON-C200H 的 CPU 单元面板上设置了下列指示灯：

（1）POWER LED 电源指示灯：灯亮表示 PC 系统的供电正常。

（2）RUN LED 运行指示灯：灯亮表示 PC 系统的运行状态正常。

（3）ERROR LED 工作异常指示灯：出现中断运行的异常时灯亮，同时运行停止，这时 RUN LED 灭，输出全部被切断。

（4）HLHRM LED 报警指示灯：出现不中断运行的异常时灯闪烁，系统继续运转。

（5）OUT INHIBIT 切断负载指示灯：负载被切断，专用辅助电器（25215）接通时灯亮，输出单元的全部输出被切断。

面板指示灯含义说明见表 8-2。

表 8-2 面板指示灯含义说明

| CPU 单元指示灯状态 | | | | 故障内容 | 故障主要原因 | 现象 |
|---|---|---|---|---|---|---|
| POWER | HLHRM | RUN | OUT INHIBIT | | | |
| 亮 | 灭 | — | — | 远程电源未接通 | 远程 I/O 电源断开 | 系统不运行 |
| | | | | I/O 单元等待工作 | I/O 单元未工作 | |

| CPU 单元指示灯状态 | | | | 故障内容 | 故障主要原因 | 现象 |
|---|---|---|---|---|---|---|
| POWER | HLHRM | RUN | OUT INHIBIT | | | |
| 灭 | 灭 | 灭 | 灭 | 电源断 | 停电 10ms 以上 | 系统工作中断 |
| 亮 | 灭 | 灭 | — | CPU 块异常 | Watchdog（130ms）以上 | |
| 亮 | 灭 | 亮 | — | 存储器异常 | 无存储器或损坏 | |
| | | | | 无 END 指令 | 程序无 END 指令 | |
| | | | | I/O 总线异常 | CPU 与 I/O 数据传送错误 | |
| | | | | I/O 单元过多 | I/O 地址重叠 | |
| | | | | I/O 设定错误 | 输入/输出板位置插错 | |
| | | | | 系统异常 | 程序中执行了 FHL 指令 | |
| 亮 | 亮 | 闪烁 | — | 系统异常 | 程序中执行了 FHL 指令 | 系统工作不中断 |
| | | | | 工作周期超长 | W. D. T（100～130ms）超时 | |
| | | | | I/O 寻址异常 | 配置 I/O 单元 | |
| | | | | 电池异常 | 电池电压过低 | |
| | | | | I/O 异常 | 远程 I/O 主从站间故障 | |
| 亮 | 亮 | — | — | 上位机连接故障 | 与上位机之间的通信故障 | I/O 全部切断 |
| 亮 | 亮 | — | 亮 | 负载切断 | 特殊辅助继电器 25215 接通 | |

2. 故障检查流程

当系统工作过程中有故障发生时，首先要充分了解故障类别，判断故障发生的具体位置，分析故障现象，是否具有再生性，是否与其他设备相关等，然后再深究故障原因，并设法予以排除。一般可按照下列流程进行检查：

（1）总体检查。根据总体检查的情况，先找出故障点的大方向，然后逐步检查，以找出具体的故障。

（2）电源系统的检查。PLC 中的电源是故障率较高的部件，由于从 POWER 的指示可以大致确定电源的状态，因此对它的诊断是比较容易的。此外在进行其他功能检查时，往往需要使用 PC 中的电源，即必须在 PC 的电源工作正常的条件下检查。

（3）系统报警检查。系统报警是指系统存在非致命性故障，因此一般不会终止系统工作，即使如此也必须尽快查清原因，以免引起更大故障。

（4）输入/输出的检查。I/O 的检查首先应从导线、端子等接触方面入手，此外由于 I/O 是与外部设备直接连接，因此一方面会导致故障的多样化，另一方面也容易损坏相应的 I/O 电路，所以通常在系统发生故障后，除首先考虑是否是电源故障外，还应着重考虑是否是 I/O 的故障。

## 第三节　堆取料控制系统

### 一、设备组成与功能

堆料控制系统由堆取料皮带、取料皮带、移动皮带、斗轮及斗轮小车等系统构成。其控制系统由 PLC 进行逻辑控制。

斗轮机皮带布置见图 8-2。

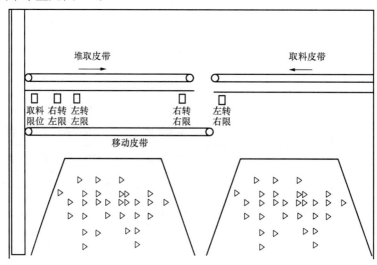

图 8-2　斗轮机皮带布置图

### 二、控制系统工作原理

（一）堆料控制

斗轮机堆料工作流程如图 8-3 所示。当处于联动或半自动控制方式，尾车变换到堆料位，滚轮小车在起始限位处，移动皮带不在取料限位时，运行人员操作操作台堆取料转换开关至堆料位，堆料系统启动 03004 信号发出，堆取料信号发送到移动皮带启动回路，移动皮带启动。移动皮带启动延时 8s，固定堆取料皮带运行。移动皮带小车在左转左限位与左转右限位之间循环行走，将煤堆放至左侧煤场，在左侧堆取完成后，可利用手动干预将移动皮带切换至右转，小车在右转左限位与右转右限位之间行走，堆取右侧煤场。

在堆料完成后，将操作开关切至零位，皮带系统按逆煤流方向延时停机。

（二）取料控制

斗轮机取料工作流程如图 8-4 所示。当处于联动或半自动控制方式，尾车变换到取料位，滚轮小车在起始限位处，移动皮带在取料限位时，P11 皮带运行或在解锁位置，这时运行人员操作操作台堆取料转换开关至取料位，取料系统启动 03005 信号发出，取料信号发送到移动皮带启动回路，移动皮带左转启动。移动皮带启动延时 8s，固定堆取料皮带运行。固定堆取料皮带运行延时 1s，取料皮带启动，取料皮带启动运行延时 1s，滚轮启动，滚轮小车开始左右行走取煤。

在堆料完成后，将操作开关切至零位，皮带系统按逆煤流方向延时停机。

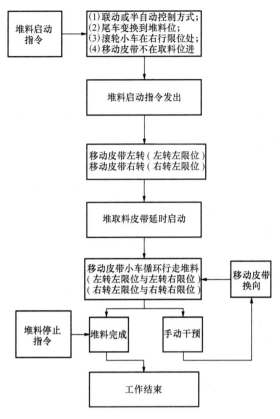

图 8-3　斗轮机堆料工作流程图

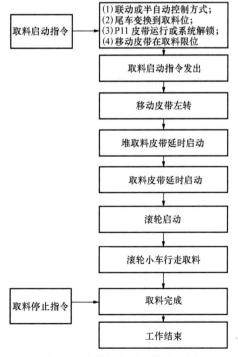

图 8-4　斗轮机取料工作流程图

# 第四节　夹轨器控制系统

## 一、设备组成与功能

夹轨器控制系统由夹紧油缸、夹紧电磁阀、油泵、油泵电动机等组成。

## 二、控制系统工作原理

夹轨器采用液压系统工作，夹紧时靠弹簧夹紧轨道，松开时靠液压系统打开弹簧。

在电源合闸，无过热动作时，可操作松开按钮启动松开回路，两侧油泵启动，两侧松开电磁阀运行，依靠液压系统打开夹紧弹簧，当一侧放松到位时，本侧油泵停止，电磁阀带电保持系统压力。两侧放松信号与锚定限位放松信号串联发出轨道放松信号，作为大车行走允许信号。

在松开时，当压力内泄或其他原因引起油压下降，松开信号丢失时，油泵自动启动补压，作用于弹簧，使松开重新到位。

夹紧时，操作夹紧按钮，电磁阀失电，油压释放，依靠弹簧夹紧轨道。

夹轨器控制工作原理图见图 8-5。

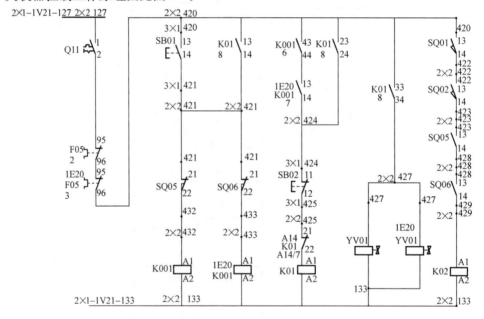

图 8-5　夹轨器控制工作原理图

## 三、典型故障

放松信号频繁丢失。

1. 故障现象

操作台放松信号频繁丢失，就地油泵频繁启动。

2. 原因分析

（1）系统内泄，压力无法保持，松开信号频繁丢失，油泵频繁启动补压引起松开油缸上下来回动作。

（2）电磁阀安装松动，电磁力降低，无法使电磁阀完全锁闭保压。

3．处理措施

（1）消除系统内泄。

（2）调整电磁阀作用杆调整螺钉，使电磁阀带电能锁闭油路。

# 第五节　与程控室通信系统

DLK-6800 型斗轮机无线控制系统主要用于斗轮堆取料机和输煤程控实现无线联锁控制。当堆料（储煤）时，斗轮机先启动，然后由斗轮机发出控制信号，允许皮带启动；当取料（取煤）时，皮带先启动，然后由皮带发出控制信号，允许斗轮机启动。其控制采用无线数传系统与输煤程控系统进行通信。

## 一、设备组成与功能

数字通道系统主要由数字通道主机（DLK-6800/Z）、数字通道从机（DLK-6800/C）、2350 型通信模块 、天线（AQC-230/3.5dB）、馈线（AQ50-3）等组成。

主机通道安装于煤场中部就地转接箱，发射天线引出柜外。

从机通道安装于斗轮机上的配电室，发射天线安装于室外，主机和从机之间采用数字无线通信。

无线装置布置图见图 8-6。

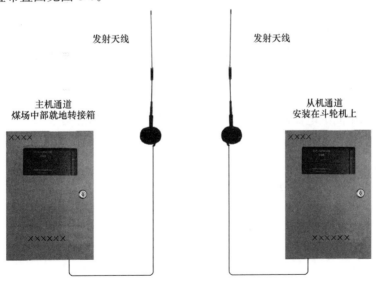

图 8-6　无线装置布置图

## 二、控制系统工作原理

系统准备堆料时，斗轮机堆料启动后，将运行信号经无线数传装置送到输煤程控室，允许前级设备启动。斗轮机故障停机后，斗轮机堆料运行信号失去，经输煤程控系统控制前级设备联锁停机。

系统取料时，在 P11 皮带启动后，输煤程控室将允许取料信号经无线数传装置送至斗轮机，允许斗轮机启动，斗轮机启动后，将取料运行信号送到输煤程控室。在前级设备故障停机后，允许取料信号失去，斗轮机联锁停机。

无线装置信号联系图见图 8-7。

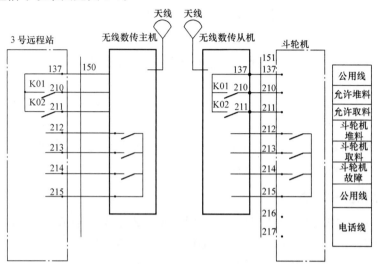

图 8-7　无线装置信号联系图

### 三、典型故障

斗轮机运行信号或允许取料信号无法发送。

1. 故障现象

斗轮机启动后，运行信号无法发送到输煤程控室或输煤程控无法将允许启动信号发送到斗轮机。

2. 原因分析

（1）远程站中间继电器回路故障，如熔断器熔断、继电器故障等。

（2）无线数传装置故障。

3. 处理措施

（1）检查远程站熔断器与中间隔离继电器。

（2）检查无线数传模块工作指示，数据发送接收号是否正常，必要时更换通信模块。

# 第九章

# 其 他 控 制 系 统

## 第一节　ICS-XF 型电子皮带秤

　　某电厂使用的 ICS-XF 型电子皮带秤安装于 2、5、9 号皮带的中部，主要完成对火车和汽车煤量（2 号秤）、筒仓煤量（5 号秤）及入炉煤量的（9 号秤）连续动态称量。

### 一、系统组成

　　皮带秤主要由秤架、称重测速传感器、显示仪表、上位计算机等几部分组成。

　　（一）主机

　　（1）系统准确度等级：Ⅱ级（GB 7721—1987）或 0.5 级（GB 7721—1995）。初次检定允差为±0.25％，使用中允差为±0.5％。

　　（2）皮带机倾角：0°～6°。

　　（3）称重显示器。

　　1）输入信号范围：0～25mA。

　　2）传感器供桥电源：DC10V，300mA。

　　3）电源电压：AC187～242V，49～51Hz。

　　4）熔丝：2A。

　　（4）环境温度：秤架−20～+45℃，仪表 0～40℃。

　　（二）CDPC-01 型磁电式测速传感器

　　（1）测速轮直径：100mm。

　　（2）每转动一周输出脉冲数：80。

　　（3）测速范围：0.2～4m/s。

　　（4）分辨率：3.9mm。

　　（5）累计误差：0.05％。

　　（6）输出电压幅度：（3±0.2）V。

　　（7）内阻：1kΩ。

　　（8）使用寿命：＞40 000h。

　　（9）线圈对地绝缘电阻：＞3000MΩ。

　　（三）STC 型称量传感器

　　STC 型称量传感器性能参数见表 9-1。

表 9-1　　　　　　　　　　　　STC 型称量传感器性能参数

| 激励电压 | AC/DC 10V | 工作温度范围 | −10～+40℃ |
|---|---|---|---|
| 最大激励电压 | AC/DC 15V | 温度补偿范围 | −20～+60℃ |
| 额定输出 | 3mV/V±10% | 零点平衡 | ±1% |
| 蠕变 | 0.02%（SS：0.03%） | 输入阻抗 | 385Ω±5Ω |
| 非线性 | 0.01% | 输出阻抗 | 350Ω±3Ω |
| 滞后性 | 0.03% | 绝缘阻抗（DC 50V） | ＞5000MΩ |
| 重复性 | 0.03% | 加载负荷偏移量 | ＜1mm |
| 灵敏度温漂 | 0.015% | 安全载荷 | 150% |
| 零点温漂 | 0.026% | 破坏载荷 | 300% |

## 二、皮带秤工作原理

（1）实际称量中，皮带及称架因有自重需要扣除，所以

$$M = \Sigma K(G_i - Z)V_i$$

式中　$M$——重量累计值；

　　$G_i$——瞬时重量系数；

　　$V_i$——皮带实时速度；

　　$Z$——动态零点；

　　$K$——量程系数。

所以皮带秤实际测量中需要经常调零、校验，计算出 $Z$、$K$。

（2）速度公式为

$$v = 0.1\pi \times 每秒脉冲数/80(\text{m/s})$$

其中，每秒脉冲数可用称重仪测得。

## 三、参数的设置及修改方法

在称量状态下：

第一步：按数定键选择要修改的参数。

第二步：按［参数＋］或［参数−］显示参数号所对应的值。

第三步：按数字键输入新的参数值。

第四步：按［确定］确认修改。

第五步：按［称量］返回称量状态。

## 四、调零

调零有键控调零（半自动调零）和自动调零（零点跟踪）两种方法。

（一）键控调零

键控调零满足的条件：仪表在称量状态，皮带运行稳定，9 号参数置入皮带运行一周或其整数倍的时间（以 s 为单位），22 号参数大于 3 号参数。

键控调零操作过程见表 9-2。

表 9-2                                        键控调零操作过程

| 步骤 | 操作 | 左显示窗 | 右显示窗 | 说明 |
|------|------|---------|---------|------|
| 1 | 在称量状态下按［调零］ | 0 | 9号参数对应值 | 键控调零开始 |
| 2 | 等待 | 重力总和 | 倒计数量 | 倒计数值两次回零后调零结束并自动返回到称量状态 |
| 3 | （可忽略以下步骤）按［2］ | 2 | 瞬时流量 | 输入零点值所对应的参数号 |
| 4 | 按［参数＋］或［参数－］ | 零点值 | —2 | 显示新的零点值 |
| 5 | 按［称量］ | 累计值 | 瞬时流量 | 返回称量状态 |

（二）自动调零

当14号参数设定在1～255之间时，自动调零功能有效，但需满足以下条件才能实现零点的自动修正：当皮带运行两周期间的秒采样值均在区域 $Z-14$ 号 $\times 4 < X < Z + 14$ 号 $\times 4$（$Z$ 为旧零点；$X$ 为秒采样值）时，旧的零点值被新的零点值取代。

## 五、校验与标定

标定与检验的方法有两种：挂码标定及挂码检验和实物标定及实物检验。

（一）挂码标定及挂码检验

应满足的条件：皮带稳定运行，已经完成键控调零，挂上砝码，20号参数设置为秤架有效称量段长度，29号参数设置为砝码重量，9号参数已设置。

挂砝标定过程见表9-3。

表 9-3                                        挂砝标定过程

| 步骤 | 操作 | 左显示窗 | 右显示窗 | 说明 |
|------|------|---------|---------|------|
| 1 | 在称量状态下按［挂码校验］ | 0 | 9号参数对应值 | 挂码校验开始，开始打印00000 |
| 2 | 等待 | 旧量程系数所得累计值 | 倒计数量 | 倒计数值回零后，显示窗数据停止变化，检验结束，自动打印所得累计值 |
| 3 | 键入砝码重量值 | 所输入数值 | 0 | 准备计算新的量程系数 |
| 4 | 按［挂码校验］ | 零计值 | 瞬时流量 | 自动更新为新量程系数，并返回到称量状态，标定结束 |
| 5 | 按［称量］ | 零计值 | 瞬时流量 | 返回称量状态 |

挂码检验过程见表9-4。

表 9-4                                        挂码检验过程

| 步骤 | 操作 | 左显示窗 | 右显示窗 | 说明 |
|------|------|---------|---------|------|
| 1 | 在称量状态下按［挂码校验］ | 0 | 9号参数对应值 | 挂码校验开始，开始打印00000 |
| 2 | 等待 | 旧量程系数所得累计值 | 倒计数量 | 倒计数值回零后，显示窗数据停止变化，检验结束，自动打印所得累计值 |
| 3 | 按［称量］ | 零计值 | 瞬时流量 | 返回称量状态 |

**（二）实物标定及实物检验**

满足的条件：皮带稳定运行，已经完成键控调零，物料已经准备好，9号参数已经设置。

实物标定过程见表9-5。

表9-5 实物标定过程

| 步骤 | 操作 | 左显示窗 | 右显示窗 | 说明 |
|---|---|---|---|---|
| 1 | 在称量状态下按［实物校验］ | 0 | 9号参数对应值 | 实物校验开始，自动打印00000 |
| 2 | 上料后等待 | 旧量程系数所得累计值 | 倒计数值 | 等待物料停止信号 |
| 3 | 当物料停止时按［实物校验］ | 旧量程系数所得累计值 | 倒计数值 | 等待皮带整周结束 |
| 4 | 当皮带整周结束时 | 旧量程系数所得累计值 | 0 | 等待键入实际物料重量值，自动打印所得累计值，检验结束 |
| 5 | 键入物料实际重量值 | 所键入数值 | 0 | 准备计算新的量程系数 |
| 6 | 按［实物校验］ | 累计值 | 瞬时流量 | 自动更改为新量程系数并返回到称量状态，标定结束 |
| 7 | 按［称量］ | 累计值 | 瞬时流量 | 返回称量状态 |

实物校验过程见表9-6。

表9-6 实物校验过程

| 步骤 | 操作 | 左显示窗 | 右显示窗 | 说明 |
|---|---|---|---|---|
| 1 | 在称量状态下按［实物校验］ | 0 | 9号参数对应值 | 实物校验开始，自动打印00000 |
| 2 | 上料后等待 | 旧量程系数所得累计值 | 倒计数值 | 等待物料停止信号 |
| 3 | 当物料停止时按［实物校验］ | 旧量程系数所得累计值 | 倒计数值 | 等待皮带整周结束 |
| 4 | 当皮带整周结束时 | 旧量程系数所得累计值 | 0 | 等待键入实际物料重量值，自动打印所行计值，检验结束 |
| 5 | 按［称量］ | 累计值 | 瞬时流量 | 返回称量状态 |

## 六、微机电子皮带秤机内参数

微机电子皮带秤机内参数见表9-7。

**表 9-7**　　　　　　　　　　　　　微机电子皮带秤机内参数表

| 编号 | 参数名称及意义 | 数值范围 | 说明<br>本机常用值 |
|---|---|---|---|
| 1 | 量程系数 | 0～65 535 | 可通过实物校验、挂码校验实现自动修改，加密状态下用自动修改的方法只在本次上电工作期间有效，重新上电后恢复此前值 |
| 2 | 零点值 | 0～65 535 | 可通过手动调 0 和自动调 0 实现修改 |
| 3 | 重量计数值 | 0～32 767 | 不能直接修改，但可通过设置 10、12 号参数间接修改，通常需要观察 |
| 4 | 速度计数值 | 0～65 535 | 不能直接修改，但可通过设置 10、11 号参数间接修改，通常需要观察 |
| 5 | 班累计量 | 0～99 999 999 | 修改以百千克计，低于百千克自动补 0 |
| 6 | 日累计量 | 0～99 999 999 | |
| 7 | 月累计量 | 0～99 999 999 | |
| 8 | 总累计量 | 0～99 999 999 | |
| 9 | 到带运行一周的时间 | 0～1000 | 当皮带运行一周时间为非整数秒时，应设为上述值的整数倍以求此数值不为小数 |
| 10 | 实测与内给开关 | 0～15 | 见表 9-8 |
| 11 | 内给速度值 | 0～65 535 | 由 10 号参数决定该值是否转移为 04 号参数 |
| 12 | 内给重量值 | 0～32 767 | 由 10 号参数决定该值是否转移为 03 号参数 |
| 13 | 显示标志 | 0～4 | 0：显示班累计——瞬时流量；<br>1：显示日累计——瞬时流量；<br>2：显示月累计——瞬时流量；<br>3：显示总累计——瞬时流量；<br>4：显示定量累计值——瞬时流量 |
| 14 | 自动调零标志 | 0～255 | 0：不自动调零<br>1～255：允许自动调 0，当皮带运行两周期间的秒采样值在下列区域：$Z-14$ 号 $\times 4 < X < Z + 14$ 号 $\times 4$ 时调零成功 |
| 15 | 自动打印方式标志 | 0～7 | 见表 9-9 |
| 16 | 定时打印时间之一 | 0～2359 | 例如：8 时 0 分为 800 |
| 17 | 定时打印时间之二 | | |
| 18 | 定时打印时间之三 | | |
| 19 | 定时打印时间之四 | | |
| 20 | 称量有效长度 | 0～65 535 | 出厂设置值，标识皮带有效称量长度，单位为 mm。在挂码校验时，使用该值 |
| 21 | 设备号（最多四位） | 0～255 | 设备序号 |
| 22 | 调 0 限幅值 | 0～65 535 | 当 3 号参数值大于此值而试图调零时，操作将告失败 |
| 23 | 时分秒 | 0～23-59-59 | 不掉电时钟，关机后正常计时 |

| 编号 | 参数名称及意义 | 数值范围 | 说明<br>本机常用值 |
|---|---|---|---|
| 24 | 年月日 | 0～99-12-31 | 不掉电时钟, 关机后正常计时 |
| 25 | 通信设定字 | 0～15 | 其中偶数为禁止通信, 奇数为允许通信, 1、3、5、7 为单向方式; 9、11、13、15 为双向方式; (1, 9)、(3, 11)、(5, 13)、(7, 15) 分别对应的波特率为 600、1200、2400、4800bit/s |
| 26 | 通信地址 | 0～255 | 多机通信时必须设置, 也可用于通信时的握手信号 |
| 27 | 数据结束符 | 0～255 | 一组数据结束时的标志, 用于区分不同的数据组 |
| 28 | 通信接收器 | 0～255 | 实时显示仪表所接收到的外来数据 |
| 29 | 砝码质量 | 0～65 000 | 挂码校验时需输入的砝码质量, 单位为 10g |
| 30 | 定量值 | 1～999.999 | 单位为 kg |
| 31 | 定量输出开关 | 0～3 | 0: 不启用;<br>1: 启用, 定量累计值到限清零;<br>3: 启用, 定量累计值自动补偿 |
| 32 | 量程 | 0～20 000 | 单位为 10g/s, 例如: 若希望瞬时流量为 100t/h 时输出 20mA, 设置为 2278 |
| 33 | 电流输出开关 | 0～1 | 0: 禁止输出 (此时恒为 4mA);<br>1: 允放输出 |
| 34 | 小数点标志 | 0～2 | 0: 1 位小数位;<br>1: 2 位小数位;<br>2: 3 位小数位 |
| 35 | 报警输出开关 | 0～3 | 0: 均不启用;<br>1: 上限启用;<br>2: 下限启用;<br>3: 上、下限启用 |
| 36 | 上限值 | 0～20 000 | 以 100kg/h 为单位, 越限报警 |
| 37 | 下限值 | 0～2000 | |
| 38 | 总累计量保护开关 | 0～1 | 0: 保护;<br>1: 不保护 |

10 号参数设定值见表 9-8。

表 9-8 10 号参数设定值一览表

| 设定值 | 速度内给 | 重量内给 | 挂码速度内给 | 监视皮带 |
|---|---|---|---|---|
| 0 | × | × | √ | √ |
| 1 | × | √ | √ | √ |
| 2 | √ | × | √ | √ |
| 3 | √ | √ | √ | √ |
| 4 | × | × | × | √ |
| 5 | × | √ | × | √ |
| 6 | √ | × | × | √ |
| 7 | √ | √ | × | √ |
| 8 | × | × | √ | × |
| 9 | × | √ | √ | × |
| 10 | √ | × | √ | × |
| 11 | × | √ | √ | × |
| 12 | × | × | × | × |
| 13 | × | √ | × | × |
| 14 | √ | × | × | × |
| 15 | √ | √ | × | × |

注　"√"表示设定值所对应的功能有效，"×"表示设定值所对应的功能无效。

15 号参数设定值见表 9-9。

表 9-9 15 号参数设定值一览表

| 设定值 | 定时打印有效 | 上电打印有效 | 开车打印有效 |
|---|---|---|---|
| 0 | × | √ | × |
| 1 | √ | √ | × |
| 2 | × | × | × |
| 3 | √ | × | × |
| 4 | × | √ | √ |
| 5 | √ | √ | √ |
| 6 | × | × | √ |
| 7 | √ | × | √ |

注　"√"表示设定值所对应的功能有效，"×"表示设定值所对应的功能无效。

## 七、皮带电子秤的维护

（1）要认真进行"调零"，最好每个班接班后调一次零点，再上煤，要形成制度。调零时，皮带上不允许有零星物料。

（2）秤架应该经常清扫，保持称量架有良好的工作环境，防止有障碍物卡死机架，造成计量失真。

（3）经常检查秤架螺栓托辊有无损坏并及时处理。

（4）传感器及信号总电缆应完好，电缆的护套要求完好，防止水汽进入线芯。

（5）信号电缆若有接头，线芯和屏蔽应分别焊好，外面用防水胶带包扎严。有条件时把接头吊高，以减少接头处的积水。

（6）秤架不要受到除秤重外的其他外力。

（7）称量托辊要转动灵活。

（8）要保持供电桥电源箱内干燥、清洁，一旦箱内有潮湿空气和水进入，可用电吹风吹干，传感器和电缆要尽量避水。

（9）不要轻易拧动传感器吊杆螺栓和秤架的拉杆螺栓。

# 第二节　HCS-100A 型翻车机电子轨道衡

火车计量采用 HCS-100A 型动态称量衡，是一种安装在 C 型翻车机下面的特种衡器，与翻车机配套使用。翻车机是轨道衡的称量平台，电子轨道衡属于翻车机的一部分，受翻车机控制系统控制，共同完成称量工作。

HCS-100A 型翻车机电子轨道衡能完成称量、数据处理、显示、打印报表等项工作，能对系统和单个传感器的各项参数进行自检，整个操作和处理过程由工控机完成。

轨道衡与翻车机控制系统之间通过开关量信号联系。重车就位后，翻车机控制系统给轨道衡一个"车就位"信号，轨道衡完成毛重称量后，将"毛重称毕"信号发给翻车机，翻车机即可翻车，当轨道衡接收到"翻车结束"信号，并称量皮重后，一节车的称量过程完成。

## 一、系统组成

HCS-100A 型翻车机电子轨道衡由称重传感器、仪表控制箱、工控机、打印机、交流净化稳压电源、UPS 电源及操作台等部分组成，以下为主要技术数据如下。

1. 传感器

（1）输入电阻：808Ω。

（2）输出电阻：705Ω。

（3）绝缘：＞5000MΩ。

（4）灵敏度：1.998 1mV/V。

（5）分辨率：1.50％S.N。

（6）综合误差：＜0.020％S.N。

2. 称量显示仪 XK3123（PANTHER）PTPN-1000-023

（1）准确度等级：Ⅲ级。

（2）编号：DKY69777。

（3）电源：220V，49～63Hz。

（4）防护等级：面板 NEMA4X（IP65），其他部分 NEMA1（IP30）。

（5）工作温度：−10～+45℃，湿度 10％～95％，不冷凝。

## 二、轨道衡的校验及设定

1. HCS-100A 型翻车机电子轨道衡检定要求

用 3 辆满载煤车分别上衡、翻车、下衡，观察每次空秤示值的变化，允差为±50kg。

　　静态检定：用总质量约为 20t 的砝码车推至每对称量传感器上，往返上衡各 2 次进行检定，每个停车位均需称量 3 次，记录全部示值（允差为±100kg），下衡后记录空秤示值（允差为±50kg）。

　　称量检定：用总质量约为 20、50、68、76、84t 的 5 辆检衡车分别上衡 4 次，每次上衡称量 3 次，记录称量值，下衡后记录空秤示值（50t 允差为±200kg；50t 以上允差为±400kg；空秤允差为±50kg）。

　　灵敏度检定：在空秤，一致性检定和 76、84t 称量检定时各抽检一次，即在轨道衡台面上加、减 20kg 的砝码，轨道衡的示值应有不小于 10kg 的变化量。

　　出现零点超差，即 EEE 后，应检查秤台自由度，确定秤台为空秤台后，按步骤检查空秤台，即将 F1.6 显示值置为 1 即可。

　　2. 称重显示仪（XK3123 PANTHER PTPN-1000-023）校秤步骤

　　在检查、校秤前，打开 PANTHER 仪表的后盖板，将控制板上的 $S_{1-1}$ 置为 ON，同时按［清零］、［回车］键后，仪表显示 F1 即进入设定状态，依次按［回车］键显示下列字符：

　　［F1.4］　10：分度值为 10kg，按［回车］键。

　　［CAL］　0：原始参数，按［回车］键将 0 改为 1，进入校正程序。

　　［E SCL］：将负载从平台上移去，按［回车］键。

　　［15 CAL］：仪表倒计数，并读取空秤值。

　　［Add Ld］：在秤台上加负载，最大重量为满称量的 105％，推荐使用的重量为最大称量的 60％～100％，按［回车］键。

　　［00000］：用［TARE］键和［SELECT］键组全输入所加重量值，不接受带小数点的值，按［回车］键。

　　［15 CAL］：仪表倒计数，并读取加载称量值。

　　［CAL d］：校正完成。

　　若修改其他参数，按［回车］键选择并修改，完成参数修改，按［CLEAR］键直到显示 CAL OFF 再按［回车］键，仪表回到显示状态。

　　3. 参数列表

　　参数列表见表 9-10。

表 9-10　　　　　　　　　　　　参　数　列　表

| 参　　数 | 说　　明 | 设　定　值 |
|---|---|---|
| F1.2 | 校正单位＝kg | 2 |
| F1.3 | 秤的容量 | 100 000 |
| F1.4 | 分度值 | 10 |
| F1.6 | 零点调整 | 0 |
| F1.7 | 重力加速度因子 | 0 |
| F2.1 | 辅助单位＝无 | 0 |
| F2.3.1 | 皮重功能允许 | 1 |
| F2.3.2 | 禁止皮重内锁 | 0 |
| F2.3.3 | 禁止自动去皮 | 0 |

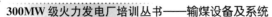

**300MW 级火力发电厂培训丛书——输煤设备及系统**

续表

| 参　数 | 说　明 | 设　定　值 |
|---|---|---|
| F2.3.4 | 禁止自动清皮 | 0 |
| F2.4.1 | 清零范围 2%FS | 1 |
| F2.4.2 | 零跟踪阀值 0.5d | 1 |
| F2.4.3 | 允许净重状态 AZM | 0 |
| F2.4.4 | 允许零光标 | 1 |
| F2.4.5 | 禁止负重量变黑 | 1 |
| F2.4.6 | 开机清零范围 20%FS | 2 |
| F2.5 | 动态检测范围 ±1d | 0 |
| F2.5.1 | 禁止动态时显示变暗 | 0 |
| F2.6 | 滤波器截止频率 | 9.5 |
| F2.6.1 | 允许噪声滤波 | 1 |
| F3.1.1 | 波特率 | 9600 |
| F3.1.4 | 偶校验 | 0 |
| F3.1.5 | 不发送校验和 | 0 |
| F3.1.6 | 不发送 STX | 1 |
| F3.2 | 命令方式输出 | 0 |
| F3.2.1 | 只打印显示重量 | 0 |
| F3.2.2 | 禁止双宽打印 | 0 |
| F3.2.3 | 禁止打印毛重标志"G" | — |
| F3.3 | 禁止打印进显示保持 | — |
| F4.1 | 输入点＝打印 | 3 |
| F5.1 | 预置点方式 | 0 |
| F5.2 | 用 M 键设置预置值 | — |
| P1 | 预置点 1 的提前量值 | — |
| P2 | 预置点 2 的提前量值 | — |
| L | 零允差值 | — |
| F5.5 | 达到预置点 1 后不打印 | — |
| F5.7 | 达到预置点 2 后不打印 | — |
| F5.7.1 | 分选功能区域设置 | — |
| F5.7.2 | 显示重量值 | — |
| F5.7.3 | 禁止显示重量值与目标值之差 | — |
| F5.7.4 | 禁止低于重量值 OUT1 输出 | — |
| F6.1 | 禁止扩展显示 | 0 |
| F6.2 | 修改校正参数 | 0 |
| F6.4 | 打印设定参数 | 0 |
| F6.5 | 设置缺省参数 | 0 |
| F7.2 | 模拟输出零基准校正 | 0 |
| F7.2.1 | 输入模拟输出零基准值 | 0 |
| F7.3.1 | 输入模拟输出量程值 | 0 |
| F7.4 | 模拟输出调整 | 0 |

4. 出错处理

错误原因及处理措施见表 9-11。

**表 9-11**                                             错误原因及处理措施

| 错误信息 | 原因分析 | 处理措施 |
| --- | --- | --- |
| E1 | 仪表程序错误 | （1）检查仪表电源电压；<br>（2）更换 PCB 板 |
| E2 | 仪表内部 CPURAM 错误 | （1）检查仪表电源电压；<br>（2）更换 PCB 板 |
| E3 | 仪表内部 EEPROM 错误 | （1）检查仪表电源电压；<br>（2）重新设定和校正；<br>（3）更换 PCB 板 |
| E4 | 仪表内部 RAM 错误 | （1）仪表重新上电；<br>（2）更换 PCB 板 |
| E7 | A/D 转换错误，或传感器没有接 | （1）重新校正；<br>（2）检查传感器和连接电缆；<br>（3）检查仪表电源电压；<br>（4）更换 PCB 板 |
| E16 | 仪表内部运算错误 | 按 CLEAR 键复位 |
| E20 | 提前量值大于预置点值 | 重新输入提前量值或预置点值 |
| E32 | 校秤时测试重量不足 | 增加测试重量重新校正 |
| E34 | 校秤时测试重量超过满称量 105% | 减少测试重量重新校正 |
| E35 | 满称量校正错误，输入信号太小 | 重新校正，若仍出现错误则检查传感器 |
| E36 | 模拟传感器输出信号超过范围 | 重新校正，若仍出现错误则检查传感器 |
| E40 | EEPROM 存储区发生变化安装 | 设置出厂缺省值 |
| E50 | 重量不能以辅助单位显示 | 禁止单位转换 |
| EEE | 秤台上的重量超过零跟踪<br>范围（2%满量程） | （1）将秤台上的货物移动；<br>（2）在设定中禁止零跟踪；<br>（3）仪表重新上电 |
| -EEE | 秤台上的重量超过零跟踪<br>范围（-2%满量程） | （1）在设定中禁止零跟踪；<br>（2）重新校正；<br>（3）仪表重新上电 |
| ---- | 传感器没有信号输出 | （1）检查传感器连线；<br>（2）更换传感器；<br>（3）更换 PCB 板 |

### 三、维护注意事项

（1）为保障电子轨道衡长期稳定工作，必须将轨道衡供电电源同翻车机等大型设备电源分开。理想的办法是直接由总配电室引一单相电源，供轨道衡单独使用，这样会将经由电源通路窜入的干扰影响减至最小。

（2）打印机较容易发生塑料机件损坏或打印头断针等故障，所以在更换纸张与色带时需特别注意，要经常保持清洁。

（3）接插件易产生接触不良，要减少潮气、粉尘、油污对它们的污染。

（4）线缆经常受力弯折或遭到挤压的部位易出现断裂或脱焊，所以要注意线缆不受碰撞，弯折的地方要加以保护，日常要注意维护。

（5）传感器是轨道衡中的核心部件，在使用过程中要特别注意。冲洗翻车机时，不能直接冲洗传感器，须有防护措施。

（6）系统中的主要部件，特别是仪表箱面板上均有工作状态显示灯，在操作过程中要经常注意，如发现指示有问题，需及时查找原因并处理，或及时更换。

（7）当系统出现故障时，应先检查电源。如果电源异常（特别是出现焦糊味或设备冒烟等），要及时关闭电源。若故障在电源部位，则应先断开负载，对电源进行检修，待电源恢复正常后，再接上负载。

（8）电源正常但系统工作异常时，应当首先检查有关部位的连接线缆和插头及插座，然后检查相关部件信号通道中的开关、继电器或其他元器件与线路。

（9）使用设备前，应仔细阅读有关设备的用户手册或使用说明，不要随便拆卸设备和连接线缆。在查找故障时，拆卸、更换、安装、连接等操作要小心、正确，并符合有关规定与要求，避免因操作不当使设备损坏或造成新的故障。

（10）HCS-100A 型翻车机电子轨道衡的运行程序采用"人机对话"方式，当运行中出现非正常状态时，微机屏幕上将显示相应出错登记处，用于对故障的分析判断。

# 第三篇

# 输煤机械设备

# 第十章

# 皮带机系统

## 第一节 皮带机系统概述

皮带机是皮带式输送机的简称，皮带式输送机是由挠性输送皮带作为物料承载件的连续输送设备。其工作原理：皮带绕经传动滚筒、托辊组和改向滚筒形成闭合回路，皮带的承载及回程面都支撑在托辊上，由拉紧装置提供适当的拉紧力，工作中通过传动滚筒与皮带之间的摩擦力驱动皮带运行，煤及其他物料在皮带上与皮带一起运动。皮带机主要包括尼龙皮带机、帆布皮带机、聚酯皮带机和钢丝绳芯皮带机。电厂输煤系统采用聚酯和钢丝绳芯皮带机。

皮带机应用的标准主要为 TD62 型、TD75 型和 DTII 型。某电厂输煤系统共有 27 台 TD75 型皮带机（包括 4 台皮带给煤机）。其中 P3 皮带机是单路布置，皮带给煤机分为 1、2、3 号和 4 号皮带机，其余皮带机均为 A、B 双路布置。

皮带机的布置方式分为水平布置、倾斜布置、凸弧曲线布置和凹弧曲线布置。该电厂输煤皮带机系统中，P3、P7、P8、P10、P11 皮带机和皮带给煤机是水平布置，P5 皮带机是倾斜布置，P6 皮带机是凸弧曲线布置，P0、P1、P2、P4、P9 皮带机是凹弧曲线布置。

输煤皮带机主要由驱动装置、皮带、机架、托辊、改向滚筒、拉紧装置六部分组成。驱动装置的作用是为输煤皮带提供动力，驱动皮带转动，一般包括电动机、液力耦合器、减速机、联轴器、传动滚筒、制动装置六个部件。电动机是驱动装置的原动力，电动机属于高速低载设备；液力耦合器通过油液将电动机的动力传送至减速机，可以起到过载保护作用；减速机的作用是将高速低载的动力转换为低速重载的动力；联轴器的作用是实现各个部件之间的相互连接，实现动力传送；传动滚筒的作用是依靠摩擦力驱动皮带转动；制动装置的作用是实现皮带的快速制动，输煤皮带的制动装置一般使用电动液压制动器，爬坡皮带还会使用防止皮带倒转的逆止器。皮带的作用是承载和输送物料；机架的作用是支撑托辊；托辊的作用是支撑皮带并随着皮带的运动而作回转运动，托辊按用途一般分为槽形托辊、平行托辊、调偏托辊和缓冲托辊；改向滚筒的作用是改变皮带的缠绕方向，使皮带形成封闭的环形；拉紧装置的作用是保证皮带具有足够的张力，以免皮带在传动滚筒上打滑，按其结构主要可分为重锤拉紧、车式拉紧和螺旋拉紧三种形式。

某电厂输煤皮带机系统主要为 4 台机组（共 1300MW）发电提供用煤，日上煤量 11 000～15 000t。其中 P0 皮带机置于汽车卸煤沟下部，用于汽车来煤的拉卸；皮带给煤机和 P1 皮带机安装于翻车机下部，承担火车来煤的拉卸；P11 皮带机置于火车煤场，用于火车来煤的堆取。此外，在 P4 与 P5 皮带机之间还加装了一级筛碎设备，分别是滚轴筛 A、滚轴筛 B、碎煤机 A 和碎煤机 B，用于对原煤进行初次筛分和破碎。具体流程如图 10-1 所示。

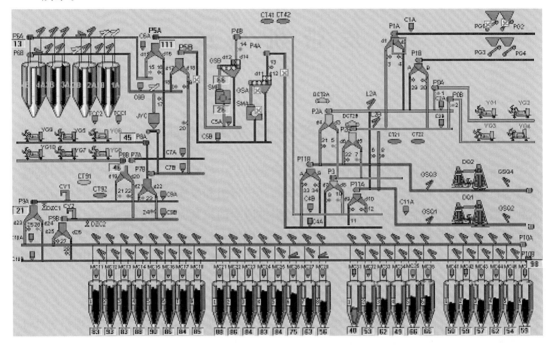

图 10-1 输煤系统流程图（以某电厂输煤系统为例）

## 第二节 皮带机系统设备

皮带机由输送带、传动滚筒、改向滚筒、电动机、减速机、上托辊、下托辊、调偏托辊、缓冲托辊、清扫器、装卸料装置、拉紧装置、配煤设备等组成。

### 一、输送带

在带式输送机中，输送带既是承载的构件，又是牵引构件，用来载运物料和传递牵引力。输送带是带式输送机中最重要也是最昂贵的部件，输送带的价格占输送机总投资的 30%～40%。

（一）分类

输送带一般分为织物芯皮带和钢丝绳芯皮带（本书只介绍织物芯皮带）。

（二）组成

输送带组成分别为聚酯帆布芯、上覆盖胶、下覆盖胶、侧覆盖胶。

（1）聚酯帆布芯由尼龙线织成衬里，经线与纬线相互交织。纵向张力由经线承受，而纬线主要承受横向张力，通过这种方式的编织，经纬线都发生了弯曲，使皮带产生了很大弹性。多层织物相互间用橡胶黏合在一起形成织物芯。

（2）上覆盖胶的作用：用以保护中间的织物芯不受机械损伤及周围介质的影响，且较厚，是输送带的承载面，而且直接与物料接触并受物料的冲击和磨损。

（3）下覆盖胶的作用：是输送带与支撑托辊接触的一面，主要承受压力，为了减少输送带沿托辊运行时的压陷滚动阻力，下覆盖胶一般较薄。

（4）侧覆盖胶的作用：当输送带跑偏，侧面与机架相接触时，保护其不受机械损伤。所以常采用耐磨的橡胶组成。

（三）规格参数

难燃皮带：防止皮带积煤粉较多而自燃或别的原因使煤场着火而引起皮带燃烧。

耐寒皮带：适应严寒地区雪天运输物料的要求，耐寒温度为−40℃。

EP——涤纶（尼龙）帆布芯。

ST——钢丝绳芯皮带强度规格。

200——扯断强度 200/（N/mm·层）（厚度 1.1mm）。

300——扯断强度 300/（N/mm·层）（厚度 1.35mm）。

Z=5——帆布芯有 5 层。

上胶＋下胶＝4.5mm＋1.5mm——上覆盖胶厚度 4.5mm，下覆盖胶厚度 1.5mm。

输煤皮带机系统中，P11 皮带机皮带为钢丝绳芯输送带，规格为 ST1600 L1400 φ5.0-6.0-6.0，带宽 1400mm，厚度 17mm，额定转速 2.5m/s，额定出力 1500t/h。其余皮带均为 EP 输送带：带式给煤机皮带规格是 EP200，带宽 1600mm（变频驱动）；P0、P1 和 P2 皮带机皮带规格是 EP200，带宽 1400mm，厚度 5mm，额定转速 2.5m/s，额定出力 1500t/h；P3、P4、P5、P7、P8 和 P10 皮带机皮带规格是 EP200，带宽 1200mm，厚度 5mm，额定转速 2.5m/s，额定出力 1000t/h；P6 和 P9 皮带机皮带规格是 EP300，带宽 1200mm，厚度 6mm，额定转速 2.5m/s，额定出力 1000t/h。

（四）连接方法

输送带连接方法分为以下三种：

（1）机械连接法。一般采用钩卡连接，例如磨煤机入口的皮带给煤机皮带就采用此种方法，其特点是速度快、劳动强度低，但连接后的强度只有输送带自身强度的 35%～40%。

（2）冷黏法。此方法适用于行程短、涨紧力小的皮带，如 P3 皮带和斗轮机皮带。与硫化相比，其现场要求的施工条件极其简单，且效率高。

（3）硫化法。具体步骤：①皮带接头制作、处理；②用钢丝砂轮打磨，清洗；③涂胶，贴胶片；④黏结好的接头放入硫化器内硫化，压力 1.5～2.5MPa，升温到 143℃，恒温 20min。

硫化后的接头强度可以达到原皮带的 85%～90%。接头胶接分搭接和对接两种。

## 二、托辊

（一）托辊的作用

托辊的作用是支承输送带和输送带上物料的重量，减少输送带的运行阻力，并使其垂度不超过一定的限度，以保证输送带沿着预定的方向平稳地运行。

（二）托辊的基本要求

托辊的质量好坏影响着胶带的使用寿命和运行阻力。托辊的维修或更换费用是带式输

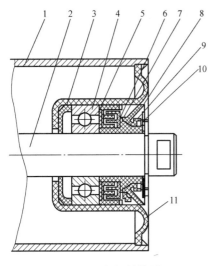

图 10-2　托辊结构图

1—筒体；2—轴；3—挡环；4—轴承；5—迷宫型内密封圈；6—迷宫型外密封圈；7—内密封圈；8—外密封圈；9—外盖；10—挡圈；11—轴承座

送机营运费用的重要组成部分。因此其基本要求是经久耐用、转动阻力小、托辊表面光滑、径向跳动小、密封装置能可靠防尘、轴承能得到很好的润滑、自重较轻、尺寸紧凑。

（三）托辊的分类

托辊按其布置可分为承载托辊组和回程托辊组，按用途可以分为槽形托辊、平行托辊、缓冲托辊、调偏托辊四种。另外还包括特殊功能非国家标准的托辊，如回程托辊、螺旋托辊、过渡托辊。托辊的结构如图 10-2 所示。

1. 槽形托辊

槽形托辊主要用作带式输送机的有载分支上托辊，一般都是由三节短托辊组成（DT-Ⅱ型带式输送机槽角选用 35°，带有槽角能使货载平稳地运行，见图 10-3。由于输送量的增大，在相同出力的情况下，就有可能使皮带宽度下降一级，节约大量皮带。托辊的直径 $D$ 与宽度 $B$、物料堆积重度 $r$ 和带速 $v$ 有关。一般情况下，在落料管处，为了使物料集中，避免物料外撒，也有部分采用 45°槽形托辊的。

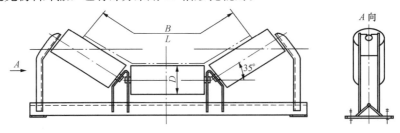

图 10-3　35°槽形托辊示意图

2. 平行托辊

平行托辊主要用作带式输送机的无载分支下托辊，支撑空载段皮带，一般为一个长托辊，见图 10-4～图 10-6。其中平行胶环托辊用作带式输送机的无载分支下托辊，可减少托辊黏煤，适用于北方冬季气候寒冷的地区。

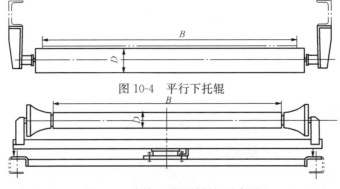

图 10-4　平行下托辊

图 10-5　摩擦上平调偏托辊示意图

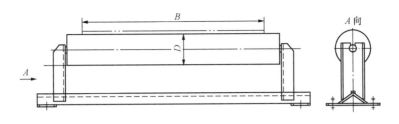

图 10-6 平行上托辊示意图

3. 缓冲托辊

缓冲托辊用作带式输送机的有载分支上托辊。在受料处由于物料下落到输送带上，不可避免地冲击皮带和托辊，采用缓冲托辊能保护皮带和避免托辊轴承被冲击损坏，见图 10-7。

一般缓冲托辊分为橡胶圈式、弹簧板式、弹簧板胶圈式、弹簧丝杠可调式、槽形接料板缓冲床式和组合式等（槽角有 35°和 45°，见图 10-8）。其中：

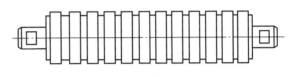

图 10-7 缓冲托辊示意图

（1）橡胶圈式缓冲托辊是在槽形托辊三节短托辊体外套上橡胶圈，以达到缓冲目的。

（2）弹簧板式缓冲托辊是槽形托辊，只是三节短托辊的支撑架改用弹簧板，当皮带受下落物料冲击时，弹簧板支撑架能发生弹性变形，达到缓冲目的。

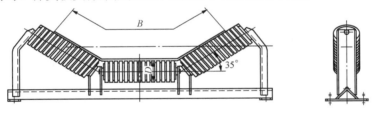

图 10-8 35°缓冲托辊示意图

4. 调偏托辊

调偏托辊用来调整输送带的纵向中心线，防止和减轻皮带运行时偏斜造成的磨损和扭损，以及输送物料的撒落，见图 10-9、图 10-10。

调偏托辊的种类分为前倾槽形调偏无回转架托辊、单向转动自动调偏托辊、可逆自动调偏托辊、锥形自动调偏托辊。

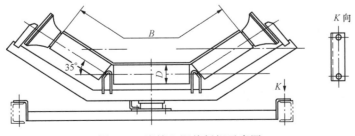

图 10-9 摩擦上调偏托辊示意图

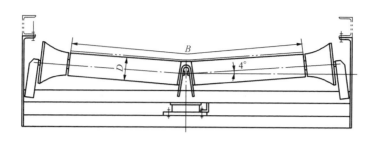

图 10-10　摩擦下调偏托辊示意图

（1）前倾槽形调偏无回转架托辊。此类托辊是将三节槽形托辊的两个侧托辊朝皮带运行方向前倾一定角度，一般为 3°～5°，由于在输送带和偏斜托辊之间产生一相对的滑动速度，在托辊与皮带之间就有轴向的摩擦力存在，当皮带跑偏时，一侧的摩擦力大于另外一侧，促使输送带回到原来的位置。其优点是简单、可靠；缺点是皮带运行时存在附加滑动摩擦力，增加了皮带的磨损。

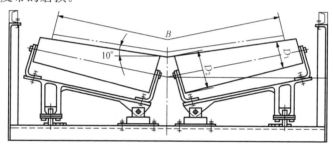

图 10-11　锥形自动调偏托辊示意图

（2）单向转动自动调偏托辊。它的结构是在槽形托辊转动架的两端各装有两个立辊。

原理为：当输送带跑偏时，输送带边缘与立辊接触，使立辊受到皮带边缘的作用后，给回转架施加回转力臂，使回转架转过一定角度，从而达到调偏目的。其缺点为皮带边缘容易磨损。

（3）可逆自动调偏托辊。它是通过左右两个曲线辊与固定在托辊上的固定摩擦片产生一定的摩擦力来使支架回转。当皮带跑偏时，皮带与左曲线盘或右曲线盘接触，并通过曲线盘产生一个摩擦力，使支架带着槽形托辊转过一定角度，从而达到皮带的调偏目的。可逆调偏托辊取消了立辊，皮带跑偏时其边基本上没有磨损。

（4）锥形自动调偏托辊。皮带运动带动托辊转动时，托辊面的圆周速度在直径大端的附近点与带速相同，在这点上皮带与托辊面相对滑动为零，而锥形托辊直径小的部分与皮带有相对滑动，当皮带处于正常位置时，左右锥形托辊与皮带之间的附加滑动摩擦力数值是相等的。此时托辊的中心线与皮带的中心线垂直。假如皮带在前进的方向向左侧跑偏，此时左右锥形托辊的摩擦力平衡被破坏，由于左右摩擦力之差，左侧锥形托辊向前转动，并通过连杆使右侧锥形托辊也相应转动，这时托辊中心线的位置与皮带中心线不再垂直，皮带与托辊之间有附加的轴向滑动，因而锥形托辊给皮带有一个带偏角的附加摩擦力，使皮带回复到正常位置，锥形托辊也就转回到原来的位置，如果皮带的跑偏量已经超出所规定的数值，就由设在输送机旁边的限位开关发出信号而停止运行。这种调偏托辊的优点是使皮带对中的能力强，调偏灵敏度高，其调偏作用自始至终在进行；缺点是结构复杂，制造比较麻烦。

另外，平行自动调偏托辊和 V 形前倾托辊（见图 10-12）的工作原理同可逆自动调偏托辊和前倾槽形调偏托辊相同。

5. 回程托辊

回程托辊主要用作皮带输送机的无载分支下托辊，支撑空载段皮带，有的可用来除去无载段表面上的黏煤，有的用来减少黏煤。

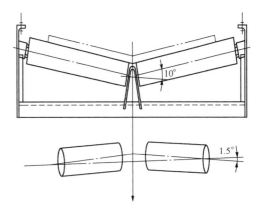

图 10-12　V 形前倾托辊示意图

6. 螺旋托辊

螺旋托辊主要用来清除无载支撑段皮带表面上的积煤。运动时，皮带带动螺旋托辊转动，螺纹的运动方向与皮带的运动方向有一偏角，使得左右方向各有一个摩擦力，这一对摩擦力大小相等方向相反，在运动时把皮带上的积煤清除掉。

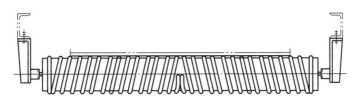

图 10-13　螺旋托辊示意图

7. 过渡托辊

过渡托辊组布置在端部滚筒和第一组承载托辊之间，以降低输送带边缘应力，避免撕裂皮带和撒料情况的发生，见图 10-14～图 10-18。

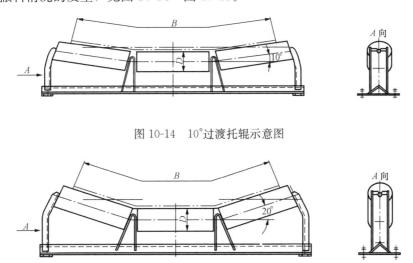

图 10-14　10°过渡托辊示意图

图 10-15　20°过渡托辊示意图

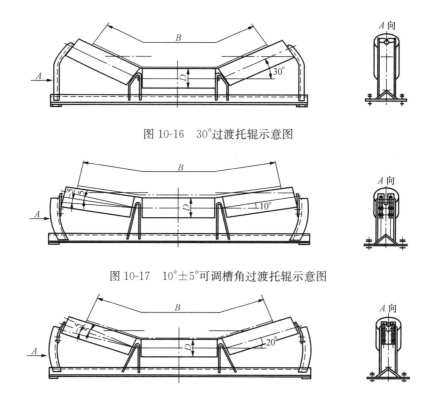

图 10-16　30°过渡托辊示意图

图 10-17　10°±5°可调槽角过渡托辊示意图

图 10-18　20°±5°可调槽角过渡托辊示意图

**（四）托辊的失效形式**

托辊的失效形式主要有轴承碎裂，轴承锈蚀卡死，辊体断裂或变形、磨损过度。

某电厂输煤皮带机系统共有各类托辊约 16000 个，每月设备维护消耗 130～200 个托辊，占输煤缺陷总量的 50%。

## 三、驱动装置

**（一）驱动方式**

主要分为以下三种形式：

（1）电动机和减速机组成的驱动装置。这种组合由电动机、减速机、传动滚筒、液力耦合器、制动器、逆止器等组成。

（2）电动滚筒驱动装置。这种驱动装置的电动机、减速机（行星减速机）都装在滚筒壳内，壳体内的散热有风冷和油冷两种。

（3）电动机和减速滚筒驱动装置。由电动机、联轴器和减速滚筒组成驱动装置，电动机外置。

**（二）电动机**

输煤系统的带式输送机由于环境条件差，一般采用 Y 系列三相异步电动机。安全封闭风扇冷却鼠笼式三相感应电动机是全国统一设计的最新 Y 系列三相异步电动机，具有高效、节能、启动转矩大、性能好、噪声低、振动小、可靠性高、功率等级和安装尺寸符合 IEC 标准，以及使用维护方便等优点。

（三）联轴器

联轴器是用来连接不同机构中的两根轴（主动轴和从动轴），使之共同旋转以传递扭矩的机械零件。带式输送机的驱动装置常用的联轴器是弹性联轴器，它除传递扭矩外，还具有吸收振动、缓和冲击的能力。高速联轴器有弹性柱销联轴器、尼龙柱销联轴器、梅花盘式联轴器、液力耦合器、挠性联轴器。低速轴传动的联轴器有十字滑块联轴器、齿轮联轴器。

1. 液力耦合器

带式输送机驱动装置的液力耦合器（YOXnz）为复合泄液式。

（1）液力耦合器的结构：由泵轮、涡轮、工作介质等组成，见图10-19。

（2）液力耦合器的作用：以液体为工作介质的一种非刚性联轴器，用来连接驱动装置中的电动机轴与减速机轴（主动轴和从动轴），使之共同旋转以传递扭矩。

（3）液力耦合器的工作原理：电动机运行时带动液力耦合器的壳体和泵轮一同转动，泵轮叶片内的液压油在泵轮的带动下随之一同旋转，在离心力的作用下，液压油被甩向泵轮叶片外缘处，并在外缘处冲向涡轮叶片，使涡轮受到液压油的冲击

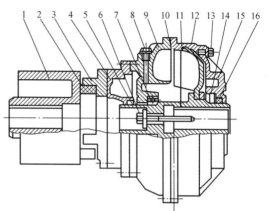

图10-19　液力耦合器结构图

1—制动轮；2—梅花形弹性块；3—半联轴节；4—后辅腔；5—骨架油封；6—紧固螺栓；7—轴承；8—注油塞；9—泵轮；10—O形密封圈；11—轴；12—涡轮；13—易熔塞；14—轴承；15—外壳；16—骨架油封

力而旋转，冲向涡轮叶片的液压油沿涡轮叶片向内缘流动，返回到泵轮内缘，然后又被泵轮再次甩向外缘。液压油就这样从泵轮流向涡轮，又从涡轮返回到泵轮，从而形成循环的液流。液力耦合器中的循环液压油在从泵轮叶片内缘流向外缘的过程中，泵轮对其做功，其速度和动能逐渐增大，而在从涡轮叶片外缘流向内缘的过程中，液压油对涡轮做功，其速度和动能逐渐减小。液压油循环流动的产生，使泵轮和涡轮之间存在着转速差，使两轮叶片外缘处产生压力差。液力耦合器工作时，电动机的动能通过泵轮传给液压油，液压油在循环流动的过程中又将动能传给涡轮输出。液压油在循环流动的过程中，除受泵轮和涡轮之间的作用力之外，没有受到其他任何附加的外力。根据作用力与反作用力相等的原理，液压油作用在涡轮上的扭矩应等于泵轮作用在液压油上的扭矩，这就是液力耦合器的工作原理。

（4）液力耦合器的性能特点：调速范围宽，可实现从零调节，没有电气连接，可工作于危险场地，对环境要求不高；结构简单，操作方便，故障率低；性能指标对精度要求低，能量转换效率低，液压油老化后要定时更换。

2. 弹性柱销齿式联轴器

（1）弹性柱销齿式联轴器的结构：由非金属材料柱销、半联轴器、半联轴器外环、挡环构成。

（2）弹性柱销齿式联轴器的工作原理：是利用若干非金属材料制成的柱销，置于两半

联轴器与外环内表面之间的对合孔中，通过柱销传递转矩实现两半联轴器的连接。

（3）弹性柱销齿式联轴器的特点：传递转矩大，在相同转矩时回转直径大多数比齿式联轴器小，体积小，质量轻，可部分代替齿式联轴器；与齿式联轴器相比，结构简单，组成零件较少，制造较方便，不用齿轮加工机床；维修方便，寿命较长，拆下挡板即可更换尼龙柱销，尼龙柱销为自润滑材料，不仅节省润滑油，而且净化工作环境；减振动能差，噪声较大。

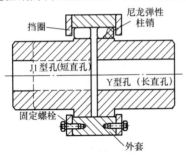

图 10-20　ZL 型弹性柱销齿式
联轴器结构图

弹性柱销齿式联轴器具有一定的补偿两轴相对偏移的性能，适用于中等和较大功率的传动，不适用于对减振有一定要求和噪声需要严加控制的工作部位。

ZL 型弹性柱销齿式联轴器见图 10-20。

（四）减速机

减速机是安装在原动机与工作机之间一种用来降低转速并传递扭矩、独立的闭式传动机构。它的种类繁多，型号各异，不同种类有不同的用途，常见种类有摆线针轮减速机、硬齿面圆柱齿轮减速机、行星齿轮减速机、软齿面减速机、三环减速机、起重机减速机、蜗杆减速机。

某电厂输煤皮带机系统主要采用硬齿面圆柱齿轮减速机，其中大部分采用 FLENDER 减速机，其具体结构见图 10-21，部件组成见图 10-22。

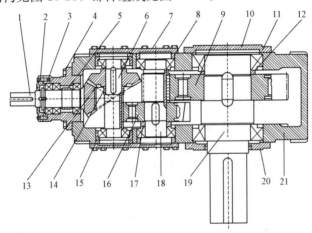

图 10-21　FLENDER 减速机结构图

1—输入轴；2—输入轴端盖；3—输入定位轴承；4—输入轴壳体；5—轴承隔套；6——轴；7—集成端盖；8—二轴轴承；9—输出大齿轮；10—输出轴端盖；11—输出轴轴承；12—输出大齿轮间隔环；13—锥齿；14—锥齿定位套；15——轴轴承；16—二轴齿轮；17—二轴齿轮定位套；18—二轴；19—输出轴；20—输出轴密封端盖；21—减速机壳体

FLENDER 减速机使用合成矿物油美孚 632，每年需换油一次，并每隔 1 个月要对减速机做一次检查，检查减速机的振动、油位、油质、渗漏、过滤器和风扇情况。振动最大值要求小于 0.04mm，油温最高温度小于 70℃。

（五）逆止器

逆止器是防止皮带机反转的设备，按照结构分为滚柱式和皮带式两种，按照转速又分为低速和高速两种（分别装在低速轴和高速轴上），皮带机系统减速机上装配的逆止器均

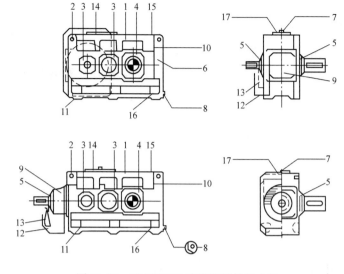

图 10-22　FLENDER 减速机部件组成图

1—箱体；2—吊环；3—盘；4—盖；5—轴封；6—油量杆；7—箱体吸排气孔；8—排油阀；
9—盖及轴承轴颈；10—标牌；11—减速箱紧固处；12—风扇壳；13—风扇；14—观察口；
15—调直表面；16—调直螺钉；17—油过渡器

为高速滚柱式逆止器。其安装使用示意图见图 10-23。

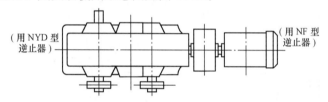

图 10-23　逆止器安装使用示意图

### 1. 滚柱式逆止器结构

滚柱式逆止器主要由轮心、套筒、滚柱、弹簧顶杆等组成，如图 10-24 所示。

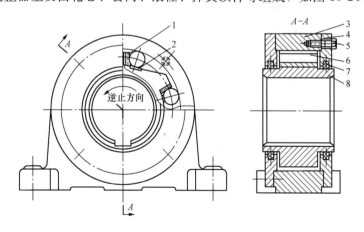

图 10-24　滚柱式逆止器结构图

1—压簧装置；2—镶块；3—外套；4—挡圈；5—螺栓；6—滚柱；7—毡圈；8—星轮

2. 滚柱式逆止器原理

逆止器的星轮为主动轮，与减速机连接在一起，当其按逆时针方向运转时，滚柱在离心力的作用下被推至槽的最宽处，心轮运转不受影响，此时皮带机处于工作状态。当输送机停止时，在负荷的重量作用下，皮带带动心轮反转，滚柱在摩擦力的作用下滚向槽的狭窄处，并被卡紧在心轮与外套之间，于是皮带机被制动。

（六）制动器

某电厂输煤皮带机系统中均使用液压闸瓦式制动器。

1. 作用

通过闸瓦与连接在转动轴上的制动轮的摩擦产生摩擦力，使转动的机械进行制动。

2. 工作原理

当通电时，电动机带动叶轮转动，将油从活塞上部吸到活塞下部，产生油压，从而推动活塞推杆迅速升起，并通过杠杆作用把制动瓦打开（松闸）；当断电时，电力液压推动器的推杆在制动弹簧的作用下迅速下降，并通过杠杆的作用使两制动臂带动闸瓦回位抱闸。

3. 结构

由制动架和相匹配的电力液压推动器两大部分组成，具体结构见图 10-25、图 10-26。

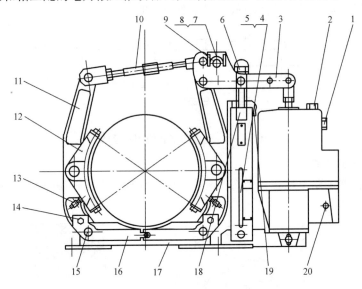

图 10-25　液压闸瓦式制动器结构图

1—溢流螺塞；2—注油螺塞；3—杠杆；4—弹簧下座；5—制动弹簧；6—弹簧拉杆；7—调整螺钉；
8—调整板；9—拨杆；10—拉杆；11—制动臂；12—制动瓦；13—制动瓦随位调整装置；
14—螺栓；15—销轴；16—退距均等装置；17—底座；18—撑板；19—手动装置；20—推动器接线孔

4. 失效形式

制动器的失效形式主要有：①电力液压推动器电动机故障；②制动架锈蚀卡塞；③闸皮严重磨损；④电力液压推动器缺油。

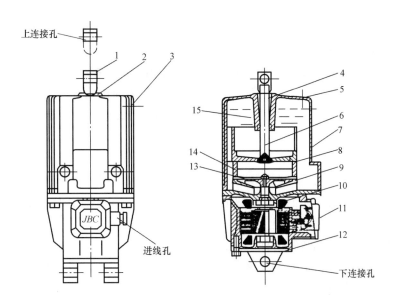

图 10-26　电力液压推动器结构图

1—连杆；2—注油标牌；3—溢流螺塞；4—骨架密封；5—注油螺塞；6—成套活塞；
7—缸体；8—O形密封圈；9—法兰；10—电动机；11—接线盒盖；12—底座；
13—叶轮；14—导流环；15—液压油

（七）电动滚筒驱动装置

电动滚筒是带式输送机的一种新型驱动装置，所谓电动滚筒就是电动机、减速机（行心减速机）都装在滚筒壳内，壳体内的散热有风冷和油冷两种方式，故又称为风冷式电动滚筒和油冷式电动滚筒，其中风冷式为非防爆型，油冷式有防爆型与非防爆型两种。

油冷式电动滚筒壳内带有环行散热片的电动机，用左右法兰轴支撑，两个轴固定在支座上，电动机转轴旋转带动一对外啮合齿轮和一对内啮合齿轮使滚筒旋转。滚筒内腔充有冷却润滑液，当滚筒转动时，油液可冲洗电动机外壳，并润滑齿轮和轴承。滚筒端部有注油孔，换油方便。油冷式电动滚筒代号为 YD。

风冷式电动滚筒由于是电动机和减速机均置于滚筒体内，电动机轴驱动风扇来冷却电动机与减速机，减速采用多轴定心传动，产品一般采用二级变速，传动件均置于密封的铸铁箱内，内有机油润滑，装置严密，灰尘不易侵入。滚筒体外层包胶，并在两端车成锥体，以防止皮带打滑和轴向窜动。风冷式电动滚筒代号为 FD。

电动滚筒的优点是可简化驱动装置、结构紧凑、质量轻、操作安全、便于布置、占地面积小等，适宜用于功率小、场地布置困难，以及环境温度不超过 40℃ 的场合。

## 四、滚筒

（一）简介

滚筒是传递牵引力给输送带的主要部件。

带式输送机是靠绕滚筒张紧的输送带与滚筒之间的摩擦力而运转的。因此，输送带与滚筒面之间必须有足够的黏着力，才能将牵引力传递给输送带，否则输送机运转时，皮带在传动滚筒上会发生打滑现象。为防止滚筒与皮带之间打滑，必须满足以下条件：

（1）增大输送带在传动滚筒上的包角，带式输送机因受布置限制，为增大包角可设改向滚筒或压紧滚筒，要求包角为 200°～240°。

（2）增大皮带与滚筒之间的摩擦系数。光面滚筒的摩擦系数为 0.2～0.25，胶面滚筒的摩擦系数为 0.25～0.4，为增大摩擦系数采用在滚筒表面包胶或铸胶。

（3）皮带芯需有一定的初张力，才能将皮带压紧在滚筒上，这要求通过拉紧装置来满足。

（二）滚筒分类

（1）按滚筒外形分为圆筒形和圆鼓形两种。鼓形滚筒能使皮带运转对准中心。

（2）按滚筒筒面分为光面和胶面两种。在功率不大、环境湿度小的情况下，可采用光面滚筒，在功率较大、环境潮湿易打滑时采用胶面滚筒。

胶面滚筒分为包胶和铸胶两种。包胶滚筒的优点是可自行更换胶面；缺点是胶皮易脱离，螺钉头露出刮伤输送带。铸胶滚筒的优点是胶面厚且耐磨，使用寿命长；缺点是价格高，使用单位不能自行浇铸新胶。

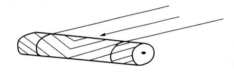

图 10-27　人字形胶面滚筒示意图

人字形沟槽胶面滚筒：是将事先硫化成型的人字形沟槽橡胶板用黏结剂粘贴在滚筒表面上形成的，具有较高的摩擦系数（0.5），因此可减少皮带的张力，延长皮带的使用寿命，因沟槽可截断水膜，在特别潮湿的场所也能获得良好的驱动性能，见图 10-27。此类滚筒只能单向运行，因此安装运行时人字形尖端应与皮带运行方向一致，以利于沟槽内脏物排出。对可逆运行的带式输送机，要采用棱形沟槽胶面传动滚筒。

### 五、拉紧装置

（一）拉紧装置的作用

（1）保证输送带紧贴在传动滚筒上，使它的绕出端具有足够的张力，使所需的牵引力得以传递，使滚筒与皮带之间产生所需的摩擦力，防止输送带打滑。

（2）限制输送机皮带各点的张力不低于一定值，以防止皮带在各支撑托辊之间过分松弛下垂而引起撒料和增加运动阻力，使输送机能正常工作。

（3）补偿输送机皮带由于受拉时塑性伸长和过渡工况下弹性伸长的变化。

（4）为输送带重新接头提供必要的行程。

（二）拉紧装置的布置要求

在带式输送机的工艺布置中，选择合适的拉紧装置，确定合理的布置位置是保证输送皮带的使用寿命，使输送机正常运行、启动、制动和皮带在滚筒上不打滑的必要条件。一般情况下，布置拉紧装置时，必须考虑以下两点：

（1）拉紧装置尽可能布置在皮带张力最小处，对于长度在 300m 以上的水平或坡度在 5% 以下的倾斜输送机，拉紧装置应设在紧靠传动滚筒的无载分支上；对于距离较短的输送机和坡度在 5% 以上的上行输送机，拉紧装置大多布置在输送机尾部，并以尾部滚筒作为拉紧滚筒。

（2）应使皮带在拉紧滚筒的绕入和绕出分支方向与滚筒位移线平行，而且施加的张紧力要通过滚筒中心。

（三）拉紧装置的形式

一般情况下拉紧装置的形式有螺旋式、车式、垂直式、液压拉紧和卷扬绞车等。

为了使传动滚筒能给予皮带足够的拉力，保证输送带在传动滚筒上不打滑，并且使输送带在相邻两托辊之间不过于下垂，就必须给输送带施加一个初张力，这个初张力是由输送机的拉紧装置将输送带拉紧而获得的。在设计范围内，初张力越大，皮带与驱动滚筒的摩擦力越大。

1. 螺旋拉紧装置

螺旋拉紧装置的拉紧滚筒在输送机运行过程中位置是固定的，所以又是固定式拉紧装置的一种，见图 10-28。采用螺旋式拉紧装置时，输送带靠两根螺杆拉紧，转动螺杆时，轴承座和装在轴承座上的拉紧滚筒产生一定的位移。在运行过程中为了防止由于输送机的伸长而降低其拉紧程度，采取定期调整螺杆的措施，来保持其必要的拉紧程度。在调整拉杆时，应使两端的拉紧程度一致。

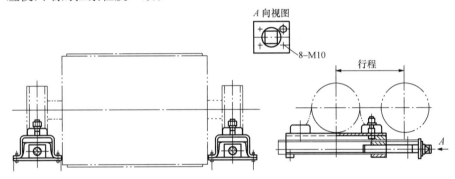

图 10-28　螺旋拉紧装置示意图

优点：结构简单紧凑，对污染不敏感，工作可靠。

缺点：输送机在运行过程中由于皮带的弹性变化和塑性伸长引起张力降低，又不能自动保持恒张力，可能导致皮带在传动滚筒上打滑。

范围：螺旋拉紧装置的拉紧行程较短，受拉杆上螺纹长度限制，一般适用于长度小于80m 的短距离、功率较小的带式输送机。

2. 车式拉紧装置

车式拉紧装置是把带式输送机尾部的拉紧滚筒安装在小车上，小车沿水平或下倾导轨移动，小车通过钢丝绳和导向滑轮系统以重锤拽拉，输送机沿纵向移动，见图 10-29。

优点：它是利用重锤的重量产生张力，能随时起作用自动进行调整，保证皮带在各种运行状态下有恒定的张紧力，

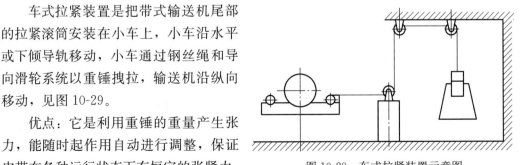

图 10-29　车式拉紧装置示意图

可以自动补偿由于温度改变、磨损而引起的牵引结构伸长的变化。

缺点：重锤距离驱动装置较远，对传动滚筒绕出端的张紧作用较慢。

范围：适用于输送机较长、拉紧行程不受限制、功率较大的情况。

3. 垂直拉紧装置

垂直拉紧装置由 2 个改向滚筒、1 个拉紧滚筒组成（见图 10-30），可以安装在输送机回空段皮带的任何位置，拉紧滚筒和滑动框架在重锤的重力作用下，一起沿垂直轨道移动，产生张力，能随时起作用进行自动调整，保证皮带在各种运行状态下有恒定的张紧力，可以自动补偿由于温度改变、磨损而引起的牵引构件伸长的变化。

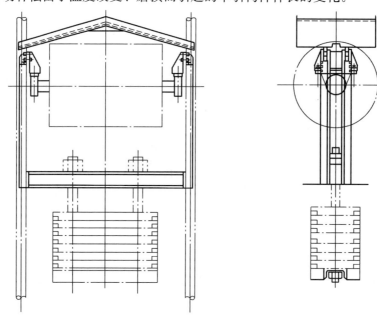

图 10-30　垂直拉紧装置示意图

优点：布置上的优点，最好放在靠近最小张力处，以减少拉紧重锤重量，当布置在传动滚筒不远的回空皮带上所需的重锤重量最小，在倾斜式输送机采用垂直拉紧装置，将其设置在输送机走廊的空间位置，可以减少地下建筑物的深度和面积。

缺点：结构复杂，需增设 2 个导向的改向滚筒和 1 个拉紧装置，增加了皮带的弯曲次数和磨损，对输送带的使用寿命不利，而且物料容易掉入输送机皮带与拉紧滚筒之间而损伤皮带，特别是输送潮湿或黏度较大的物料时，由于清扫不干净，这种现象更为严重。

**六、装卸料装置**

装卸料装置是指从带式输送机头部滚筒卸料至下一级皮带尾部的装置，这些装置主要是由罩壳、落煤管和导料槽组成。

（一）装卸料装置的布置

带式输机装卸料装置的合理与否在很大程度上决定了皮带的使用寿命和输送机运转的可靠性，为了减轻皮带的磨损和减少输送机运转时的故障，落煤管装置的结构应保证煤落到输送机带上的速度大小、方向与输送带一致，并可在落煤管内装设导料板，以有利于煤均匀地导入，对准输送带中心，从而防止引起皮带跑偏。在装料点不允许有物料堆积和洒落现象，尽量减少装料处物料的落差，特别是要防止大块煤从很高处直接落到输送带上而引起皮带的损坏。为了减少装料点的冲击，防止皮带表面被划破甚至击穿，在装料点处应采用缓冲托辊或缓冲悬挂托辊，装卸料点的位置应使物料落在两组托辊之间，而不是落在某组托辊上，装料点的托辊间距应在 0.4～0.6m 范围内。

（二）落煤管

为了实现皮带间物料的转运与切换，输煤皮带配备了落煤管及导料槽。落煤管主要由筒壁钢板、衬板、缓冲锁气器、三通挡板等组成，三通挡板主要由电动推杆和挡板组成。

落煤管的外形尺寸、角度应有利于正常煤、湿煤、较黏煤、洗中煤等各种煤的通过，一般落煤管的倾斜角度为 55°～60°，若为湿煤还需加大，另外落煤管应具有足够大的通流面积，以保证物料在管中畅通，为了避免由于混在物料中的长条形杂物，如角钢、木块等卡在落煤管下部与导料槽之间，以致皮带纵向划破，最好将与导料槽连接的落煤管下部向前扩大，以减少卡住的可能性，同时为了防止磨损落煤管内工作面，落煤管可用厚钢板制成或衬上铸铁板、橡胶等耐磨材料。

该电厂输煤落煤管分为 900mm×900mm 和 1000mm×1000mm，内部安装有高铬铸钢衬板，厚度 25mm，埋头螺栓固定。

1. 三通挡板

为了使输送机运来的煤能任意下落到两台带式输送机或其他设备上，使用三通挡板。其给煤方向由挡板换向机构来控制。换向机构要轻便可靠，其结构特点是由焊接在轴上的两块钢板做成的挡板，以及支持轴的滚珠轴承组成，这就减少了切换挡板的阻力。挡板的切换可以采用手动，也可以采用气动或电动执行机构驱动，现大多采用电动推杆。

三通挡板结构及外形见图 10-31 和图 10-32。

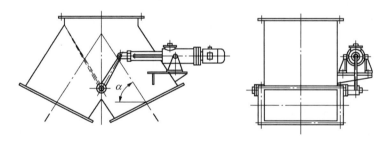

图 10-31　电动三通挡板结构图

2. 缓冲锁气器

（1）工作原理：使下落速度快的原煤在导流缓冲锁气器挡板上受到缓冲而减速，并利用下落的原煤堆积重量将封闭的导流缓冲锁气器打开，使原煤顺利通过。而诱导风基本被阻，从而起到锁气作用。由于有锁气器挡板的阻隔，就可以减缓下落原煤的冲击力。同时能使原煤非常均匀地送入皮带机皮带承载面中间而起到导流的作用。

（2）结构：主要由导流挡板、支撑轴和配重组成，见图 10-33 和图 10-34。

图 10-32　三通挡板外形图

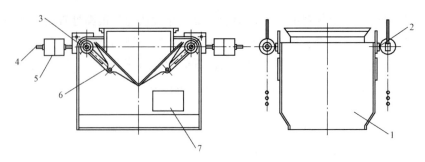

图 10-33　缓冲锁气器结构图

1—壳体；2—调心滚子轴承；3—主轴；4—调整力臂；

5—配重块；6—锁气板；7—检查门

图 10-34　锁气器挡板内部

**3. 导料槽**

导料槽装在受料输送带上，固定在输送机架上，其作用是使落煤管中落下的煤不致撒落，且能迅速地在输送带中心上堆积成稳定的形状。

导料槽要有足够的高度和断面，其尺寸一般为：导料侧板的长度 $L=（1.25\sim2）B$（$B$ 为导料槽宽度），导料侧板的高度 $H=（0.3\sim0.5）B$。在结构上为了便于组装和拆卸，通常做成 1m 左右一段，分前段、后段和通过段三段。

## 七、清扫装置

**（一）清扫器分类**

清扫器可分为弹簧清扫器、空段清扫器、重锤清扫器。

**1. 弹簧清扫器**

弹簧清扫器是利用弹簧压紧刮板，把皮带上的煤刮下来的一种装置。刮板的工作件是一个用皮带或工业橡胶板做的板条，通常和皮带一样宽，用扁钢或钢板夹紧，利用弹簧压紧，在机头卸载滚筒的下部，使刮板紧贴在滚筒外的皮带工作面上，用以清扫卸料后仍黏附在输送带工作面上的物料。运行时注意皮带的磨损和刮板对皮带的贴紧程度。

该电厂输煤皮带机系统头部统一安装了 P 型聚氨酯清扫器，此清扫器特点是耐磨和运行可靠，如图 10-35 所示。

H 型聚氨酯回程清扫器安装于皮带头部承载面回程段，P11 皮带机和斗轮机皮带均装有此清扫器，如图 10-36 所示。

图 10-35　P 型聚氨酯清扫器外形图

图 10-36　H 型聚氨酯回程清扫器外形图

2. 空段清扫器

空段清扫器装于输送带滚筒前端平面处。某电厂输煤皮带机系统安装的空段清扫器均为一字型清扫器,材质采用 EP 皮带和聚氨酯板,安装时与皮带呈 45°倾斜,见图 10-37 和图 10-38。

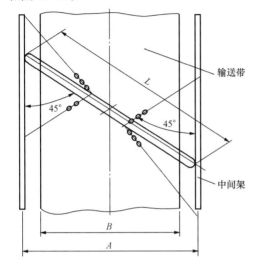

图 10-37  一字型空段清扫器安装示意图          图 10-38  一字型聚氨酯清扫器外形图

(二)清扫器的作用

清扫器的主要作用是把黏附在皮带上的煤清刮下来。

黏附在皮带工作面上的小颗粒煤通过皮带传给下托辊和改向滚筒,由于物料的积聚,而使它们的外形发生改变,加剧了皮带的磨损。另外,有载分支输送带上的煤撒落到回空皮带上传给拉紧滚筒表面,甚至在传动滚筒上也会发生黏结。这些现象易造成皮带偏斜和影响张力分布均匀,导致皮带跑偏和损坏,同时由于皮带沿托辊的滑动变差,运行阻力增大,使驱动装置耗电量也相应增加。皮带上所黏结的煤沿输送带全长,特别是在改向滚筒附近不断地撒落,严重污染环境和增加室内含尘浓度。

## 八、配煤设备(犁煤器)

(一)简介

该电厂输煤皮带机系统安装了 68 台 SL-BCL-Ⅰ型宽 1200mm 的电动双侧犁煤器和 2 台宽 1400mm 的电动单侧犁煤器,其中电动双侧犁煤器在 P6 皮带机头部(筒仓上部)安装了 14 台,P10 皮带机(原煤仓上部)安装了 54 台。2 台单侧犁煤器安装在 P2 皮带头部。刀头使用 20mm 厚的高铬铸钢刀头,电动推杆为 DTⅡ 100035 型。

(二)工作原理

以电动推杆作为执行元件,通过连杆滑块机构传递动力,使主、副犁落下和抬起,同时皮带成槽形或展平,实现卸料和过料功能。

(三)犁煤器的分类

犁煤器分为固定式和可变槽角式,两种形式又分为单侧犁式犁煤器和双侧犁式犁煤器。单侧犁式犁煤器又分为左侧和右侧。

（四）犁煤器的结构

犁煤器由电动推杆、驱动杆支架、主犁刀、副犁刀、滑床架平行长托辊、槽形活架托辊等机构组成，如图 10-39 所示。

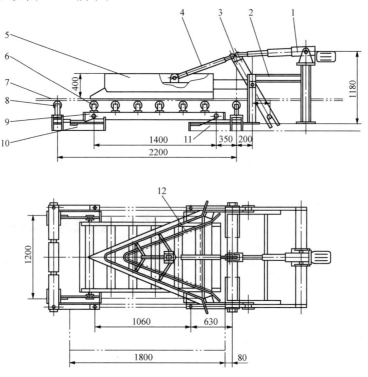

图 10-39　电动双侧犁煤器结构图（单位：mm）

1—电动推杆；2—电动推杆支架；3—拨叉；4—拉杆；5—犁头；6—平托辊；7—传送带；
8—可变槽角托辊；9—活动支架；10—固定支架；11—固定支架；12—副犁

（五）犁煤器的优、缺点

优点：安全可靠，配煤方便，结构简单，维修量小，易实现自动控制等。

缺点：电动推杆受力不好，犁煤的净度不高，检修不方便，对皮带的磨损较大，且在犁煤器处的皮带必须变成水平，造成皮带出力降低，带速不能超过 2.5m/s。

## 九、滚轴筛

（一）简介

某电厂输煤输煤系统在 P4 皮带机下一流程段安装了 GDS1812 型滚轴筛 2 台。筛面宽度 1800mm，筛轴数 12 根，每根轴上装有筛片 30 片，水平平行布置，额定出力 1500t/h，筛分效率 95％。

（二）结构原理

GDS 系列滚轴筛是利用多轴旋转推动物料前移，并同时进行筛分的一种机械，见图 10-40。主要作用是对煤进行筛分，粒度较小的煤直接进入

图 10-40　滚轴筛外形图

下级皮带，粒度较大的煤进入碎煤机进行破碎，主要结构包括驱动装置、箱体、筛轴、梅花形筛片。

GDS 系列滚轴筛由电动机驱动，经摆线针轮减速机传动，通过组合变速箱上的伞齿轮分别传动各个筛轴。筛轴的转速为 102r/min。

中间 6 根筛轴下端安装有清扫器，筛分含有较大水分和煤粉的原煤时，均不会发生堵塞现象。

筛轴与减速机之间装有过载保护装置，当筛轴被铁器、木块和石头等杂物卡塞超过允许扭矩时，联轴器的尼龙柱销即被剪断，筛轴停止转动，从而起到机械保护作用。

（三）主要易损件

（1）筛片：材质 ZG40Mn2。

（2）尼龙柱销：材质为尼龙 6。

## 十、碎煤机

（一）简介

在两台滚轴筛出口各安装有一台 HCSC8 型环锤式碎煤机，破碎能力为 800t/h，入料粒度不大于 400mm，出料粒度不大于 25mm，转速为 713r/min。碎煤机的主要作用是对粒度较大的煤进行破碎，使其粒度满足磨煤机需求。

（二）工作原理

从输煤皮带来的原煤均匀进入碎煤机破碎腔后，首先受到高速旋转的环锤冲击而被初碎，初碎后的煤块撞击到破碎板及筛板上后，进一步被破碎。当初碎颗粒落到筛板及环锤之间时，又受到环锤的剪切、挤压、滚碾和研磨等作用，颗粒被粉碎到规定粒度，而后从筛板孔中排出。少量不能破碎的物料，如铁块、木块等杂物，在离心力的作用下，经拨料板被抛到异物室内，而后定期清除。

（三）结构

1. 机器结构

如图 10-42 所示，碎煤机主要由后机盖、中间机体、转子部件、液压系统、前机盖、圆柱销、下机体、防盗门、调节器等组成，见图 10-41。

传动方式：电动机与碎煤机通过限矩型液力耦合器连接。

2. 碎煤机机构及部件

本机由后机盖、中间机体、转子部件、液压系统、前机盖、下机体、筛板架组件和调节机构八大部件组成，见图 10-42。

（1）转子部件：由主轴通过双键把 17 个摇臂、18 个间隔环和 2 个圆盘固定其上，两端由螺母锁紧。主轴采用两盘调偏滚子轴承（3G3638）支承。主轴上装有齿环锤 14 个、平环锤 12 个。

（2）筛板架组件：其上装有破碎板 8 块；切向孔筛板、窄筛板和下拨料板各 1 块，上拨料板 2 块。

（3）调节机构：筛板间隙的调节是通过左右对称的两套蜗轮蜗杆减速装置来实现的。调节间隙大小为筛板孔短边尺寸的 1～2 倍。

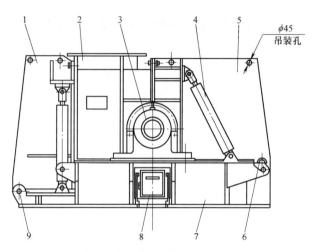

图 10-41 碎煤机机器结构图

1—后机盖；2—中间机体；3—转子部件；4—液压系统；

5—前机盖；6—圆柱销；7—下机体；8—防爆门；9—调节器

HCSC8–02.00.05
后衬板 3 件 / 台

HCSC12–02.00.12
侧衬板 2 件 / 台

HCSC8–02.00.04
前衬板 3 件 / 台

HCSC8–02.00.01
防磨导风板 3 件 / 台

HCSC8–02.00.05
螺栓 M22×110 6 条 / 台

HCSC12–02.00.04
螺栓 M22×85 18 条 / 台

HCSC8–02.00.02
螺栓 M16×58 30 条 / 台

HCSC12–04.00.08
螺栓 M22×65 104 条 / 台

HCSC12–02.00.11
衬板 2 件 / 台

HCSC12–02.00.10
衬板 2 件 / 台

HCSC12–07.00.02
螺栓 M24×80 32 件 / 台

HCSC8–07.00.01
破碎板 8 件 / 台

HCSC8–05.00.05
环轴 8 件 / 台

HCSC12–06.00.06A
圆环锤 12 件 / 台

衬板 26 件 / 台

衬板 2 件 / 台

HCSC8–04.00.07
上拨料板 2 件 / 台

HCSC8–07.00.05
向孔筛板 1 件 / 台

HCSC12–03.00.16
衬板 2 件 / 台

HCSC8–07.00.04
窄筛板 1 件 / 台

HCSC12–03.00.18
衬板 2 件 / 台

HCSC8–03.00.07
下拨料板 1 件 / 台

HCSC12–06.00.08A
齿环锤 14 件 / 台

HCSC12–03.00.28
衬板 2 件 / 台

图 10-42 碎煤机机构及部件图

（四）机器润滑

（1）主轴轴承润滑：采用 3 号或 4 号二硫化钼锂基润滑脂，注入量为轴承座油腔的 1/3～2/3，每隔半年换油一次。

（2）蜗轮蜗杆装置润滑：采用 4 号钙基润滑脂，每年换油一次。

（3）YOX 型液力耦合器用油及要求：一般采用 22 号或 32 号汽轮机油；注油时，必须使用80～100目的滤网进行过滤；加油量为油腔容积的70%左右（油量刻度为油口斜向上45°）；运转超过5000h要换油。

（五）运行参数要求

（1）轴承座的最大振动值：≤0.03mm。

（2）轴承最高温度：≤75℃。

# 第三节　典型故障原因及预防处理措施

## 一、概述

输煤皮带机是输煤系统中的主要设备，输煤系统的日常维护和缺陷也主要集中在皮带机上。因此，及时发现输煤皮带机的故障并准确地分析、判断其原因，对保证皮带机运行具有重要意义。

## 二、皮带典型故障

（一）皮带撕裂

（1）衬板脱落撕裂皮带。落煤筒衬板磨薄，衬板螺栓磨损，造成衬板脱落；挡板焊接不牢固，其中包括锁气器挡板和三通挡板裙边。

预防措施：按巡检要求检查落煤筒衬板螺栓应无脱落，衬板磨损不超过原厚度的2/3，检查挡板焊口和腐蚀情况，发现异常立即更换和修补。

（2）V形托辊架撕裂皮带。反V形托辊损坏后发现不及时，其支架因皮带转动而像利刀一样撕裂皮带。

预防措施：日常巡检中将反V形托辊作为重点检查项目，发现问题和异常立即更换。

（3）调偏导致皮带撕裂。当皮带跑偏后，容易在皮带下层平行托辊支架和头尾部滚筒支架等处造成卷边，从而引起皮带撕边。

预防措施：做好皮带调偏托辊的日常维护，发现皮带跑偏及时处理。

（4）犁煤器刀头损伤撕裂皮带。犁煤器刀头对皮带工作面的损害较大，造成其磨损严重，寿命缩短，严重的甚至直接报废。

预防措施：经常检查和打磨犁煤器刀头，保证刀头的平整。

（5）煤中杂物和铁器损伤撕裂皮带。此种现象主要集中在1、2、11号等皮带。

预防措施：做好除铁器与煤算子的检查和维护。

（6）固定件脱落损伤撕裂皮带。如碎煤机衬板因硬物砸裂脱落、头部清扫器因螺栓疲劳断裂脱落、托辊及空段清扫器脱落等，都可能撕裂皮带，日常应对这些部位定期检查。

（二）皮带硫化胶接工艺改进

具体改进后胶接工艺如下：

（1）皮带接头制作（皮带接头制作部分工艺未发生变动）。

（2）清理和清洗：将接头面上的杂物用毛刷进行清理，并将接头竖起用木棒进行敲打，使粉末物脱落，然后用120号航空汽油进行清洗，并用电吹风进行烘干，干透后进行刷胶。

（3）刷胶：接头刷两遍胶，刷胶要均匀，刷完后要用电吹风进行烘干，待干透后再刷第二遍，待烘干后贴胶。

（4）贴胶：按照接头台阶宽度，将芯胶胶片裁成长条状，胶面的两面均用汽油清洗干净，烘干后，逐台阶贴胶。

（5）接头合拢：将两个接头合拢，台阶对台阶，边缘不齐时，对称布置。然后用橡皮锤从接头中间往两侧锤实，封口处要严密压实。

（6）封口：封口按照上述贴胶工艺进行，但是封口处两侧要有 20～50mm 的过渡区域，以保证封口胶面熔为一体，封口胶宽度约 40mm，最上层的封口覆盖胶约 100mm，厚度 1.5mm，封口胶的总厚度大于胶面厚度，但不得超过 2mm。

（7）上硫化机：封口完毕后，在封口处铺一层报纸，然后上硫化机，从下至上依次为：槽钢—水袋—隔热木板—下板—接头—上板—隔热木板—槽钢。皮带接头居中，两侧要有封口扁铁，厚度小于皮带厚度 1～2mm，贴近皮带边缘，并用丝杠锁死，否则硫化后接头边缘胶面会发虚。最后紧固螺栓，紧固螺栓时，要将水袋内的积水泄干净，紧固后硫化板保持一平面，无明显悬空。

（8）硫化：将上下板接线接好，两侧插入温度计和自动测温线，送电加热硫化，上下板电流要一致，每块板温度要一致，误差小于 5℃，一般上板升温稍快些，但两板误差不超过 10℃；硫化的同时，需对水袋进行打压，温度达到 80℃之前水袋压力要达到 1.2～1.6MPa；当硫化温度达到 143℃时，开始恒温，温度以最高温度为准；恒温前要检查水袋压力，若小于 1MPa，要进行补压，压力范围为 1～1.2MPa，补压完毕后将打压泵水管拔掉，以防止水袋泄压；恒温时间为 15min。

（三）皮带接头开胶

1. 原因分析

（1）皮带胶面长期磨损变薄，经空段清扫器挂磨开胶（主要发生在非工作面第一个台阶处）。

（2）犁煤器挂磨，造成接头开胶（主要发生在 P2、P6 和 P10 皮带工作面两边）。

（3）胶接工艺出现质量问题。如：贴胶过厚，皮带接头局部中空；硫化时间过长、温度过高或不均造成接头强度下降；水压不够，皮带接头局部中空；刷胶未烤干，有水，致使接头起泡等。

2. 处理措施

（1）冷黏修补或重新硫化胶接，此外需严格按照皮带寿命周期更换皮带，以防发生设备事故。

（2）重新硫化接头，此外需检查和调节犁煤器刀头，保证犁煤器工作时，与皮带保持一平面。

（3）严格控制胶接工艺流程，重新胶接接头。

（四）皮带机空载跑偏

皮带机空载跑偏有头尾部皮带跑偏、中部承载面皮带跑偏、下层回程皮带跑偏和拉紧装置处皮带跑偏四类。

1. 头尾部皮带跑偏

（1）原因分析：

1）滚筒不正，皮带总朝松的方向跑偏。

2）滚筒胶面磨损，高低起伏，此时皮带就会朝滚筒直径大的方向运转，引起跑偏。

（2）处理措施：

1）对滚筒进行校正，通过轴承底座加垫铁进行调节和调节拉紧丝杠，哪一侧加垫，皮带就会向另一侧运转。

2）滚筒重新包胶或更换新滚筒。

2．中部承载面皮带跑偏

（1）原因分析：

1）皮带接头不正，接头处皮带在任意位置都会跑偏。

2）皮带张紧力不一致。

（2）处理措施：

1）重新硫化胶接接头。

2）调节跑偏托辊。要诀或诀窍是皮带往哪一侧跑偏，就顺皮带运行方向将哪一侧托辊往前推。采用凹弧曲线布置的皮带，则需先调节压带轮，增加皮带与托辊的接触面。

3．下层回程皮带跑偏

（1）原因分析：皮带张力不一致，致使与托辊摩擦力不一致，造成皮带跑偏。

（2）处理措施：增加下调偏托辊组和反 V 形托辊，一般皮带悬空要加装反 V 形托辊。

4．拉紧装置处皮带跑偏

（1）原因分析：

1）滚筒不正，皮带总朝松的方向跑偏。

2）滚筒胶面磨损，高低起伏，致使皮带朝滚筒直径大的方向运转，引起跑偏。

（2）处理措施：

1）对滚筒进行校正，通过移动轴承底座进行调节，哪一侧调紧，皮带就会向另一侧运转。

2）轻微磨损时，可以调节拉紧滚筒入口处的反 V 形托辊和出口的下调偏托辊进行调节，达不到效果时，再实施滚筒重新包胶或更换新滚筒。

（五）皮带机重载跑偏

1．原因分析

皮带重载跑偏主要是由落料不正引起的，落料集中在哪一侧，皮带就向另一侧跑偏。

2．处理措施

临时处理，可以通过调节调偏托辊进行调整；彻底处理，需通过调节锁气器挡板来调整落点。调节前需保证挡板完好和灵活。直落煤筒将两侧挡板和配重调节至对称状态即可；人字形落煤筒须将里侧挡板调节至最高点，配重移至末端，然后通过调节冲击侧挡板来调整落点，配重越靠近末端，煤的落点就越向里侧移动。

（六）其他典型故障

1．故障现象

2 号斗轮机尾车在堆取转换过程中发生脱落，处理恢复完毕后，P11B 皮带在尾车处严重跑偏。

2．原因分析

（1）2 号斗轮机尾车脱落后，造成东侧大梁变形是致使皮带跑偏的根本原因，如图

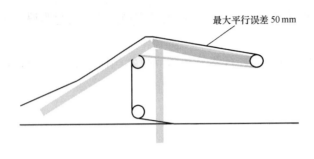

图 10-43　P11B 皮带尾车调整图

（2）P11B 皮带采用钢丝绳皮带，皮带伸缩率比较小，而且双向运行，皮带发生跑偏本身很不容易调节。当尾车东侧大梁变形后，造成上层皮带托辊和下层皮带托辊摩擦力不一致，引起皮带跑偏，堆煤和取煤状态、有煤和无煤状态、摩擦力又会发生变化，从而跑偏又发

10-43 所示。

生变化。故障发生后，按照普通 EP 皮带的调节方法进行了大量工作，均达不到预期效果。

3. 处理措施

（1）校正尾车大梁。测量变形部位长度，按照此长度在大梁另一侧对应等分成十个基准点，然后使用火焊烤把，对大梁下部筋板部位进行加热，通过大梁自重使其变形，一边加热，一边测量，最终变形量与另一侧相同，二者误差要求小于 5mm。此外，应对大梁内部变形的拉筋进行修复。

（2）校正尾车托辊架。槽形托辊全部与机架垂直，托辊良好；调偏托辊动作灵活，调节居中；下平行托辊与机架垂直，托辊无黏煤。以上误差均要求小于 5mm。

（3）校正尾车滚筒。滚筒胶面完好，否则更换；滚筒与车体中心线垂直，全部滚筒处于水平状态，平行布置，误差要求小于 5mm。

（4）校正 11 皮带机托辊架。槽形托辊全部与机架垂直，托辊良好；调偏托辊动作灵活，调节居中；下平行托辊与机架垂直，托辊无黏煤。以上误差均要求小于 5mm。

（5）校正 11B 皮带尾部拉紧滚筒。滚筒胶面完好，否则更换；全部滚筒与机架垂直，滚筒间平行布置，误差小于 5mm。

（6）将斗轮机尾车开到头部后，空载取料试运皮带；检查皮带各处跑偏情况，尾部拉紧部分跑偏调节需调节拉紧滚筒；上层皮带要先验证皮带和接头有无歪斜，无问题后，通过调偏托辊进行微调，必要时可以增加调偏托辊；下层皮带同样通过调偏托辊进行调节。

（7）斗轮机堆料状态走车试运尾车。尾车入口皮带要通过调偏托辊调正，如尾车部分还跑偏，则需根据跑偏部位重新核对数据，然后进行校正。堆料状态主要校验尾车。

（8）斗轮机取料状态走车试运尾车。如发生跑偏，则需调整调偏托辊。取料状态主要校验 11B 皮带机架。

（9）重载堆、取料试运皮带。按照普通皮带机重载跑偏方法进行处理。

## 三、托辊及托辊架典型故障

### （一）调偏托辊架不灵活

1. 原因分析

（1）轴承缺油。

（2）支承轴下沉。

（3）机架松动或变形。

（4）机架结构布局不合理。

2. 处理措施

（1）更换轴承，并加油。

（2）重新加工更换支承轴和轴承。

（3）校正或更换机架。

（4）更换机架，尽量采用单轴。

（二）皮带凸弧段区域托辊频繁损坏

1. 原因分析

凸弧段区域的托辊承载力过大。

2. 处理措施

上层机架托辊组要进行加密，降低每组载荷；下层回程皮带要增加承载小滚筒，以降低托辊承载力。

### 四、驱动装置典型故障

（一）减速机振动大

1. 原因分析

（1）地脚螺栓松动。

（2）对轮中心不正。

（3）台板变形。

（4）联轴器装配间隙大、松动。

（5）减速机齿轮磨损。

（6）对轮结构不合理。

（7）减速机轴承受外载荷，如制动器未完全打开、逆止器歪斜等，减速机传动承受额外载荷。

2. 处理措施

（1）重新进行找正，紧固地脚螺栓。

（2）对减速机和电动机重新进行找正。

（3）重新校正台板，台板面不平时，要进行研磨，误差小于 0.03mm；必要时，重新更换垫铁。

（4）按照设备装配标准对轴或对轮进行修复。

（5）更换减速机齿轮，重新装配减速机，并找正。

（6）参照设备运行参数和结构，重新装配合适的对轮。

（7）消除额外载荷。

（二）减速机轴承发热

1. 原因分析

（1）减速机缺油。

（2）减速机油脂选用不合适。

（3）润滑油变质。

（4）减速机散热不良。

（5）轴承间隙小。

（6）减速机存在隐形设计缺陷，致使轴承润滑不良。

2. 方法措施

（1）按照维护说明手册加油。

（2）严格按照维护说明手册，结合当地气候和现场环境，选用润滑油脂。

（3）清理油槽和箱体，更换润滑油。

（4）清理透气帽、风扇，必要时增加轴流风机进行强制冷却。

（5）重新更换轴承或调整轴承间隙。

（6）针对设计上的缺陷进行改造。

（三）减速机漏油

1. 原因分析

（1）减速机的箱体结合面加工粗糙，达不到加工精度要求。

（2）减速机的壳体经过一定时间运行后，发生变形，因而结合面不严密。

（3）减速机的箱体内油量过多。

（4）减速机轴承盖漏油是轴承盖与轴承座孔之间的间隙过大或垫片破损造成的。

2. 方法措施

（1）将结合面研磨找平，涂结合面密封胶，重新装配。

（2）重新测量，并研磨校正，必要时更换新壳体。

（3）排掉多余的润滑油。

（4）测量并更换合适厚度的密封垫片，然后涂结合面密封胶进行处理。

（四）制动器打不开

1. 原因分析

（1）制动架锈死。

（2）液压推动器故障。

（3）液压推动器缺油。

（4）推动器油脂选用不当。

2. 处理措施

（1）更换制动架。

（2）更换液压推动器。

（3）加油。

（4）根据现场环境温度，选用合适的油脂。

（五）其他典型故障

1. P2A 皮带机减速机输入轴断裂

（1）故障现象：运行值班员在 P2A 皮带机头部，听见运行中的皮带电动机振动突然增大。随后检修人员拔出液力耦合器后发现：减速机输入轴断裂，约 20mm 长。

（2）原因分析：

1）经现场分析，减速机断轴的主要原因为疲劳断裂。P2A 皮带机减速机为单向逆时针旋转，与液力耦合器之间为键连接，由于输入轴为空心结构和键槽根部应力集中的特性，经过近 10 年的运行，致使输入轴键槽根部先产生裂纹，而后断裂。

2）驱动方式设计不合理，存在安全隐患。减速机输入轴设计不承受径向力，即不能安装液力耦合器，安装液力耦合器后进一步降低了输入轴的使用寿命。

（3）处理措施：改变驱动布置方式、重新加工采购靠背轮，将液力耦合器装于电动机轴上，液力耦合器与减速机之间连接采用靠背轮连接。

2．P11B 减速机周期性振动

（1）故障现象：运行值班员在运行中听见 11B 皮带头部滚筒出现异常声音波动，检修人员观察分析后，并进行了停运解体检查，发现电动机与耦合器配合松动，电动机轴端和耦合器内孔磨损，最大间隙为 0.6mm，造成减速机和电动机在运行过程中轴向周期性波动，振动值在 0.013～0.077mm 范围内波动。

（2）原因分析：经现场设备检查和对设备结构的分析，并经相关专业人员确认，电动机—耦合器—减速机—滚筒，此种结构出现周期性波动的原因是：①耦合器和电动机轴承故障；②电动机和耦合器不同轴。后经仪器诊断和解体检查耦合器和电动机装配磨损情况，具体数据见表 10-1。

表 10-1           P11B 减速机振动值          mm

| 振动值 | 电动机轴端 | 电动机轴中 | 电动机轴根 | 耦合器内孔 |
|---|---|---|---|---|
| 实测值 | 99.80 | 99.98 | 99.80 | 100.40 |
| 标准值 | 100±0.03 | 100±0.03 | 100±0.03 | 100＋（0.05～0.10） |

（3）处理措施：对电动机轴进行修理，修理后尺寸符合表 10-1 的要求，验收装配时进行严格测量。

## 五、滚筒典型故障

（一）滚筒胶面磨损

1．原因分析

（1）滚筒处经常性积煤，磨损滚筒。

（2）皮带回程面撒煤。

2．处理措施

（1）定期清理积煤，必要时将滚筒更换为直径较小的滚筒，以较少滚筒磨损。

（2）调节或加装空段清扫器，无法处理时，将同滚胶面改为菱形胶面，以减少撒煤对滚筒的影响。

（二）滚筒轴承损坏

1．原因分析

（1）滚筒轴承缺油。

（2）煤粉进入轴承座，特别是皮带机头部增面小滚筒。

（3）皮带跑偏，轴承轴向受力。

（4）滚筒承载力过载。

2. 处理措施

(1) 更换轴承，加油，并且要按照规定，定期对滚筒轴承进行维护保养。

(2) 及时清理积煤，加强维护，保证滚筒密封性完好，必要时进行改进。

(3) 调节校正皮带。

(4) 增大滚筒承载力。

## 六、装卸料装置典型故障

（一）落煤筒漏煤

1. 原因分析

落煤筒衬板磨损，埋头螺栓脱落。

2. 处理措施

更换衬板。日常要加强落煤筒衬板的检查，磨损厚度超过 2/3 时要更换。

（二）锁气器频繁堵煤

1. 原因分析

(1) 挡板轴承卡塞。

(2) 锁气器箱体周边积煤。

2. 处理措施

(1) 更换挡板轴承。

(2) 清理箱体积煤。

（三）三通挡板不到位

1. 原因分析

(1) 挡板磨损。

(2) 裙边钢板变形卡塞。

(3) 电动推杆故障。

(4) 挡板连杆变形或辊键。

2. 处理措施

(1) 修复或更换挡板。

(2) 更换裙边钢板。

(3) 更换电动推杆。

(4) 修复主轴，更换连杆和键。

（四）导料槽撒煤

1. 原因分析

(1) 导料槽钢板磨损。

(2) 导料槽挡煤皮脱落。

(3) 导料槽挡煤皮磨损。

2. 处理措施

(1) 更换导料槽钢板。

(2) 重新用卡子和扁铁固定挡煤皮。

（3）更换挡煤皮。

（五）皮带机电流大或重载起不来

1. 原因分析

导料槽挡煤皮过宽。

2. 处理措施

减小挡煤皮宽度，一般和皮带面接触 60～80mm 为最佳。

### 七、清扫器典型故障

1. 故障现象

头部清扫器间隙大。

2. 原因分析

（1）皮带与滚筒面不平，不在一直线。皮带的挡煤皮两侧工作区域和滚筒中间部位磨损较快，所以经常造成清扫器间隙大。

（2）清扫器边缘清扫块错位。

3. 处理措施

（1）将清扫器清扫块进行研磨和割除，缩小间隙。

（2）将错位的清扫块复位，相邻的清扫块相嵌。如清扫块磨损，则需更换新清扫块。清扫器与皮带相切安装，工作区域在滚筒中间水平位置。

### 八、犁煤器典型故障

（一）犁煤器刀头磨损

1. 原因分析

（1）刀头与皮带接触面不平，造成刀头两侧磨损。

（2）犁煤器托辊间距过大，造成刀头磨损成波浪形。

（3）刀头材质差，过薄或不耐磨，刀头磨损过快。

2. 处理措施

（1）校正刀头和托辊支架，保证皮带、托辊和刀头在一平面。

（2）增大托辊直径或对托辊进行加密，间距小于 30mm。

（3）采用高铬铸钢刀头，厚度大于 20mm。

（二）犁煤器撒煤

1. 原因分析

（1）刀头与皮带间隙过大。

（2）刀头末端导流板漏煤。

（3）落煤筒与皮带机架间隙过大。

（4）刀头安装位置距落煤筒滞后。

2. 处理措施

（1）调节推杆行程或伸缩杆，保证皮带、托辊和刀头在一平面。

（2）焊接或修导流板。

（3）改造落煤筒受煤面，对其进行内移，并增大斜度，保证落煤畅通，同时在其入口边缘加装挡煤皮以减少撒煤。

（4）对刀头进行位移，调整落煤点，居中为最佳。

## 九、碎煤机典型故障

（一）碎煤机轴承温度高

1. 原因分析

（1）油量过少或污秽。

（2）迷宫密封处进入杂物或煤粉。

（3）轴端漏粉、积煤。

（4）加油量过大。

（5）煤质差，石头多，夏天天气炎热，设备散热差。

2. 处理措施

（1）清理旧油脂，清洗轴承，加入新二硫化钼锂基脂。

（2）打开轴承上瓦盖，清理迷宫密封，调节好间隙，各个间隙均等。

（3）清理轴端积煤，重新更换轴端密封毛毡，如轴颈磨损，则需先修复轴颈。

（4）清理多余的润滑脂。

（5）加装轴流风机强制冷却。

（二）碎煤机出料粒度大

1. 原因分析

（1）环锤与筛板间隙大。

（2）碎煤机筛板破损。

2. 处理措施

（1）通过蜗轮蜗杆调节机构调节间隙，一般为筛板窄边尺寸的 1～1.5 倍。

（2）打开检查门检查筛板，开盖更换破碎筛板。

# 第十一章

# 翻 车 机 系 统

## 第一节　翻 车 机 系 统 概 述

翻车机卸车线是一种高效低耗、可大幅度降低劳动强度和提高劳动生产率的专用卸车系统。用翻车机卸车线可翻卸装有块状、粒状或散状物料的通用铁路敞车，广泛用于大型火力发电厂的卸煤作业。

### 一、卸车线的设备组成

翻车机卸车线是以翻车机为主体，同时包括重车调车设备（如重车铁牛、重车调车机、拨车机、重车推车器等）、空车调车设备（如迁车台、空车铁牛、空车调车机等）及其他附属设备（如夹轮器、逆止器等）。

### 二、卸车线的布置形式

由于各个火力发电厂所处的地理条件和客观环境不同，其卸车线的布置形式和设备组成也不相同。卸车线的布置形式可分为贯通式和折返式两种。

（一）贯通式翻车机卸车线

贯通式翻车机卸车线由翻车机、重车铁牛（或重车调车机）、空车铁牛（或空车调车机）及附属设备组成，见图11-1。

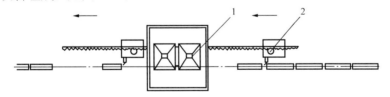

图11-1　贯通式翻车机卸车线示意图
1—翻车机；2—重车调车机（拨车机）

贯通式翻车机卸车线适用于翻车机出口后的场地较宽广、距离较长的环境，空车车辆可不经折返而直接返回到空车铁路专用线上。

整列重车由重车调车机牵引到位，靠人工摘钩，重车调车机将单节重车牵到翻车机内进行卸车，卸完后的空车再由重车调车机送到空车线上。

（二）折返式翻车机卸车线

折返式翻车机卸车线主要由翻车机、重车铁牛（或重车调车机）、空车铁牛（或空车调车机）、迁车台及附属设备组成，见图11-2。

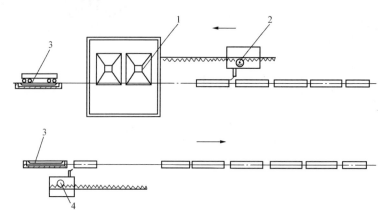

图 11-2　折返式翻车机卸车线示意图
1—翻车机；2—拨车机；3—迁车台；4—推车机

折返式翻车机卸车线是在厂区平面布置受限制时所采用的一种卸车线布置形式。它与贯通式不同的地方是增加了迁车台设备。

当重车调车机牵引整列重车到位后，重车靠人工摘钩，由重车调车机将重车牵入翻车机进行翻卸，重车调车机又将空车送入迁车台，当迁车台移动到与空车线对位后，由空车调车机将空车推到空车线上。

# 第二节　翻车机系统设备

翻车机系统由翻车机、拨车机（即重车调车机）、推车机（即空车调车机）、迁车台、夹轮器、逆止器等设备组成，可翻卸长 11 938～14 038mm、宽 3140～3243mm、高 2790～3293mm 的铁路敞车，下面分别予以介绍。

## 一、翻车机

（一）翻车机的种类

目前国内使用的翻车机可按翻卸形式、传动方式和压车装置等不同进行分类。

（1）按翻卸形式可分为转子式翻车机和侧倾式翻车机。

1）转子式翻车机。转子式翻车机是被翻卸的车辆中心与翻车机转子的回转中心基本重合，车辆同转子同时回转 175°左右，将物料卸到翻车机正下方的料斗中。

2）侧倾式翻车机。侧倾式翻车机是被翻卸的车辆中心远离翻车机回转中心，将物料倾翻到翻车机一侧的料斗中。

（2）按传动方式可分为钢丝绳传动翻车机和开式齿轮传动翻车机。

（3）按压车装置可分为液压压车装置翻车机和机械压车装置翻车机。

国内习惯上是按翻卸形式进行分类，并统称为转子式翻车机和侧倾式翻车机。某电厂1、2号翻车机均为 FZ1-2B "C" 型转子式翻车机（同时为开式齿轮传动、液压压车）。

（二）FZ1-2B "C" 型转子式翻车机的结构组成

翻车机主要由转子、夹紧装置、靠板、支承装置、底座、振动器、导料装置、传动装置、液压系统等组成，见图 11-3。通过传动装置的小齿轮和转子盖环外缘的传动齿圈啮

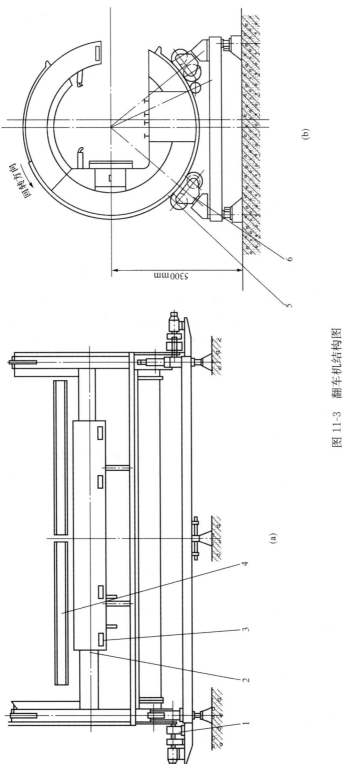

图 11-3　翻车机结构图

1—传动装置；2—靠板装置；3—振动器；4—夹紧装置；5—转子；6—支撑装置

合，驱动翻车机翻转，端环外缘的运行轨道把载荷传递到支承托辊上，夹紧装置、靠板用于对车厢的夹紧、支承，避免翻转过程中的冲击。

1. 转子

转子主要由两个 C 形端环、前梁、后梁和平台组成，前梁、后梁、平台与端环的连接形式为高强度螺栓把合的法兰连接，均为箱形梁结构，其作用是承载待卸车辆，并与车辆一起翻转、卸料。

端环外缘有运行轨道以传递载荷到托辊装置上，端环外缘还装有传动齿圈，用以与主动小齿轮啮合驱动翻车机转子翻转。端环为 C 形开口结构，以便拨车机大臂通过翻车机，平台上铺设钢轨，供车辆停放和通行。

端环内装有铸铁配重，前梁内装有混凝土配重，以平衡转子上的偏载，从而减小不平衡力矩，降低驱动功率，减小翻转冲击。

端环上设有周向止挡，其作用是防止翻车机回位时越位脱轨。

2. 夹紧装置

夹紧装置由夹紧架、液压缸等组成，其作用是由上向下夹紧车辆，在翻车机翻转过程中支承车辆并避免冲击。倾翻侧与非倾翻侧各有两个夹紧装置，倾翻侧的夹紧装置与后梁铰接，非倾翻侧的夹紧装置与前梁铰接，每个夹紧装置由两个液压缸驱动，绕铰点作上下摆动，夹紧装置与车帮接触的部位安装天然橡胶缓冲垫，使车帮受力均匀、减少冲击。倾翻侧的两个夹紧架上部铺设有钢板，作为卸料时的导料板。

3. 靠板

靠板主要由靠板体、液压缸、耐磨板、滚轮装置、撑杆等组成。其作用是侧向紧靠车辆，在翻车机翻转过程中支承车辆并避免冲击。

靠板体是组合工字梁结构，靠车面耐磨板上同样安装天然橡胶缓冲垫，后面与支承在后梁上的四个液压缸铰接，在液压缸驱动下可前后移动，其自重由铰接在平台上的两个撑杆支承。

靠板两端安装挡板，其作用是保证靠板作平行移动。

4. 支承装置

支承装置主要由框架、拉杆、托辊装置等组成。其作用是支承翻车机翻转部分在其上旋转。

框架由 4 部分组成，安装在 4 个传感器上。拉杆装置是限制框架在水平方向移动。托辊装置共有 2 组，安装在框架的两端梁上，每组托辊装置有 4 个辊子，每 2 个辊子组成一个辊子组分别支承在端环的左下方与右下方，每个辊子组的 2 个辊子由可以摆动的平衡梁连接，以保证每个辊子与轨道接触。

5. 底座

底座的作用是支承 4 个传感器，并将载荷传递到基础上。

6. 振动器

振动器主要由振动电动机、振动体、缓冲弹簧、橡胶缓冲器等组成，其作用是振落车厢内的残余物料。振动器共 4 个，安装在靠板上，其振动板凸出靠板平面 20mm。

7. 导料装置

导料装置主要由导料板、导料架等组成，安装在两端环内侧，其作用是防止物料在翻卸过程中溢出坑外和撒落在托辊装置上。

8. 传动装置

传动装置主要由电动机、减速机、制动器、联轴器、传动小齿轮、底座等组成，其作用是驱动翻车机转子部分翻转。

传动装置共两套，独立工作，安装在翻车机两端。

9. 液压系统

液压系统主要是由泵站、压车装置、靠车装置、补偿装置、压车油缸阀组装置及管子附件等组成。整个液压装置安装于翻车机的靠板侧，随主机往复翻转的最大角度为175°。

泵站主要由油箱、泵和各种液压附件组成，是整个装置的动力源。

（1）油箱。油箱是液压系统中不可缺少的元件之一，它除了储油外，还起散热和分离油中泡沫、杂质等作用（见图11-4）。

根据油箱液面与大气是否相通，油箱可分为开式和闭式两种，其中开式油箱应用最为广泛。开式油箱内的液面与大气相通，为了减少油液的污染，在油箱上设置空气过滤器，使大气与油箱内的空气经过过滤器相通；闭式油箱是指箱内液面不与大气接触，而将通气孔与具有一定压力的惰性气体相通。

根据油泵与油箱的相对安装位置，可分为上置式、下置式、旁置式三种油箱。上置式油箱是把液压泵等装置置于油箱盖板上，下置式油箱是把液压泵等装置置于油箱下面，旁置式油箱是把液压泵等装置安装于油箱旁边。某电厂翻车机、拨车机液压系统采用旁置式油箱，推车机、迁车台液压系统采用上置式油箱，夹轮器液压系统采用下置式油箱。

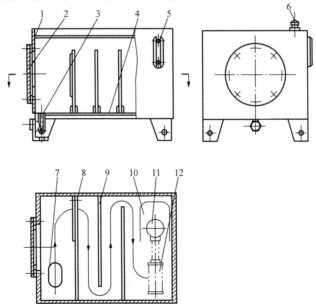

图 11-4　油箱结构图

1—油箱体；2—清洗孔法兰；3—放油孔；4—油箱底；5—液位计；
6—空气过滤器；7—回油口；8—滤气网；9—隔板；10—液压泵安装台；
11—液压泵吸油口；12—过滤器

（2）液位液温计。液位液温计。用于实时显示油箱内油液的液位和温度（见图 11-5）。

（3）空气滤清器。对于开式油箱，为保证油箱内的压力为 1 个标准大气压（$1.01 \times 10^5$Pa），一般采用空气滤清器与大气连通，防止灰尘进入油箱内（见图 11-6）。

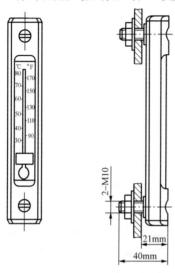

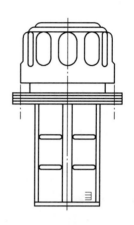

图 11-5　液位液温计示意图　　　　图 11-6　空气滤清器示意图

（4）滤油器。滤油器在液压系统中的作用是滤除外部混入或系统运转中内部产生在液压油中的固体杂质，使液压油保持清洁，延长液压元件使用寿命，保证液压系统的工作可靠性（见图 11-7）。

液压系统中的滤油器一般多按其采用的过滤材料来分，分为表面型滤油器、深度型滤油器和磁性滤油器。表面性滤油器的过滤材料表面分布着大小相同、均匀的几何形通孔，油液通过时，以直接拦截的方式来滤除污物颗粒；深度型滤油器的过滤材料为多孔可透性材料，内部具有曲折迂回的通道；磁性滤油器中设置高磁永久磁铁，以吸附分离油液中对磁性敏感的金属颗粒。

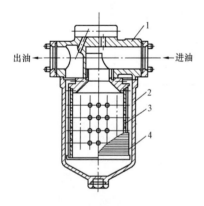

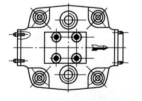

图 11-7　滤油器结构图
1—盖；2—壳体；3—滤芯；4—金属绕线

滤油器常用的过滤材料有滤纸、金属滤材、纤维毡等，主要参数为过滤精度、过滤效率等。

某电厂翻车机液压系统中使用的均为带压差发信装置的线隙式表面型滤油器，分别安装在液压泵的吸油和回油管路上。当压差达到 0.35MPa 时发出信号，以便清洗或更换滤芯，这种滤油器阻力小、流通能力大，但不易清洗。

（5）液压泵。在液压传动系统中，液压泵是将动力机械（电动机）传输的机械能转换成流动液体压力能的能量转换装置，其作用是给液压系统提供足够的压力油以驱动系统工作。

液压泵按结构形式可分为齿轮泵、叶片泵、柱塞泵、螺杆泵。叶片泵一般又分为单作用泵与双作用泵（见图11-8、图11-9），前者多制成变量泵，后者则为定量泵，而双作用泵可组成双级泵、双联泵与多联泵。某电厂翻车机液压系统中使用的均为双作用泵，翻车机、拨机、夹轮器液压系统采用双联泵，推车机、迁车台液压系统采用单联泵（见图11-10）。

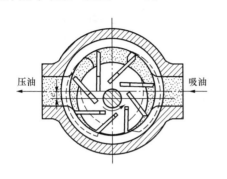

<table>
<tr><td>图 11-8　单作用泵结构原理图</td><td>图 11-9　双作用泵结构原理图</td></tr>
</table>

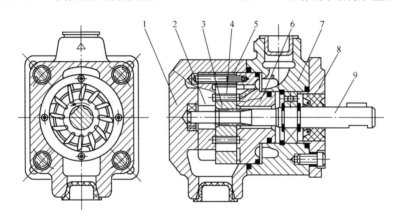

图 11-10　单联泵结构图

1、7—左、右泵体；2、6—左、右配流盘；3—转子；4—叶片；5—定子；8—泵盖；9—传动轴

叶片泵的工作原理为：叶片在转子的叶片槽内滑动，由叶片、定子、转子和配流盘间密封腔容积的变化输出压力油，单作用泵每转每一密封腔吸、排油各一次；双作用泵每转每一密封腔吸、排油各两次。相比单作用泵，双作用泵具有结构紧凑、尺寸小、自吸能力较好、噪声低、压力和流量脉动小、径向负载小、使用寿命长、价格低等优点。

双联泵是由两个规格相同或不同的单联泵并联组成，除中间泵体和传动轴加长外，其余零件均与单联泵相同。

（6）液压缸。液压缸是将液压能转换为机械能的一种执行元件，主要用于要求实现往复直线运动或往复摆动运动的场合。

液压缸按其结构形式，可分为活塞缸、柱塞缸、摆动缸三类。活塞缸、柱塞缸实现往复运动、输出力和速度；摆动缸实现小于 $360°$ 的往复摆动，输出转矩和角速度。

活塞缸按其作用方式可分为单作用式和双作用式，单作用式仅能实现单向输出，双作用式可实现双向运动。按活塞缸的结构又可分为单杆活塞缸和双杆活塞缸，单杆活塞缸仅在液压缸的一腔中有活塞杆，缸两腔的有效面积不相等，因此当压力油以相同压力和流量分别进入缸的两腔时，活塞在两个方向的推力、运动速度都不相等；而双杆活塞缸则由于缸两腔的有效面积相等，因此活塞在两个方向的推力、运动速度相等。某电厂翻车机液压系统所用油缸均为双作用单活塞杆液压缸，见图 11-11。

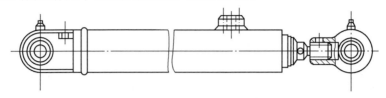

图 11-11　双作用单活塞杆液压缸示意图

齿条活塞缸可将活塞的直线往复运动经过齿条、齿轮结构转变为回转运动。工作原理为：两个活塞用螺钉固定在齿条的两端，端盖通过螺钉、干板和卡环固定在缸体上。当压力油从油孔 a 进入缸的左腔时，推动齿条向右移动，使齿轮回转，带动回转工作台运动，这时右腔的油液经油孔 c 排出，见图 11-12。当压力油进入 c 腔时，回转工作台作反向转动。缝隙 b 用于液压缸的缓冲，螺钉用于定位，可调节齿条活塞的运动行程。

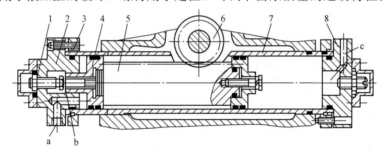

图 11-12　齿条活塞缸结构图

1—螺钉；2、8—端盖；3—卡环；4—活塞；5—齿条；6—齿轮；7—缸体

（7）节流阀。节流阀是最基本的流量控制阀，通过改变节流口的开口面积来控制流量，从而控制执行元件的运动速度。节流阀包括普通节流阀、可调节流阀、单向节流阀等多种类型。

普通节流阀工作原理为：压力油由进油腔 P1 进入，通过由阀芯和阀体组成的节流口，从出油腔 P2 流出，见图 11-13。旋转手轮可改变节流口的过流面积，从而实现对流

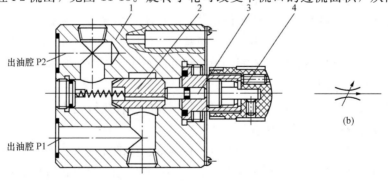

图 11-13　普通节流阀工作原理图和图形符号

（a）工作原理图；（b）图形符号

1—阀体；2—阀芯；3—推杆；4—旋钮

经该阀的流量控制。

单向节流阀工作原理为：压力油由进油腔 P1 进入，经阀芯上的三角槽节流口节流，从出油腔 P2 流出。旋转手轮即可改变通过该阀的流量。当压力油从 P2 进入时，在压力油作用下，阀芯克服弹簧的作用力向下移，油液不用经过节流口而直接从 P1 流出，从而起到单向阀作用。

（8）调速阀。节流阀的节流口开度一定时，若负载变化，节流阀的进出口油压差 $\Delta p$ 也变化，通过节流口的流量也发生变化，因此在对执行机构的运动速度稳定性要求较高的场合，就要用到调速阀。调

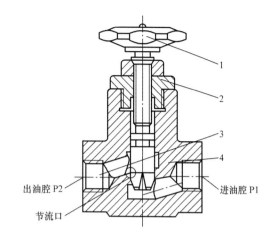

图 11-14 单向节流阀结构图
1—调节手轮；2—螺盖；3—阀芯；4—阀体

速阀利用负载压力补偿原理，补偿由于负载变化引起的进出口压差的变化，使 $\Delta p$ 基本趋于一常数。压力补偿元件通常是定差减压阀或定差溢流阀，因而调速阀分别称为定差减压型调速阀或定差溢流型调速阀，该电厂翻车机液压系统采用定差减压型单向调速阀。

图 11-15 为减压节流型调速阀的工作原理和图形符号，该类型阀由普通节流阀与定差减压阀串联而成。工作原理为：压力为 $p_1$ 的压力油由进油腔进入，经减压阀减压，压力变为 $p_2$ 后流入节流阀的进油腔，经节流口节流，压力变为 $p_3$，由出油腔流到执行机构。压力为 $p_3$ 的压力油通过阀体的通油孔，反馈到减压阀芯大端的承压面积上。当负载增加时，$p_3$ 也增加，减压阀芯向右移，使减压口增大，流经减压口的压力损失也减小，即 $p_2$ 也增加，直至 $\Delta p = p_2 - p_3$ 基本保持不变，达到新的平衡；当负载下降时，$p_3$ 也下降，减压阀芯向左移，使减压口减小，流经减压口的压力降增加，使得 $p_2$ 下降，直至 $\Delta p = p_2 - p_3$ 基本保持不变。而当进口油压 $p_1$ 变化时，经类似的调节作用，节流阀前后的压差 $\Delta p$ 仍基本保持不变，即流经阀的流量依旧近似保持不变。

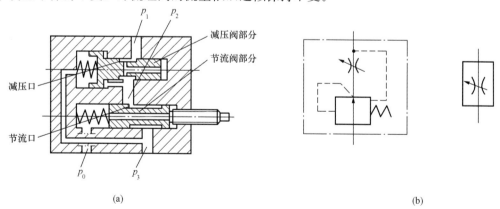

(a)  (b)

图 11-15 减压节流型调速阀工作原理图和图形符号
（a）工作原理图；（b）图形符号

由调速阀的工作原理可知：油液反方向流动时，由于 $p_3 > p_2$，因此定差减压阀的阀

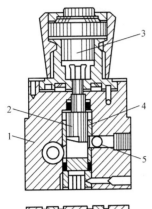

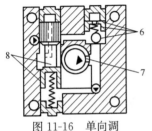

图 11-16  单向调
速阀结构图

1—阀体；2—节流杆；3—调节旋钮；
4—薄刃控；5—激流口；6—单向阀；
7—节流阀；8—减压阀

芯始终在最右端的阀口全开位置，这时减压阀失去作用而使调速阀成为单一的节流阀，因此调速阀不能反向工作。

单向调速阀由单向阀和调速阀并联而成，油路在一个方向能够调速，在另一个方向油液通过单向阀流过，减少了回油的损失。其结构见图 11-16。

（9）压力控制阀。压力控制阀是利用阀芯上的液压作用力和弹簧力保持平衡来进行工作的，一旦平衡破坏，阀口的开度或通断就要改变。常见的压力控制阀按功用可分为溢流阀、减压阀、顺序阀、平衡阀、压力继电器等。

1）溢流阀。溢流阀通过阀口的溢流，使被控制系统或回路的压力维持恒定，从而实现稳压、调压或限压作用。溢流阀分为直动型和先导型两种，直动型结构简单、灵敏度高，但控制压力受溢流流量的影响较大，不适于在高压、大流量下工作。

图 11-17 为先导型溢流阀的工作原理：系统压力作用于主阀及先导阀，当先导阀未打开时，腔中液体没有流动，作用在主阀左右两方的液压力平衡，主阀被弹簧压在右端位置，阀口关闭。当系统压力增大到使先导阀打开时，油液通过阻尼孔、先导阀溜回油箱。由于阻尼孔的阻尼作用，使主阀右端的压力大于左端的压力，主阀在压差的作用下向左移动，打开阀门，实现溢流作用。调节先导阀的调压弹簧，便可实现溢流压力的调节。

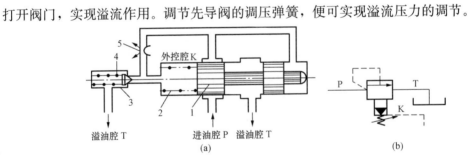

图 11-17  先导型溢流阀工作原理图和图形符号

（a）工作原理图；（b）图形符号

1—主阀；2—主阀弹簧；3—先导阀；4—调压弹簧；5—阻尼孔

电磁溢流阀是一种组合阀，由先导型溢流阀和电磁阀组成，用于系统的卸荷和多级压力控制，见图 11-19。电磁溢流阀具有升压时间短、通断电均可卸荷、内控和外控多级加载、卸荷无明显冲击等性能。与先导型溢流阀相比，其阶跃信号由其先导型电磁阀的电磁铁突然通电或断电直接输入。某电厂翻车机液压系统中电磁溢流阀均采用二位二通常开式电磁阀，在电磁铁断电时系统卸荷，通电时系统工作。

2）减压阀。当液压系统中某一部分需要获得一个比液压泵供油压力低些的稳定压力时，可使用减压阀。减压阀分为定差减压阀和定比减压阀两类，使其出口压力与某一负载之差恒定的减压阀称为定差减压阀；使其入口压力与出口压力比值一定的减压阀称为定比减压阀。定差减压阀又分为直动型和先导型两种，先导型较直动型出口压力恒定。

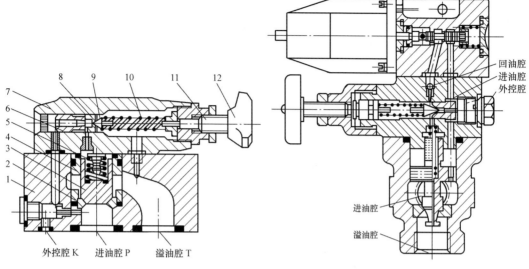

图 11-18　先导型溢流阀结构图

1—阀体；2—主阀座；3—主阀芯；4—阀套；5—主阀弹簧；

6—防振套；7—阀盖；8—锥阀座；9—锥阀；10—调压弹簧；

11—调压螺钉；12—调压手轮

图 11-19　电磁溢流阀结构图

　　由图 11-20 可以看出，先导型定差减压阀与先导型溢流阀的差别是控制压力为出口压力，且主阀为常开式。出口压力油经端盖引入主阀芯下腔，再经主阀芯中的阻尼孔进入主阀上腔。主阀芯上下油液压力差为弹簧力所平衡。先导阀是一个小型的直动型溢流阀，调节先导阀弹簧，便改变了主阀上腔的溢流压力，从而调节了出口压力。当出口压力未达到设定压力时，主阀芯处于最下方，阀口全开；反之达到设定压力时，主阀芯上移，阀口减小，乃至完全关闭，以维持出口压力恒定。

　　先导型定差减压阀的结构和图形符号见图 11-21。

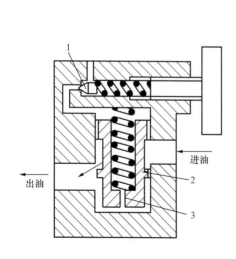

图 11-20　先导型定差
减压阀工作原理图

1—导阀；2—主阀；3—阻尼孔

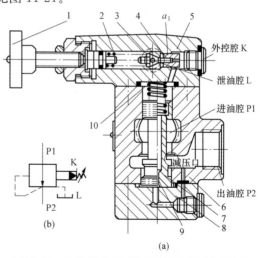

图 11-21　先导型定差减压阀结构图和图形符号

（a）结构图；（b）图形符号

1—调压螺栓；2—调压弹簧；3—先导阀芯；4—先导阀座；
5—阀盖；6—阀体；7—主阀芯；8—端盖；9—阻尼孔；
10—主阀弹簧

187

3）顺序阀。顺序阀主要用来控制液压系统中各执行机构动作的先后顺序。顺序阀可分为内控式和外控式两种，前者用阀进口处的压力控制阀芯的启闭；后者用外来的控制压力油控制阀芯的启闭。顺序阀同样有直动型和先导型两种，某电厂翻车机液压系统采用内控先导型顺序阀，见图11-22。

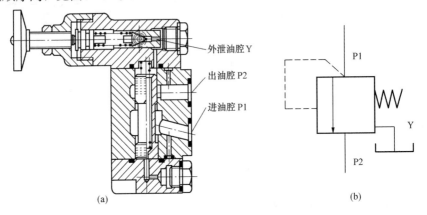

图11-22　内控先导型顺序阀结构图和图形符号

（a）结构图；（b）图形符号

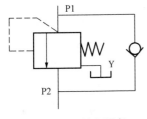

图11-23　单向顺序阀图形符号

顺序阀工作原理与溢流阀相似，区别在于二次油路即出口压力油不接回油箱，因而泄漏油口必须单独接回油箱。内控式顺序阀在其进油路压力达到阀的设定压力之前，阀口一直是关闭的，达到设定压力后，阀口才开启，使压力油进入二次回路，去驱动另一执行元件。

单向顺序阀也是一种组合阀，由单向阀和顺序阀并联而成，油路在一个方向能够调压，在另一个方向油液通过单向阀流过。其图形符号见图11-23。

4）压力继电器。压力继电器是一种将油液的压力信号转换成电信号的电液控制元件。当油液压力达到压力继电器的调定压力时，即发出电信号，以控制电磁铁等电气元件，起到使油路换向、执行元件动作或安全保护等作用。

压力继电器有柱塞式、弹簧管式、膜片式和波纹管式等类型，其中柱塞式最为常用，见图11-24。

柱塞式压力继电器的工作原理：当系统压力达到调定压力时，作用于柱塞上的油液压力克服弹簧力，顶杆上推，使微动开关的触点闭合，发出电信号。

（10）单向阀。单向阀可分为普通单向阀和液控单向阀。普通单向阀只允许油液往一个方向流动，反向截止。液控单向阀在外控油作用下，反方向也可流动。

1）普通单向阀。普通单向阀一般称为单向阀，工作原理为：压力油从P1腔进入时，克服弹簧力推动阀芯，使油路接通（见图11-25）。压力油从P2腔流出，称为正向流动。当压力油从P2腔进入时，油液压力和弹簧力将阀芯紧压在阀座上，油液不能通过，称为反向截止。

单向阀按阀芯结构分为球阀和锥阀，图11-25（a）为球阀式单向阀，图11-25（b）

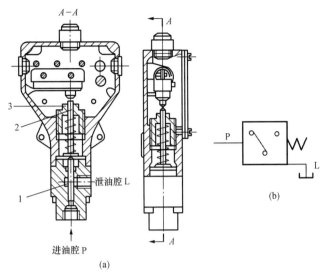

图 11-24 柱塞式压力继电器结构图和图形符号

（a）结构图；（b）图形符号

1—弹簧管；2—微动开关；3—微动开关触点

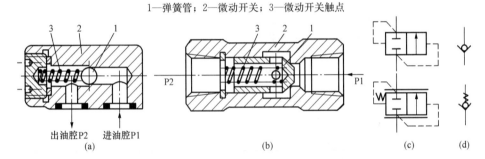

图 11-25 单向阀工作原理图和图形符号

（a）、（b）工作原理图；（c）、（d）图形符号

1—阀芯（锥阀或球阀）；2—阀体；3—弹簧

为锥阀式单向阀，在高压大流量场合一般使用锥阀式结构。

单向阀按进出口油流的方向可分为直通式和直角式。直角式单向阀的进出口油液方向为直角布置（见图 11-26），其阀芯中间的容积是半封闭状态，阀芯上的径向孔对阀芯振动有阻尼作用，更换阀芯弹簧时，不用将阀从系统拆下，性能良好。

2）液控单向阀。液控单向阀是可以根据需要，实现逆向流动的单向阀。其工作原理为：图 11-27 中上半部分与一般单向阀相同，当控制口不通压力油时，阀的作用与单向阀相同，只允许油液向一个方向

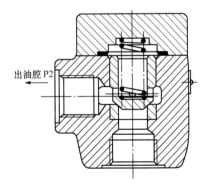

图 11-26 直角式单向阀结构图

流动，反向截止。下半部分有一控制活塞，控制口通以一定压力的油液，推动控制活塞并通过推杆抬起锥阀阀芯，使阀保持开启状态，油液就可以由 P2 流到 P1，即反向流动。

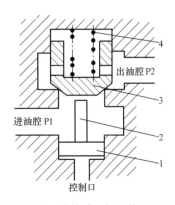

图 11-27　液控单向阀工作原理图

1—控制活塞；2—推杆；

3—锥阀阀芯；4—弹簧

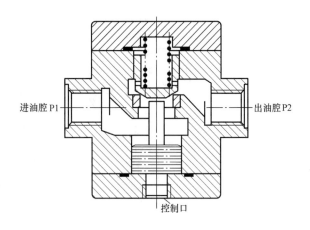

图 11-28　内泄式液控单向阀结构图

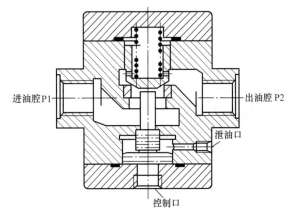

图 11-29　外泄式液控单向阀结构图

液控单向阀分为内泄式和外泄式两种，控制活塞上腔与 P1 相通的称为内泄式（见图 11-28），控制活塞上腔增加外泄口的称为外泄式（见图 11-29）。翻车机液压系统中夹紧油缸上部即为外泄式，其余为内泄式。

图 11-30 是将两个液控单向阀布置在同一个阀体内，称为双液控单向阀，也叫液压锁。其工作原理为：当液压系统一条通路的油液从 A 腔进入时，依靠油液压力自动将左边的阀芯推开，使 A 腔的油流到 A1。同时，将中间的控制活塞向右推，将右边的阀芯顶开，使 B 腔与 B1 腔相通，把原来封闭在 B1 腔通路上的油液通过 B 腔排出。总之就是当一个油腔是正向进油时，另一个油腔就是反向出油，反之亦然。

（11）电磁换向阀。电磁换向阀也叫电磁阀，是液压控制系统和电器控制系统之间的转换元件。它利用通电电磁铁的吸力推动滑阀阀芯移动，改变油流的通断，以实现执行元件的换向、启动、停止。

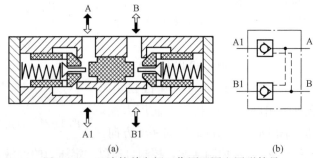

图 11-30　双液控单向阀工作原理图和图形符号

(a) 工作原理图；(b) 图形符号

图 11-31 为三位四通电磁换向阀的工作原理图。三位是指阀有三个工作位置；四通是指阀有四个通路。图中阀芯位于由一个进油腔 P，两个工作腔 A、B，一个回油腔 T 所组成的阀体的中间位置。阀芯的两端各有一个弹簧座、推杆和复位弹簧，阀体两端安装两个电磁铁。当两端的电磁铁都不工作时［见图 11-31（a）］，阀芯处于中间位置，阀芯的两个凸肩将 A、B 腔封闭。仅有进油腔 P，工作腔 A、B，回油腔 T 互不相通，处于封闭状态。当左边电磁铁通电时［见图 11-31（b）］，衔铁与铁芯吸合，通过与阀芯相连接的推杆，克服右边弹簧的反力、油液的轴向作用力和阀芯所受到的摩擦力，将阀芯向右推动一段距离，使原来靠阀芯凸肩封闭的 A、B 腔打开，分别与回油腔 T 和进油腔 P 相通，油液从 P→B、A→T。当电磁铁断电时，依靠复位弹簧的反力，将阀芯推回到初始中间位置，使 A、B、T、P 四个油腔仍保持原来互相封闭的状态。当右边的电磁铁通电时［见图 11-31（c）］，衔铁通过推杆将阀芯向左推动一段距离，使 P 和 A 沟通、B 和 T 沟通。电磁铁断电时，依靠复位弹簧的反力，又将阀芯推回到初始中间位置，将四个油腔封闭。电磁换向阀就是这样依靠电磁铁的推力和弹簧的反力推动阀芯移位，改变各个油腔的沟通状况，从而控制油流的各种工作状态。

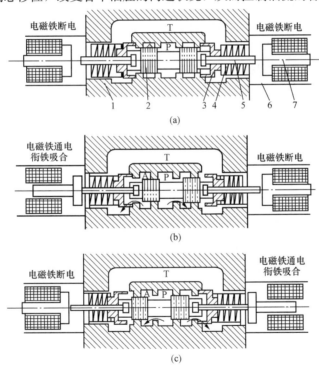

图 11-31 三位四通电磁换向阀工作原理图
1—阀体；2—阀芯；3—弹簧座；4—弹簧；5—推杆；6—铁芯；7—衔铁

电磁铁是电磁换向阀的重要部件之一，可分为交流、直流电磁铁，干式、湿式电磁铁等。

交流电磁铁吸合时间快、释放时间短，适应于要求快速切换的场合。干式与湿式区别在于压力油是否可进入电磁铁内部，衔铁是否在油液中工作。

三位四通弹簧对中型电磁换向阀的结构见图 11-32。

（12）电液换向阀。如要增大通过阀的流量，为克服稳态液动力、径向卡紧力、运动摩擦力以及复位弹簧的反力等，必须增大电磁铁的推力。如果在通过很大流量时，又要保

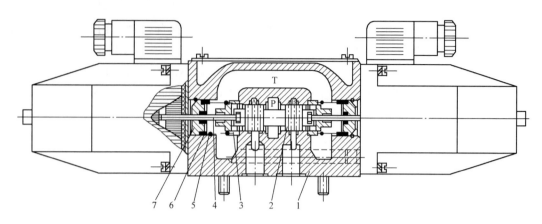

图 11-32　三位四通弹簧对中型电磁换向阀结构图

1—阀体；2—阀芯；3—弹簧座；4—推杆；5—弹簧；6—挡板；7—O形圈座

证压力损失不致过大，就必须增大阀芯的直径，这样需要克服的各种阻力就更大。在这种情况下，如果再靠电磁铁直接推动阀芯换向，必然要将电磁铁做得很大。为此，可采用压力油来推动阀芯换向，以实现对大流量换向的控制，这就是电液换向阀。电液换向阀用来推动阀芯换向的油液流量不必很大，可采用普通小规格的电磁换向阀作为先导控制阀，与液动换向阀安装在一起，实现以小流量的电磁换向阀来控制大通径的液动换向阀的换向。

图 11-33 为三位四通电液换向阀的工作原理：当先导电磁阀两边电磁铁都不通电时，阀芯处于中间位置。当左边的电磁铁通电时，先导阀处于左位，先导阀的 P 腔与 B 腔相

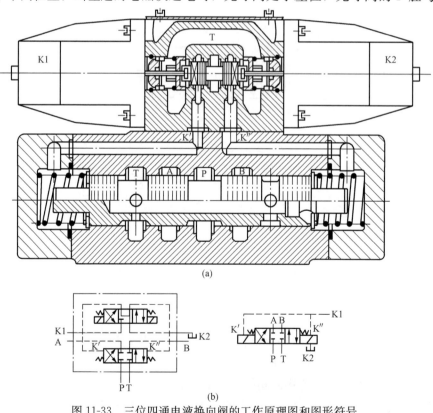

(a)

(b)

图 11-33　三位四通电液换向阀的工作原理图和图形符号

（a）工作原理图；（b）图形符号

通，A 腔与 T 腔相通，控制压力油从 B 腔进入 K″腔，作用在主阀芯的右边弹簧腔，推动阀芯向左移动，主阀的 P 腔与 A 腔相通，B 腔与 T 腔相通。当左边电磁铁断电时，先导阀芯处于中位，主阀芯也由弹簧对中而回到中位。右边电磁铁通电时，情况与上述类似。电液换向阀就是先依靠先导阀上电磁铁的通电吸合，推动电磁阀阀芯的换向，改变控制油的方向，再推动液动阀阀芯换向。

（13）电磁球阀。电磁球阀也叫提动式电磁换向阀，由电磁铁和换向阀组成。电磁铁推力通过杠杆连接得到放大，电磁铁推杆位移使阀芯换向。电磁球阀在液压系统中大多作为先导控制阀使用，在小流量液压系统中可作为其他执行机构的方向控制。

图 11-34 为常开式二位三通电磁球阀的工作原理：当电磁铁断电时，弹簧的推力作用在复位杆上，将钢球压在左阀座上，P 腔与 A 腔沟通，A 腔与 T 腔断开。当电磁铁通电时，电磁铁的推力通过杠杆、定位球套中的钢球和推杆作用在阀座处的钢球上，并压在右阀座上，A 腔与 T 腔沟通，P 腔封闭。

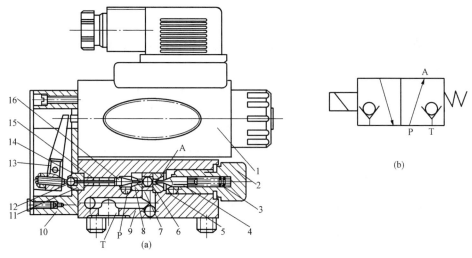

图 11-34 常开式二位三通电磁球阀结构图和图形符号

(a) 结构图；(b) 图形符号

1—电磁铁；2—导向螺母；3—弹簧；4—复位杆；5—右阀座；6、12—钢球；

7—隔环；8—左阀座；9—阀体；10—杠杆盒；11—定位球套；13—杠杆；

14—衬套；15—Y 形密封圈；16—推杆

（14）叠加阀。叠加阀是指可直接利用阀体本身的叠加，不需要另外的油道连接元件，而组成液压系统的特定结构的液压阀的总成。叠加阀安装在板式换向阀和底板之间，每个叠加阀除了具有某种控制阀的功能外，还起着油道作用。叠加阀的工作原理与一般阀基本相同。

（15）插装阀。常用的为二通插装阀，是以插装式单向阀为基本单元，通过多种方式控制其阀芯的启闭和开启量的大小，来实现对液流的压力、方向和流量进行控制的液压阀元件。二通插装阀具有流通能力大、阀芯动作灵敏、密封性好、泄漏小、结构简单及抗污染能力强等优点。

插装元件由阀芯、阀套、弹簧和密封件等组成，插装在插装块体之中。插装元件是二通插装阀的主阀部分，其常用结构如图 11-35 所示。

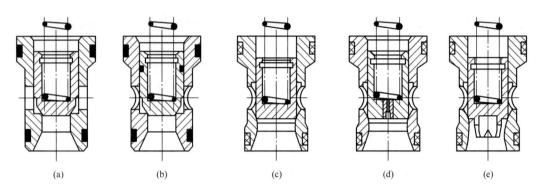

(a)　　　　　(b)　　　　　(c)　　　　　(d)　　　　　(e)

图 11-35　常用插装元件结构图

控制盖板的作用是为插装元件提供盖板座以形成密封空间、安装先导元件和沟通油液通道。控制盖板主要由盖板体、先导控制元件、节流螺塞等构成，按控制功能的不同，分为方向控制、压力控制和流量控制三大类。有的盖板具有两种以上控制功能，则称为复合盖板。

盖板体通过密封件，安装在插装元件的头部。常用的先导控制元件有液控单向元件（见图 11-36）、压力控制元件、行程调节器等。

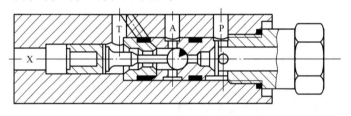

图 11-36　液控单向元件结构图

节流螺塞作为固定节流器嵌于控制盖板中，用于产生阻尼，形成特定的控制特性，或用于改善控制特性，见图 11-37。

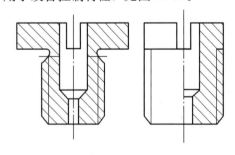

图 11-37　节流螺塞结构图

（16）液压油。液压油是液压系统中传递能量的工作介质，除了传递能量之外，还具有润滑、密封、冷却、防锈等作用。某电厂输煤系统所有液压油均采用 L-HMN46 液压油。

（三）技术规范

（1）适用车型：长 9000～14 100mm；宽 3100～3540mm；高 2750～3350mm。

（2）最大载重量：100t。

（3）回转角度：正常 165°，最大 175°。

（4）回转速度：1r/min。

（5）驱动功率：2×45kW。

（6）减速器：型号为 2SY/355，速比 $i=40$。

（7）液压系统：

1）系统工作压力 3～4.5MPa；

2）系统工作流量 285L/min；

3）控制泵工作压力 3.5～5MPa；

4）控制油流量 11L/min；

5）油箱容积 1200L；

6）电加热器投入工作 15℃；

7）电加热器停止工作 25℃；

8）靠板前进减压 0.35～1MPa；

9）夹紧压力继电器检测压力 3～4.5MPa；

10）夹紧补偿平衡阀压力 6～9MPa。

（四）维护与保养

维护与保养见表 11-1。

表 11-1　　　　　　　　　　　　　维护保养一览表

| 润滑点 | | 润滑方式 | 润滑油牌号 | 润滑制度 | 备注 |
|---|---|---|---|---|---|
| 编号 | 名称 | | | | |
| 1 | 减速器 | 稀油 | N220 | 每季 | 2处 |
| 2 | 靠板支承铰点 | 干油 | — | 每半月 | 2处 |
| 3 | 夹紧油缸铰点 | 干油 | — | — | 8处（16点） |
| 4 | 靠板油缸铰点 | 干油 | — | — | 2处（4点） |
| 5 | 托辊装置辊子 | 干油 | — | 每周 | 8处 |
| 6 | 托辊装置平衡梁铰轴 | 干油 | — | 检修时 | 4处 |

## 二、拨车机

拨车机是翻车机卸车线成套设备中的主要设备之一，用来拨送多种铁路敞车，并使其在规定的位置上定位，以便翻车机完成翻卸作业。

（一）结构组成

拨车机由车架、驱动装置、液压系统、电气系统、提销装置、固定轮、位置检测装置、走台及栏杆、弹性轮、导向轮、拖缆臂、钩舌检测装置及拨车臂机构、自清扫装置、防晒装置等组成。

1. 车架

车架是拨车机的核心部分，拨车机的所有部件均布置在车架上而成为一个整体。

2. 驱动装置

驱动装置由电动机、安全联轴器、液压多盘式制动器（2 号采用电磁盘式制动器）、立式行星减速器、驱动齿轮组成。

减速器上带有安全联轴器，可通过调整碟形弹簧的压紧程度来调整其传递的力矩，对电动机和传动机构起到过载保护作用。制动器为常闭式，输入液压油（电磁铁通电）解除制动，减速器的输出端即为驱动齿轮和地面齿条相啮合，驱动整个拨车机前进。

3. 走行轮装置

拨车机共有四个走行轮装置支持车体在轨道上行走。为了保证四个车轮踏面同时和轨道接触,四个走行轮装置中有一个为弹性走行轮装置,其余三个为固定走行轮装置。每个走行轮装置都通过支架固定在车架的端部。

4. 导向轮装置

拨车机共有四个导向轮装置,导向轮的踏面作用在中央导轨两侧踏面上,保证拨车机在轨道上行驶,并承受拨车机因牵引车辆而产生的水平面内的回转力矩。导向轮轴相对导向轮的支架中心有 16mm 的偏心,通过转动导向轮支架可以调整导向轮和导轨之间的间隙,同时可以调整驱动齿轮和地面齿条的安装距及侧隙。

5. 拨车臂机构

拨车臂及其回转机构是拨车机完成调车作业的关键部位,拨车臂是焊接结构件,其头部两端装有车钩,用来牵引或推送车辆,头部内部腔内装有橡胶缓冲器,在拨车机与车辆接钩时起到减振和缓冲作用。头部还装有提销装置及钩舌检测装置,用来实现与车辆的自动脱钩和检测钩舌的开闭位置。

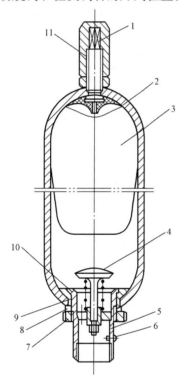

图 11-38 气囊式蓄能器
结构图
1—充气阀;2—壳体;
3—气囊;4—提升阀;
5—阀体总成;6—放气塞;
7—螺母;8—垫片;
9—密封圈;10—半圆卡箍;
11—压紧螺母

6. 位置检测装置

位置检测装置由光码盘、检测齿轮等组成,用来检测拨车机走行位置,实现电气控制。

7. 其他部分

拖缆臂用以拖动电缆小车并将电缆引到车体上。

8. 液压系统

液压系统由油箱、注油器、液位液温计、空气调节器、空气滤清器、回油滤油器、液位继电器、电加热器、电动机、联轴器及单向阀、电磁溢流阀、电磁换向阀、阀块、蓄能器等元件组成。

蓄能器在液压系统中的作用是储存能量、吸收脉动压力、吸收冲击压力以及短时大量供油等,在拨车机液压系统中主要起吸收大臂升降产生的液压冲击作用。拨车机液压系统中所使用的蓄能器为气囊式,蓄能器内空气与油隔离,油不易氧化,尺寸小、质量轻、反应灵敏、充气方便,所充气体为氮气。其结构见图 11-38。

(二)技术规范

(1)牵引吨位:4000t。

(2)驱动电动机功率:45kW。

(3)减速机:型号 NZL2-630,速比 16(1 号拨车机)。

(4)制动器:制动力矩 1500N·m,开启油压 2.2~2.7MPa。

(5)驱动齿轮:模数 22mm,齿数 15,变位系统+0.5。

(6)液压系统。

1)系统压力:臂升降机构 12MPa,提销与驱动装置 3MPa。

2)系统工作流量:臂斗降机构 60L/min,提销与驱动装置 12L/min。

3）油箱容积：560L。

4）油泵：型号 PV2R12-8-41，最高使用压力 17.5MPa，排量 8/41mL/r，电动机功率 15kW，电动机转速 1460r/min。

（三）维护保养

维护保养见表 11-2。

**表 11-2　　　　　　　　　　　　　　维护保养一览表**

| 润滑点 | | 润滑方式 | 润滑油牌号 | 润滑制度 | 备注 |
|---|---|---|---|---|---|
| 编号 | 名称 | | | | |
| 1 | 开式齿轮 | 涂抹 | 2 号钙基脂 | 每月 | 4 处 |
| 2 | 固定轮轴承 | 油杯 | 2 号钙基脂 | 每周 | 3 处 |
| 3 | 弹性轮轴承 | 油杯 | 2 号钙基脂 | 每周 | 1 处 |
| 4 | 导向轮轴承 | 油杯 | 2 号钙基脂 | 每周 | 4 处 |
| 5 | 大臂齿式联轴器 | 油杯 | 2 号钙基脂 | 每半年 | 1 处 |
| 6 | 大臂传动轴轴套 | 油杯 | 2 号钙基脂 | 每周 | 2 处 |
| 7 | 大臂缓冲缸支撑轴套 | 油杯 | 2 号钙基脂 | 每周 | 2 处 |
| 8 | 大臂缓冲缸头部轴套 | 油杯 | 2 号钙基脂 | 每周 | 1 处 |
| 9 | 大臂回转臂头部轴套 | 油杯 | 2 号钙基脂 | 每周 | 1 处 |
| 10 | 大臂曲杆头部轴套 | 油杯 | 2 号钙基脂 | 每周 | 1 处 |
| 11 | 大臂耳部轴套 | 油杯 | 2 号钙基脂 | 每周 | 2 处 |
| 12 | 车钩滑道 | 油杯 | 2 号钙基脂 | 每周 | 8 处 |
| 13 | 位置检测装置开式齿轮 | 涂抹 | 2 号钙基脂 | 每周 | 1 处 |
| 14 | 位置检测装置驱动轴上轴承 | 涂抹 | 锂基润滑脂 | 检修时 | 2 处 |

## 三、迁车台

迁车台是将正常卸料的车辆从重车线移送至空车线上的设备。

（一）组成结构

迁车台由走行部分、车架、涨轮器、缓冲装置、对位装置、滚动止挡、液压系统等组成。

1. 走行部分

走行部分由两组主动轮装置和两组从动轮装置组成，两组主动轮装置是完全相同且相互独立的传动装置。

2. 车架

车架由板材及型钢焊接而成，是迁车台的主体，其上铺有钢轨，供车辆进入、停止及推出之用，并承受车辆的全部负荷。

3. 涨轮器

涨轮器主要由液压缸和左右两侧的平行四连杆机构组成，工作时，液压缸收缩，左右两侧平行四连杆机构上的涨板压紧车轮，依靠其摩擦力实现空车在迁车台上的定位。迁车台至空车线时，涨轮器打开，车辆在推车机作用下顺利通过。

4. 缓冲装置

为减少事故载重下或其他因素造成的迁车台停止时的冲击，在车架两侧均装有聚氨酯缓冲器，每侧两组，共四组。

5. 对位装置

为使迁车台上钢轨和基础钢轨对准，迁车台上设有对位装置，安装于迁车台两侧，主要由液压缸、插销、插座等组成。在空车线或重车线附近，迁车台减速，停止后涨轮器打开，对位装置插销插入基础上的插座内，从而使机上钢轨与基础钢轨对准，迁车台运行时，插销收回。

6. 液压系统

液压系统工作原理见图 7-34。

（二）技术规范

（1）载重。

1）正常工作：30t。

2）事故工作（物料未卸出）：100t。

（2）驱动电动机功率：7kW。

（3）减速机：型号 ZSY180，速比 35.5。

（4）制动器型号：YWZ5-200/23。

（5）液压系统。

1）涨轮器液压缸：型号 HSGL10-80/55E-2521，行程 250mm。

2）对位装置液压缸：型号 HSGK10-100/55E-2111，行程 300mm。

3）叶片泵：型号 PV2R2-33，压力 21MPa，排量 33mL/r。

（三）维护保养

维护保养见表 11-3。

表 11-3　　　　　　　　　　　　　　维护保养一览表

| 润滑点 | | 润滑方式 | 润滑油牌号 | 润滑制度 | 备注 |
| --- | --- | --- | --- | --- | --- |
| 编号 | 名称 | | | | |
| 1 | 行走轮轴承 | 油杯 | 2 号钙基脂 | 每月 | (4×2) 处 |
| 2 | 对位装置插销、插座 | 涂抹 | 2 号钙基脂 | 每月 | (2×2) 处 |
| 3 | 导向轮轴承 | 油杯 | 2 号钙基脂 | 每月 | 4 处 |
| 4 | 齿轮联轴器 | 稀油 | 机械油 | 每半年 | 2 处 |

## 四、推车机

推车机用来与迁车台配合作业，当迁车台运载翻卸过的空车到达空车线时，推车机把空车推出迁车台，并在空车线集结成列。其工作原理与拨车机相同，结构上与拨车机的不同之处在于，推车机大臂为固定式，车钩为常开式，因此少了大臂升降机构及提销、钩舌检测装置等。液压系统与拨车机的制动器控制回路相同。

技术规范如下：

（1）推送吨位：1200t。

（2）驱动电动机功率：33kW。

（3）减速机：型号 NZL2-630（1号推车机），速比 18。

（4）制动器：制动力矩 1500mm，开启油压 2.2～2.7MPa（1号推车机）。

（5）液压系统。

1）系统工作压力：3.0MPa。

2）系统工作流量：11L/min。

3）油箱容积：300L。

4）液位：最高 700mm，最低 400mm。

（6）叶片泵：型号 PV2R1-8，转速 600/1800r/min，压力 21MPa，排量 8mL/r。

（7）电动机：功率 2.2kW，转速 1430r/min。

（8）工作介质：N46 抗磨液压油。

（9）制动器开启安全压力：2.7MPa。

（10）继电器压力：2.5MPa。

## 五、夹轮器

夹轮器是使停止后的车辆不因受外力作用而移动的安全装置。结构上采用连杆结构，将油缸水平运动产生的力矩传递到夹板上变为夹板沿圆周的切向力，以达到夹紧车轮的作用。

夹轮器结构见图 11-39。

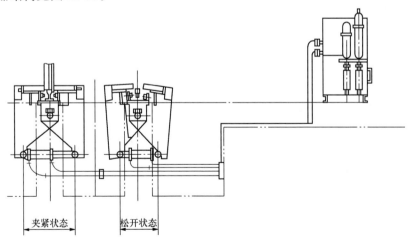

图 11-39　夹轮器结构图

技术规范如下：

（1）夹紧力：200kN。

（2）夹板长度：3100mm。

（3）油缸行程：220mm。

（4）叶片泵型号：PV2R12-12-33。

（5）压力：21MPa。

（6）排量：12/33mL/r。

## 六、逆止器

逆止器的作用是防止车辆逆行，常装于翻车机出口端或迁车台出口端，以保证翻车机或迁车台工作时，不会因车辆在偶然因素作用下逆行而造成重大事故。

## 七、振动煤箅子

振动煤箅子具有独立动力和操作系统，能密切地配合火车卸煤，将倾倒的煤自动振落到煤斗中，并将煤中大的煤、石、木块等分离出来，同时代替了人工在煤箅子上清理堵煤、蓬煤，提高了卸煤效率。

技术规范如下：

（1）箅面尺寸：14 100mm×6500mm（煤斗上口尺寸）。

（2）箅格净空尺寸：350mm×350mm。

（3）箅高：300mm。

（4）振动电动机：VB-75556-W。

（5）最大激振力：75 000N×2，可调。

（6）电动机功率：5.5kW×2。

（7）振动频率：970 次/min。

（8）最大承载能力：60t。

（9）振动弹簧数量：8 只。

其结构见图 11-40。

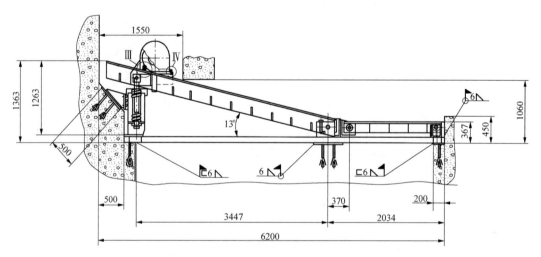

图 11-40　振动煤箅子结构图

## 八、典型故障

典型故障原因及处理措施见表 11-4。

表 11-4　　　　　　　　　　　　典型故障原因及处理措施

| 故障 | 原因分析 | 处理措施 |
|---|---|---|
| 油泵排量异常 | 泵转向相反 | 查验铭牌，确认后改变 |
|  | 油箱液位低 | 检查液位，不足则补充 |
|  | 泵转速过低 | 检查电动机是否按规定转速运转，使其高于规定的最低转速 |
|  | 黏度过高（油温低） | 检查油温，低则加热 |
|  | 轴或转子损坏 | 更换或修理 |
|  | 进油管路积有空气 | 从排油侧接头处放气，旋转油泵吸油排气 |
|  | 进油管漏气 | 垫圈类损坏或管路松动，更换垫圈或拧紧螺栓 |
|  | 叶片在槽内卡住 | 拆开油泵，取出内部零件，除掉灰尘，清除毛刺，检查配油盘 |
| 压力过高或过低 | 油泵不出油 | 检查原因，认后后排除 |
|  | 压力设定不当 | 按规定压力设定 |
|  | 调压阀阀芯工作不正常 | 拆解、清洗调压阀 |
|  | 调压阀先导阀工作不正常 | 分解阀清洗 |
|  | 压力表已损坏 | 更换 |
|  | 液压系统内漏 | 按系统依项检查 |
| 压力不稳定 | 管路中进气 | 给系统排气 |
|  | 油中有灰尘 | 油污染严重时更换 |
|  | 调压阀阀芯工作不正常 | 分解清洗或更换调压阀 |
| 泵噪声过大 | 油黏度过高（油温低） | 检查油温，低则加热 |
|  | 油泵与吸油管接合处漏气 | 检查漏气部件，加固或更换垫圈 |
|  | 泵传动轴处密封不严进气 | 在传动轴部加油，如有噪声换垫圈 |
|  | 吸油滤油器堵塞 | 清洗滤油器、进油管 |
|  | 油泵与电动机轴不同心 | 重新调整（允许同轴度公差为 0.10mm） |
|  | 油中有气泡 | 检查回油管是否在油中以及是否同进油管充分分离 |
| 油泵发热 | 油箱油量不足 | 观察液位计，不足则补充 |
|  | 油黏度过高 | 检查介质，更换符合设计规定的介质 |
|  | 阀压力同设定值不一致 | 调整至达到设定压力 |
|  | 冷却装置的能力不足 | 检查处理冷却装置 |
|  | 阀或传动装置内漏过多 | 更换正常元件或密封圈 |

续表

| 故障 | 原因分析 | 处理措施 |
|---|---|---|
| 油泵泄漏 | 接头松动 | 拧紧 |
| | 密封圈损坏或劣化 | 更换 |
| | 密封圈额定压力等级不当 | 检查、更换相应的密封圈 |
| 阀不动作 | 电磁阀线圈工作不正常 | 检修或更换 |
| | 控制阀动作不正常 | 检查阀内滑阀体与阀芯配合是否合适，阀内是否存有杂质、锈等，进行修正或更换 |
| 速度不达规定值 | 流量不足 | 检查流量调节阀和油泵的排量是否正常，调整正常值或更换 |
| | 压力不足 | 检查压力调节阀和油泵的压力是否正常，调整正常值或更换 |
| 夹轮器夹板夹紧车轮不一致 | 偏心未调好 | 重新调整偏心轴，使两夹板运动轨迹一致 |
| 驱动轴法兰螺钉损坏 | 法兰接合面接触不好 | 调整法兰接合面，消除间隙 |
| 油缸不动作 | 液压失灵 | 检查液压系统油路，消除故障 |
| 速度不稳定 | 温度变化引起黏度变化 | 调整油温适当 |
| 减速器振动大，油温高，声音异常 | 地脚螺栓松动 | 紧固螺栓 |
| | 齿轮啮合不好 | 检修齿轮 |
| | 油位过高或过低 | 调整油位高度 |
| 翻车机损坏车辆 | 补偿油缸不动作（夹紧油缸不外伸） | 检修补偿系统 |
| 制动器失灵 | 调整螺栓松动 | 紧固 |
| | 闸瓦片磨损过大 | 更换 |
| | 电源故障 | 恢复电源 |
| | 推动器故障 | 检修制动器 |
| 翻车机夹紧架靠板不动作 | 原位信号丢失 | 恢复原位信号 |
| | 油缸不动作或推力不够 | 检修液压系统 |
| 翻车机靠板沿车辆运行方向摆动过大 | 靠板两端磨耗板磨损严重 | 更换磨耗板 |

# 第三节 典型故障原因及处理措施

## 一、2 号翻车机溜车

（一）原因分析

（1）电气、仪控专业检查相关控制回路，重点为是否有接地和感应电现象，以排除制动器自动打开的可能性。经检查控制回路并无接地和感应电现象，排除了制动器误动作的可能性。

（2）机械专业检查制动器，重点为制动闸皮的磨损情况和弹簧动作情况。经检查制动闸皮磨损不足原厚度的 1/5，达不到更换标准（标准为 1/3）；弹簧外观良好，标尺处于可调整范围内，说明制动器本身并无质量问题。

（3）经与 1 号翻车机制动器比较，发现 2 号翻车机制动器无论在弹簧的粗细和整体结构上，其制动力矩都要远小于 1 号翻车机。考虑重车的影响，翻车机零位时的重心并不在其中心，因此当制动器制动力矩不足时便有可能发生溜车现象。

（4）地面冲洗时冲洗水溅至制动轮上，使制动轮与制动闸皮间摩擦力减小，引起制动力不足。

（二）处理措施

（1）更换制动器。

（2）制动轮上方加装防水罩。在两套制动轮上方分别加装防水罩，避免冲洗水进入制动轮。

## 二、1 号翻车机倾翻中途停运时车皮脱轨

（一）原因分析

（1）翻车机液压夹紧系统存在问题。

（2）夹紧终点信号保持时间短。夹紧终点信号设计保持 2min 左右，翻车机翻转一次约需 1min 左右，设计基本满足需要。但车皮如在翻转 90°后放置时间较长，夹紧信号丢失后翻车机也不允许继续倾翻，如强行夹紧则有可能引起车皮脱落（车皮自重远大于系统压力，可引起系统油液倒流）。

（二）处理措施

（1）对翻车机液压夹紧回路进行全面检查。可能引起夹紧架松开的主要原因是夹紧油缸内泄或外泄；夹紧油缸上部入口液控单向阀有卡涩现象，导致系统内泄等。针对此重点对液控单向阀进行解体检查，检查夹紧油缸泄漏情况，另外对油泵出口电磁溢流阀和电磁换向阀也进行了解体检查，检查结果为所有阀门未见异常，仅有一夹紧油缸存在轻微渗漏现象。

（2）修改翻车机相关程序。翻车过程中如出现车皮跨越信号，则翻车机不允许动作，车皮长时间倒压夹紧架可能引起液压系统内泄。针对此情况将程序修改为翻车机返回时不检测车皮跨越信号，以便翻车过程中出现车皮跨越信号后翻车机可以及时返回原位进行缺陷处理。

### 三、1 号拨车机减速机损坏

（一）故障现象

行星齿轮减速机内用于固定五盘行星齿轮的上下行星盘连三角钢块焊口已不同程度开

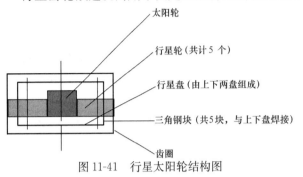

图 11-41　行星太阳轮结构图

裂，5 块三角钢块中有 4 块掉落。其中一盘行星齿轮断裂为 4 块，内部轴承严重损坏，齿圈迸断两齿。

行星太阳轮结构见图 11-41。

减速机参数如下：

（1）型号：TY6723。

（2）主轴转速：565r/min。

（3）功率：56kW。

（二）原因分析

（1）由于减速机采用油浸式润滑，解体前油位在油位计规定位置，解体后轴承在润滑范围，因此不存在润滑不良原因导致的轴承损坏。分析原因一为轴承本身存在质量问题，在行星轮与太阳轮、齿圈啮合时，由于承受不住正常外力，轴承保持架或内外圈发生断裂，进而导致此行星轮与太阳轮、齿圈的不正常啮合，当受到卡涩时便引起此行星轮的断裂和齿圈的迸齿。

（2）行星轮由于本身质量问题在啮合过程中同样承受不住正常外力而发生断裂，当掉落的部分碎块与齿圈卡涩时，便会引起轴承损坏、齿圈迸齿。

（3）行星盘上下两盘本身承受不均匀转矩或固定上下两盘的 5 个三角钢块当本身焊接质量有问题时，便会引起个别三角钢块脱落，三角钢块卡于行星轮和齿圈中间，从而引起行星轮、轴承的断裂以及齿圈的迸齿。

（三）处理措施

（1）大修时对所有 6 台拨车机、推车机减速机进行解体检修，各齿轮、焊接点做着色探伤，发现有缺陷时立即更换或委托正规修理厂家进行焊接修复。

（2）所有轴承要求采用国内知名品牌。

### 四、1 号迁车台入口逆止器导致的车皮脱轨

（一）原因分析

逆止器由于连接销轴部分松脱，导致逆止器未完全打开，部分铁靴仍置于铁轨上，加之拨车机推送空车力量较大，车轮跨过铁靴后与轨道脱落。

（二）处理措施

加强巡检，并修订逆止器打开标准。①逆止器打开时距离轨道开度要大于 70mm，否则禁止使用；关闭时，逆止器要有大于 2/3 的工作部位在轨道上。②逆止器左右晃动要小于 10mm。现在重车线逆止器开度东侧 110mm，西侧 90mm，间距 1230mm；空车线逆止器开度东侧 100mm，西侧 100mm，间距 1235mm。

### 五、2 号迁车台出口轨道导致的车皮脱轨

（一）原因分析

2 号迁车台出口轨道基建时处理不当，下部所垫调整垫片杂乱无章，轨道压块与轨道

接触面小，使用中由于固定螺栓松动、垫片脱出，轨道压块与轨道松脱，导致轨道与基础轨道错位，车轮经过时造成脱轨。

（二）处理措施

将 2 号迁车台出口轨道下部所垫调整垫片改为整块钢板，层数控制在不超过 3 片，并在其上打眼，用基础上预埋螺栓固定，同时在钢板上加焊固定压块。同时要求检修人员加强巡检，发现螺栓松动的应立即处理。

### 六、1 号推车机推送空车时发生脱轨

（一）原因分析

（1）推车机导向轮调整不当。导向轮与基础轨道间调整间距过大，当推车机推送空车，特别是空车较多时，推车机承受向后的扭矩，而导向轮的定位功能由于间距大而丧失，造成推车机推送瞬时脱轨。

（2）基础轨道变形。①基础轨道材质差，在导向轮的反复作用下，基础轨道部分变形，呈弧状，此位置一般发生在迁车台出口、推车机推送空车处；②轨道固定不牢固，在导向轮的反复作用下，基础轨道发生部分移位，与导向轮间距增大。

（二）处理措施

（1）大修时彻底处理轨道基础，方案同 2 号迁车台出口轨道处理一致；同时向铁路部门采购符合国家标准的合格铁轨。

（2）轨道处理合格后根据相关标准调整导向轮。

### 七、1 号拨车机或推车机电动机空转，牵不动、推不动车皮

（一）原因分析

（1）车皮过多，超出拨车机和推车机最大牵引力，安全联轴器打滑。

（2）安全联轴器锁片部分断裂、锁紧螺母松动、碟形弹簧压紧力不足，导致内外齿摩擦片之间摩擦力不足，电动机空转。

安全联轴器的工作原理：通过调整锁紧螺母的松紧度，使蝶形弹簧发生弹性形变，进而提供给内外齿摩擦片间的摩擦力。电动机通过其轴上的小齿轮带动内齿摩擦片转动，内齿摩擦片则依靠摩擦力带动外齿摩擦片转动，从而带动减速机输入轴。当外力大于内外齿之间的摩擦力，即大于碟形弹簧发生弹性形变所产生的力时，电动机则带动内齿摩擦片空转，从而起到保护电动机的作用。

安全联轴器结构见图 11-42。

（二）处理措施

（1）如果车皮过多，则安排相关人员摘去多余车皮。

（2）打开安全联轴器处观察孔检查，如果确定锁紧螺母松动，而锁片尚有完好卡片，则紧固

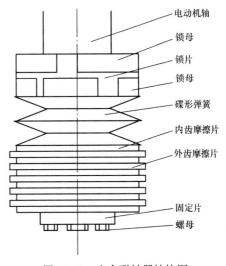

图 11-42　安全联轴器结构图

（标注：电动机轴、锁母、锁片、锁母、碟形弹簧、内齿摩擦片、外齿摩擦片、固定片、螺母）

锁紧螺母后将锁片锁死；如锁片已无完好卡片，则需将电动机整体吊出，由上至下逐级拆卸更换锁片，但锁母的紧固力矩不得大于相关规定。

## 八、1 号拨车机或推车机停止后滑行距离长

（一）原因分析

（1）液压多盘式制动器（见图 11-43）弹簧失效。弹簧失效导致压紧力不足、内外齿摩擦片摩擦力不足，不足以起到制动作用。

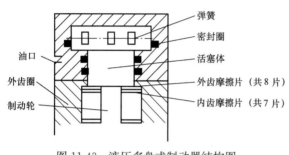

图 11-43　液压多盘式制动器结构图

液压多盘式制动器工作原理：当压力油通过进油口进入活塞四周时，活塞被顶起，活塞与摩擦片脱离接触，内齿摩擦片随制动轮一块转动；当电磁阀断电时，压力油通过油口泄压，活塞在弹簧作用下将摩擦片压紧，这样在内外齿摩擦片和外齿圈的作用下起到制动效果。

（2）密封圈损坏。密封圈损坏导致液压油进入摩擦片间，造成摩擦片间摩擦力减小。

（3）摩擦片过度磨损，导致摩擦力不足。

（二）处理措施

（1）解体液压多盘式制动器，如发现液压油进入摩擦片间，则更换相应密封圈，并清洗各摩擦片及外齿圈。

（2）如未进入液压油，则核对弹簧及摩擦片的使用时间，超过规定的及时更换。

## 九、液压系统各机构不动作

（一）原因分析

（1）电磁溢流阀故障。翻车机系统各液压系统主要配置均为叶片泵、电磁溢流阀、电磁换向阀、调速阀、液压缸及各附件等。机构不动作首先应检查叶片泵出口电磁溢流阀，观察溢流阀压力表指示刻度，如指示为零，则表明电磁溢流阀故障。此时在油泵运行情况下，可手动吸合电磁溢流阀，如手动吸合后溢流阀工作正常，则可判断是溢流阀电磁线圈或线路出现问题；如手动吸合后溢流阀压力表指示仍为零或手动无法吸合，则表明溢流阀弹簧失效或阀芯卡涩等，需解体检修溢流阀或更换。

（2）电磁换向阀故障。如电磁溢流阀故障排除，则需重点检查电磁换向阀，方法与电磁溢流阀相同，采用手动吸合进行判断。

（3）系统管路或阀门被异物堵死。系统由于各密封件损坏脱落或其他异物进入，随油液运行时将管路或阀门堵死。

（二）处理措施

（1）如阀门故障，由机械专业检修或更换阀门；如电磁线圈或线路故障，由电气专业更换或检查。

（2）如系异物堵死系统管路或阀门，则需逐级解体检查，由于系统管路管径较大，所以异物卡涩于阀门入口情况较多。

### 十、液压系统各机构动作缓慢

（一）原因分析

（1）电磁溢流阀故障，系统压力低。

（2）叶片泵叶片磨损过度，造成泵出口压力低。

（3）液压油缸存在泄漏。外漏现象肉眼容易观察判断；对于怀疑内泄的油缸，在油缸动作到位后，可拆除回油管，如果油缸回油口不断有油液流出，则可判断此油缸内泄。

（二）处理措施

更换或修理相关液压元件。

### 十一、拨车机大臂升降缓慢或中途停止

（一）原因分析

（1）大臂升降液压系统中蓄能器充氮压力过大、补压系统补压过大或充氮压力正常、补压系统补压过大，导致大臂下降缓慢或中途停止，另外由于系统压力较大，可能引起大臂上升到位后机体晃动较大。

（2）大臂升降液压系统中蓄能器充氮压力过小、补压系统补压过小或充氮压力正常、补压系统补压过小，导致大臂上升缓慢或中途停止，另外由于系统压力较大，可能引起大臂下降到位后机体晃动较大。

（二）处理措施

（1）大臂在上升到位后，手动缓缓打开平衡缸系统至油箱截止阀，泄去系统中压力，用专用工具检测蓄能器中充气压力，标准为 3.5MPa。

（2）检测系统压力。上升到位后压力为 4.5～5.5MPa；下降到位后压力为 10～11MPa。

（3）消除系统渗漏点，特别是平衡缸内泄时应及时更换。

# 第十二章

# 斗 轮 机 系 统

## 第一节 斗轮机系统概述

某电厂输煤系统火车煤场安装了两台 MDQ1000/1500.50 型门式斗轮机，主要用于从火车煤场取料至系统皮带及从系统皮带机堆料至火车煤场，见图 12-1。

图 12-1 门式斗轮机图

设备主要参数如下：

(1) 堆料出力：1500t/h。

(2) 取料出力：1000t/h。

(3) 轨距：50m。

(4) 堆高：10m。

(5) 堆长：383m。

(6) 装机容量：375kW。

(7) 电压：6000V。

(8) 行走速度：5、15m/min。

## 第二节 斗轮机系统设备

### 一、系统构成

如图 12-2 所示，斗轮机系统主要由折返式尾车、行走机构、金属结构、动力电缆卷筒、锚定及夹轨装置、控制电缆卷筒、活动梁起升机构、大车行走装置、配重机构、滚轮机构、滚轮机构拖缆、移动皮带机电缆、取料皮带机、移动皮带机、堆取料皮带机、尾车堆取料煤斗、电气室、电气系统、司机室、单梁起重机、梯子平台和尾车堆取变换机构组成。

### 二、设备组成

（一）折返式尾车

1. 设备机构及原理

折返式尾车是连接本机与系统皮带机的桥梁。它通过机架、改向滚筒、托辊与地面 P11 皮带机的皮带套在一起，又通过堆取变换机构与活动梁连接，可以与主机同步行驶。

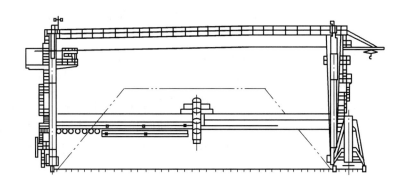

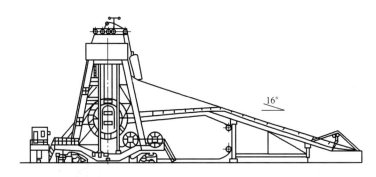

图 12-2　MDQ1000/1500.50 型门式斗轮机结构图

随着堆料高度的变化，尾车的变辐机架与活动梁随动，同时上升或下降。尾车采用了圆环堆取变换机构，圆环可绕活动梁回转。

尾车结构如图 12-3 所示。

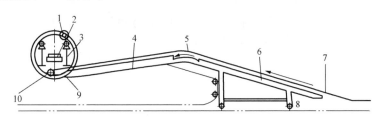

图 12-3　尾车结构图

1—堆料位置；2—移动皮带机；3—活动梁；4—变辐机架；5—弧段机架；
6—固定机架；7—地面皮带；8—行走轨道；9—圆环机构；10—取料位置

2. 设备参数

（1）滚圈直径：5042mm。

（2）链条节距：63.5mm。

（3）减速机型号：BW163-29×17。

（4）制动器型号：YWZ-200/25。

（二）行走机构

斗轮机大车行走共有四组行走机构，分Ⅰ、Ⅱ型各两组。每组行走机构由驱动台车、从动台车、平衡梁等部件组成，驱动台车由电动机、制动器、立式减速机等组成。每组行走机构由 4 个 φ630 车轮组成，其中主动车轮和传动车轮各两个。正常堆取作业速度 5m/min，调车速度 15m/min。

减速机型号为 MT0501.b，制动器型号为 YWZ-200/25。

**(三) 活动梁起升机构**

起升机构的功能是提升活动梁。起升机构包括卷扬机、定滑轮组、动滑轮组、单滑轮组和钢丝绳等。由于有两组卷扬机分别设在刚性支腿侧和柔性支腿侧，因此要求两台起升电动机功率分配的平衡，同时活动梁也要求两端升降同步。为此，起升机构设有合理的钢丝绳平衡系统，该钢丝绳的缠绕形式如图 12-4 所示。

设备参数如下：

(1) 起升重量：125t。

(2) 起升速度：4.29m/min。

(3) 起升高度：8400mm。

(4) 钢丝绳：6×19—28—1850—Ⅱ—光。

(5) 减速机型号：ZSY400-90。

(6) 制动器型号：YWZ-400/90。

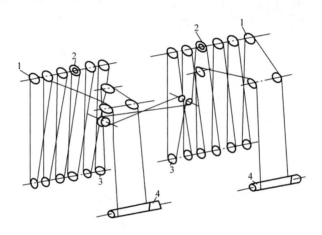

图 12-4 钢丝绳缠绕图
1—定滑轮组；2—平衡轮；3—动滑轮组；4—起升卷筒

**(四) 滚轮机构**

滚轮机构是斗轮机完成取料作业的执行机构，包括行走和回转两大部分。行走部分主要由台车架、车轮组、行走电动机、立式减速机、制动器和联动器等组成。回转部分主要由滚圈、支撑导轨、料斗、驱动电动机、减速机、液力耦合器、链轮、链条转动和圆弧挡板等组成。行走机构满足滚轮在煤场宽度范围内取煤，其行走和回转运动的复合，保证了取料的均匀进行。

(1) 回转机构设备参数。

1) 滚轮直径：7141mm。

2) 滚轮转速：6.28r/min。

3) 斗数：10。

4）减速机型号：ZLY280-20。

5）耦合器型号：YOXII500。

（2）行走机构设备参数。

1）行走速度：15.36m/min。

2）轨距：2.7m。

3）减速机型号：ZS-600-I-1/2。

4）制动器型号：YWZ-200/25。

（五）皮带机系统

斗轮机共有三条皮带机，即取料皮带机、堆取料皮带机和移动皮带机，带宽1400mm，转速2.5m/s，额定出力1500t/h。皮带机全部采用电动滚筒驱动，滚筒型号为BYD220.250.14063，功率为22kW。

移动皮带机上的行走小车采用四台摆线针轮减速机驱动，减速机型号为BW12-43-1.5，行走速度为13.7m/min。

（六）夹轨器

斗轮机两侧各安装一台TZJ-25型弹簧式自动夹轨器，防止斗轮机工作时瞬时被大风刮走。夹轨器与大车行走机构联锁，夹轨器打开，大车才能行走。同时夹轨器与风速报警联锁，当风速超过20m/s时，司机室发出声光信号，夹轨器自动夹轨。

夹轨器系统由夹紧油缸、夹紧电磁阀、油泵、油泵电动机等组成。它采用液压系统工作，夹紧时靠弹簧夹紧轨道，松开时靠液压系统打开弹簧。

### 三、工作原理

1. 堆煤原理

首先由地面P11皮带机通过尾车将原煤连续地运转到堆取料皮带机上，再由堆取料皮带机转运到移动皮带机，最后由移动皮带机堆至煤场。移动皮带机小车可以往复行走，其作用时使移动皮带机沿煤场的宽度方向连续地堆煤或间断地堆煤。

移动皮带机是双向运行的，由电动滚筒驱动。当电动滚筒正转时，斗轮机可以在半个煤场（宽度方向）进行堆煤；电动滚筒反转时，则斗轮机可以在另外半个煤场进行堆煤。

移动皮带机是安装在活动梁上的，所以提升活动梁，堆煤高度可以由低向高延伸，开动大车，堆煤长度可以由短向长延伸。因此，堆煤过程是直角坐标系下的三维空间运行。

常用的堆煤作业方法有定点堆煤法和分层堆煤法两种。

2. 取煤原理

斗轮不断地旋转，斗轮小车往复行走，将煤场的储煤挖取出来，通过落煤斗卸到取料和堆料皮带机上，然后再将煤转运到移动皮带机上，最后转运到尾车P11皮带机上运走。

斗轮小车往复运动为斗轮挖煤提供了横向进给。大车行走可以为斗轮提供纵向进给，活动梁升降可以调整取煤高度。因此与堆煤作业一样，取煤作业也是在三维直角坐标系下的空间进行的。

### 四、设备润滑

（1）减速机和电动滚筒等设备均加46号机械油，润滑周期为6个月。各个制动器加

25 号变压器油，周期为 6 个月。

（2）各个轴承、导轨组、联轴器和链条等润滑油脂为 3 号通用锂基润滑脂，润滑周期为 6 个月。

（3）钢丝绳润滑周期为每月，采用刷涂的润滑方式。

## 第三节　典型故障原因及处理措施

### 一、斗轮机平衡轮偏移

（一）作用

平衡轮的作用是检验活动梁两侧升降的一致性，并保证活动梁平衡，防止设备损坏。当两侧升降不一致时，平衡轮会很快偏移，并且它上面安装的撞块会很快撞及底座，限制平衡轮转动，从而限制钢丝绳继续移动，这样就限制了活动梁无限制下滑导致设备严重损坏。如一根钢丝绳失效，同样可以起到以上作用。

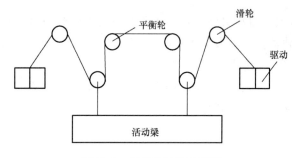

图 12-5　平衡轮工作示意图

（二）工作原理

通过图 12-5 可以知道，如果两台电动机驱动、制动、提升和下降的速度是相同的，那么两个平衡轮是不会转动的；反之，如果两台电动机运转不一致，平衡轮就会发生转动，当转到一定的角度时平衡轮就会碰到限位，限位保护动作，限制活动梁继续升降。

如果电气元件、电动机的性能完全相同（包括它的迟滞性能和延时性能），那么不会发生电动机驱动不同步的情况。

如果滑轮组中某一个滑轮转动不灵活，在启停阶段会导致两侧不能同时制动。

（三）原因分析

（1）两侧制动器制动力矩、制动时间不相同。

（2）电气元件电动机的性能不是完全相同，主要是指迟滞性能和延时性能。

（3）滑轮组中滑轮转动不灵活。

（4）两台减速机速比不一致。

（四）处理措施

先更换不合格的部件，保证两组驱动单元的统一性，然后调节平衡轮。平衡轮一定是向制动速度快的一侧倾斜，因此两侧的制动器要求制动力矩、制动时间相同。

调整平衡轮还有一个简单的方法：在设备停运的情况下，将制动速度快的制动器撬松几秒，让钢丝绳自由下滑的距离等于另外一侧（制动速度慢的一侧）比这一侧多下滑的距离。

### 二、滚轮机构运转时振动大

（一）原因分析

（1）导轨组支撑套磨损。

（2）滚圈结合面错位变形。

（3）导轨组轴承损坏。

（二）处理措施

（1）更换导轨组支撑套或更换新导轨。

（2）校正滚圈结合面，更换定位销和结合面螺栓，并进行焊接加固。

（3）更换调偏滚子轴承。

### 三、夹轮器打不开

（一）原因分析

（1）电磁球阀阀针间隙调节不当，无法保持压力。

（2）系统压力低，无法满足符合。

（3）液压系统缺油。

（4）油缸内泄。

（5）齿轮油泵外壳破裂。

（二）处理措施

（1）调节阀针间隙，并进行手动操作进行实验。

（2）调节溢流阀，提高工作压力，一般为 7～9MPa。

（3）添加 46 号抗磨液压油。

（4）更换油缸。

（5）更换油泵。

### 四、斗轮机尾车脱落

2 号斗轮机尾车在堆取料转换时发生脱落，掉落至地面，尾车机架部分变形。

（一）原因分析

（1）轴承座底板设计安装不合理。如图 12-6 所示，长方形的焊接结构基础焊接于转换机构滚圈上，两侧各焊接厚 12mm、宽 120mm 的钢板作为轴承座地脚螺栓底板。取料位受力点主要集中在长方形的焊接结构基础上；堆料位则旋转 180°，相当于轴承座倒挂，受力点主要集中在两侧钢板上。按常理来讲两侧钢板与基础应设计安装加强筋，而厂家图纸对此无明确标注，四块钢板外形加工粗糙、螺栓孔经反复气割。整个尾车即通过两轴承座与滚圈连接，而整个尾车转换机构重达 12t，尾车的转换、行走全由滚圈拖动，可想而知轴承座及底板的受力之大。

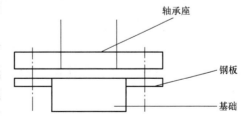

图 12-6 尾车轴承座固定结构图

（2）西侧轴承座南侧底板在堆料位已脱落。堆料落煤筒西侧活动梁上有明显的刮痕和残留油漆，因此分析西侧轴承座南侧底板在堆料位已脱落，尾车西侧已压于活动梁上，这样尾车在由堆料位向取料位转换过程中与活动梁发生相蹭，继而在水平位西侧轴承座因重力发生翻转，尾车扭曲引起东侧轴承座断裂，从而导致整个尾车脱落。

（3）西侧轴承座南侧底板故障前已大部分开裂。由于结构（见图 12-7）和外力（如轨道上有杂物等）等因素影响，尾车在转换、行走、工作等各种工况下运行并不平稳，尾车与转换机构、转换机构与活动梁、活动梁与大车之间均存在不同程度晃动，在交变应力作用下，轴承座底板与基础之间会产生疲劳裂纹，并逐步扩大直至完全开裂。

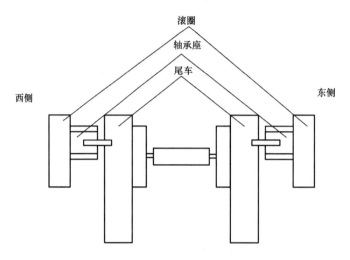

图 12-7　尾车轴承座结构布置图

（4）轴承座选型不当。轴承座图纸上标明为铸钢，而实际安装则为铸铁，不适应现场工况。

（二）处理措施

（1）重新设计制作轴承座底板。底板采用 30mm 厚的钢板制作，并用 20mm 厚的钢板加固，所有焊缝满焊。

（2）采购更换结构更加合理的铸钢轴承座。

（3）对存在同样问题的 1 号斗轮机相应部位进行加筋加固处理，并更换铸钢轴承座，防止同类事故再次发生。

（4）对此部位加强巡检，一旦发现有焊缝开裂现象，应立即停止运行进行检修。

**五、斗轮机东侧提升减速机断齿**

运行人员按照正常方式启动 1 号斗轮机。启动后，发现斗轮机平衡轮立即发出偏移信号。随后对减速机进行了揭盖检查，发现活动梁东侧提升减速机三级轴的两个齿轮有断齿和啃齿现象。

（一）原因分析

（1）对减速机解体检查发现：大齿轮断齿 9 个，小齿轮啃齿严重。随后对大齿轮轮齿进行探伤检查，发现有 24 个齿根部裂纹全朝向一个方向。斗轮机提升减速机全天候承受120t 载荷，减速机齿轮采用间隙啮合，斗轮机在运行时，减速机频繁正反转和启停，造成轮齿频繁承受重载荷冲击，长期运行后，造成轮齿齿根疲劳断裂，断裂的齿块夹杂在齿轮间又造成设备更大的损伤。

（2）通过对减速机齿轮材质进行光谱检查，新、旧减速机齿轮材质相同，未发现异常。具体数据见表 12-1。

**表 12-1**　　　　　　　　　　　减速机新、旧齿轮材质表　　　　　　　　　　　%

| 成分 | Cr | Mo | Fe | Mn | Cu |
|------|------|------|-------|------|------|
| 旧齿轮 | 1.29 | 0.27 | 96.72 | 1.24 | 0.12 |
| 新齿轮 | 1.67 | 0.25 | 96.59 | 1.24 | 0.08 |

（3）斗轮机减速机曾多次出现同类型故障损伤，原定每年减速机揭盖检查一次，周期太长。

根据上述分析认定：减速机齿轮齿根疲劳断裂的原因是齿轮选用的材质标准低，不符合现场的实际工况，造成减速机寿命缩短。

（二）处理措施

（1）修订检修管理标准，要求在今后的输煤斗轮机系统大修中必须对提升减速机的齿轮轮齿做探伤检验，并对此项隐患和检修内容进行说明。

（2）定购新备件时，对齿轮材质提出明确要求。

（3）将减速机定期揭盖检查的周期缩短，每隔 6 个月检查一次。

# 第十三章

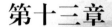

# 辅 助 设 备

## 第一节 叶轮给煤机

### 一、设备概述

叶轮给煤机是适用于长形缝式煤沟下部煤槽中的一种给煤机械。它是利用其放射布置的叶片将煤槽平台上的煤拨落到叶轮下面的落煤斗中，再从落煤斗引到皮带输送机的皮带上。叶片的工作面有圆弧状，也有特殊曲线，如对数曲线、渐开线等。

某电厂采用的叶轮给煤机为 QYG-1000 型桥式叶轮给煤机，出力为 300～1000t/h，见图 13-1。其中在汽车卸煤沟下方布置 4 台（1～4 号叶轮给煤机），筒仓下方布置 6 台（5～10 号叶轮给煤机）。

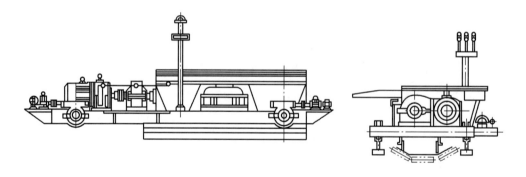

图 13-1　QYG-1000 型桥式叶轮给煤机结构图

### 二、结构

叶轮给煤机主要由叶轮转动机构、行走机构、落煤筒、导煤槽和撑杆等部分组成。叶轮转动机构由主电动机、联轴器、卧式减速机、柱销联轴器、伞齿减速机和叶轮等构成。行走机构由电动机、联轴器、摆线针轮减速机、蜗轮蜗杆减速机、车轮和弹性柱销联轴器构成。

### 三、工作原理

QYG-1000 型桥式叶轮给煤机的四个车轮由安装在运输框架上的轨道支撑，它可以在轨道上沿煤槽行驶。四个车轮都是与驱动机构连接的主动轮。在运输框架中间布置着皮带输送机。叶轮旋转时，叶片就从煤槽平台上把煤拨落到输送机上，叶轮给煤机沿长缝式煤槽纵向移动，煤均匀地从轮台上拨到皮带上。

### 四、典型故障

1. 故障现象

蜗轮蜗杆减速机轴承损坏。

2. 原因分析

蜗轮和蜗杆采用黄铜制造，材质较软，长期运行后，造成大量的铜末，污染润滑油，污染后的润滑油进入轴承，造成轴承磨损、卡死。

3. 处理措施

定期更换润滑油。对旧油进行清理，并对蜗轮和蜗杆进行清洗和研磨，组装后，再注入新的汽缸油。

## 第二节 除 铁 器

在发电企业的输煤系统中，输煤皮带都要设置两级、三级，甚至更多级的除铁器，目的是为了干净、彻底地剔除煤中的铁性物质。

某电厂输煤系统中的除铁器分为盘式电磁除铁器和带式永磁除铁器两种，共设置四级，分别是 P2、P4、P9 皮带机中部的三级盘式除铁器，P2 皮带头部的一级带式除铁器。盘式除铁器主要由电磁铁、悬吊装置、行走装置等组成，带式除铁器主要由永磁铁、弃铁皮带、悬吊装置等组成。

## 第三节 除 尘 器

### 一、概述

为了减少物料在落煤筒内因落差冲击而产生的煤粉，输煤系统在皮带机尾部设置了除尘器。除尘器一般分为干式和湿式两种类型，某电厂输煤系统普遍采用多管水冲击式湿式除尘器，此除尘器主要由吸风管、风机、除尘箱、进水管路、滤网、电磁阀、电动推杆及出风管等组成。

### 二、多管水冲击式除尘器工作原理

含尘气体由入口进入后，较大的粉尘颗粒被挡灰板阻挡下落后除掉，小的粉尘颗粒随着气流一同进入联箱，经过送风管，以较高速度从喷口处喷出，冲击液面撞击起大量的泡沫和水滴，达到净化空气的目的。净化后的空气，所含水滴由第一挡水板和第二挡水板除掉，在负压作用下，由排风口排出。

### 三、设备参数

某电厂输煤栈桥装有多管水冲击式除尘器共计 16 台，具体参数规格见表 13-1。

多管水冲击式除尘器参数规格

| 型　号 | JJDCC-7-Ⅱ | JJDCC-11-Ⅱ | JJDCC-14-Ⅱ |
|---|---|---|---|
| 风量（m³/h） | 6000～9000 | 9000～13 500 | 12 000～18 000 |
| 净化效率（％） | 95 | 95 | 95 |
| 风机功率（kW） | 7.5 | 15 | 15 |

#### 四、典型故障

1. 故障现象

除尘器风机振动大。

2. 原因分析

（1）风机叶轮黏煤。

（2）风机叶轮动平衡不合格。

（3）风机电动机有径向载荷，产生振动。输煤现场的除尘器风机放置在箱体上部，电动机采用卧式，通常风机端盖安装在风机端面上，因为电动机较重，所以又在电动机底部加装了固定底座，底座焊接在箱体上，当底座径向受力或产生振动时，就会致使风机振动大。

3. 处理措施

（1）从除尘器上部检查孔进入，清理叶轮积煤。

（2）对叶轮进行动平衡校验处理或更换新叶轮（一般出厂已做动平衡）。

（3）对电动机底座进行校正，消除径向载荷；电动机采用悬吊式固定；对风机固定端面和端盖进行改造，端部固定电动机。

# 第四节　采　样　机

#### 一、概述

为了准确进行热值计量和计算煤耗，某电厂安装了汽车采样机、火车采样机和入炉煤采样机各两台。

#### 二、汽车采样机

（一）设备简介

汽车采样机安装在汽车煤场入口重磅前，为悬臂式螺旋采样机，主要由螺旋采样头、一次给料皮带机、液压系统、破碎机、二次给料皮带机、缩分器、样品收集器、斗提机和弃料皮带机组成，用于入厂汽车煤样的采制。其结构见图 13-2。

1. 汽车采样机液压系统

汽车采样机液压系统原理图见图 13-3。

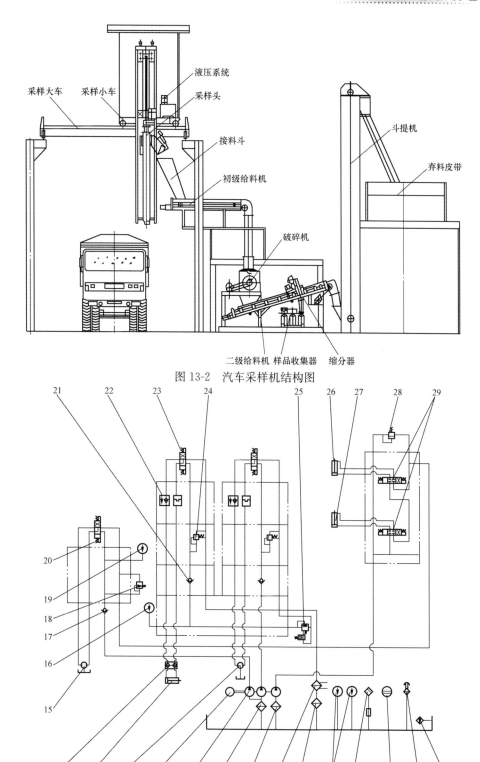

图 13-2 汽车采样机结构图

图 13-3 汽车采样机液压系统原理图

1—电加热器；2—空气滤清器；3—液位计；4—浮筒式液位控制器；5—电接点遥控器；6—回油滚油器；7—空气冷却器；8、9—吸油滤油器；10—三联音轮泵（左旋）；11—电动机；12—回转马达；13—升降油缸；14—平衡阀；15—钻头马达；16、19—压力表；17—单向阀；18、28—溢流阀；20—电流换向阀；21—叠加式单向阀；22—叠加式及单向节流阀；23、29—电流换向阀；24—叠加式溢流阀；25—电磁溢流阀；26—受料斗门油缸；27—样品斗门油缸

（1）平衡阀。平衡阀用于在液压缸的回油侧建立背压，使立式液压缸或液压马达在负载变动时仍能平稳运动；防止立式液压缸活塞的自动下降，平衡超越负载或平衡向下的自重。为使油液能反向通过，平衡阀中设有单向阀。

工作原理为：外控油压通过下盖中阻尼孔作用在阀芯柱塞上，达到阀的设定压力时，阀芯才开启，缸下腔油液经 C 口至 P 口（见图 13-4），活塞下降。由于阀座的面积比阀芯端面积稍大些，即差动式，当 C 口压力超过一定值时，阀芯可自动开启，起过载保护作用。

（2）齿轮泵。齿轮泵在吸油区和排油区的附近由两个齿轮的齿廓、泵壳和侧盖板等形成两个独立的密封容腔，由密封容腔容积的变化输出压力油，见图 13-5、图 13-6。

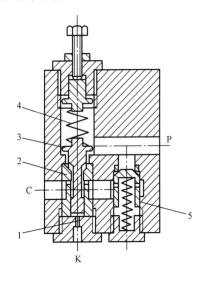

图 13-4　平衡阀结构图

1—阻尼孔；2—阀座；3—阀芯；4—调压弹簧；5—单向阀

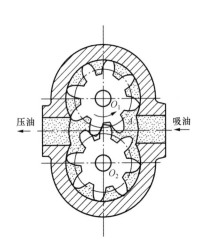

图 13-5　齿轮泵结构原理图

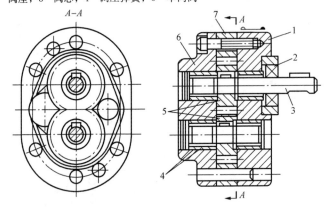

图 13-6　齿轮泵典型结构图

1—前盖；2—密封圈；3—传动轴；4—轴承；5—齿轮；6—后盖；7—泵体

三联泵是由三个规格相同或不同的单泵并联组成，除中间泵体和传动轴加长外，其余零件与单联泵相同。

（3）液压马达。液压马达是将输入的液体压力能转换成机械能的能量转换装置，常置于液压系统的输出端，直接或间接驱动负载连续回转而做功。

从原理和能量转换的角度来说，液压泵和液压马达是可逆工作的液压元件，即向液压泵输入工作液体，使其变成液压马达而带动负载工作。

2. 设备技术参数

进料粒度：≤50mm。

初级缩分量：50kg。

采样高度行程：900～4300mm。

有效采样半径：4m。

螺旋直径：203mm。

外筒内径：206mm。

螺旋节距：130mm。

螺旋速度：260r/min。

（二）典型故障

1. 螺旋钻撒煤严重

（1）原因分析：螺旋钻绞笼叶片磨损，间隙大。新绞笼间隙为3mm，磨损后间隙如大于6mm，则需更换新绞笼。

（2）处理措施：更换新绞笼。

2. 大臂旋转减速机频繁断轴

（1）原因分析：螺旋钻下降限位失效，汽车采样机工作时，螺旋钻钻到车厢底，将采样机大臂顶起，如同杠杆原理一样，造成大臂旋转减速机主轴径向过载，长期运行后，造成轴断裂。

（2）处理措施：

1）恢复设备下降限位。

2）更换减速机，增大根部间隙。

3. 采样钻头自动下降

（1）原因分析：

1）油管路外泄漏油。

2）油缸内泄。

3）平衡阀调节不当。

（2）处理措施：

1）更换管路接头密封圈或更换油管。

2）更换油缸。

3）将平衡阀调节螺母调紧，减少系统工作压力损失。

4. 大臂旋转时钻头自动升降

（1）原因分析：四位三通电磁换向阀弹簧断裂。

（2）处理措施：更换电磁换向阀弹簧或更换电磁阀。

5. 接料门关不严并自动缓慢打开

（1）原因分析：

1）油缸内泄。

2）电磁换向阀损坏。

（2）处理措施：

1）更换油缸。

2）更换电磁换向阀。

6. 样品收集器蜗轮蜗杆减速机频繁损坏

（1）原因分析：

1）蜗轮蜗杆减速机设计出力小，而且采用铸铝外壳，易损坏。

2）样品收集器密封运行，容易发生堵煤。

（2）处理措施：

1）采用铁质外壳。

2）提高收集器底座高度，降低堵煤对样品收集器的影响。

7. 汽车采样机螺旋钻不能下降

（1）原因分析：钻头下降时，平衡阀打开，当钻头下降到底部时，由于无过载保护，瞬间阻力增大，导致平衡阀芯卡涩、油路受阻。此外，平衡阀设计安装位置不当，检修时需搭设脚手架，造成排查故障困难。

（2）处理措施：加装下降限位保护，避免系统过载；调整平衡阀安装位置，移至油缸上部，利于故障的排查和有效减少检修时间。

### 三、火车采样机

（一）设备简介

火车采样机为塔式采样机，安装在两台翻车机入口中间的位置，用于火车煤样的采制，主要结构包括大车行走机构、采样头、升降机构、移动小车、破碎机、缩分器和回料装置等，见图 13-7。

1. 设备技术参数

跨度：17 000mm。

进料粒度：<150mm。

出料粒度：6mm。

最大缩分比：1∶100。

煤的外在水分：<13%。

2. 设备性能参数

设备性能参数见表 13-2。

表 13-2　　　　　　　　火车采样机设备性能参数

| 机构名称<br>项　　目 | 运行机构 | |
|---|---|---|
| | 小车 | 大车 |
| 轮距（mm） | 1400 | 5400 |
| 运行速度（m/min） | 20 | 30 |
| 最大轮压（kg） | 2500 | 12 000 |
| 钢轨型号 | P24 | P50 |
| 电动机功率和（kW） | 80 | |

| 机构名称 项 目 | 运行机构 | |
|---|---|---|
| | 小车 | 大车 |
| 轨距（m） | 2.1 | 5 |
| 轮径（mm） | 270 | 400 |
| 有效悬臂长（m） | 5.5 | |
| 跨度（m） | 17 | |

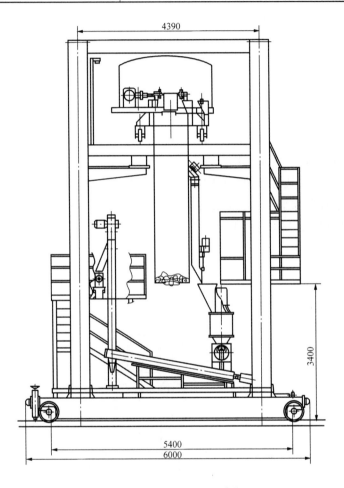

图 13-7 火车采样机结构图（单位：mm）

（二）典型故障

（1）故障现象：火车采样机钻头断裂。

（2）原因分析：火车采样机钻头采用外置式，当采样机工作时，容易撞击到煤中的大块石头造成钻头断裂。

（3）处理措施：更换新钻头。

## 四、入炉煤采样机

入炉煤采样机布置在 P9 皮带机中部，用于入炉煤样的采制，主要由刮板机构、给料皮带、破碎机、缩分皮带、提升机等组成。刮板的作用是定期在皮带上采样；给料皮带的作用是将采出的煤样送入破碎机；破碎机的作用是对煤样进行破碎以满足煤样粒度的要求；缩分皮带的作用是将破碎完的煤样进行缩分；提升机的作用是将缩分后的余煤送回输煤皮带。

工作原理：P9 皮带启动后，入炉煤采样机开始运行，先由采样刮板定时从 P9 皮带上刮煤至落煤筒，再落至给料皮带，给料皮带将煤输送至破碎机进行煤的破碎，破碎后的煤落至缩分皮带，缩分后的煤样落至采样集样斗，缩分后的余煤则进入绞笼，再由绞笼送入斗式提升机，最后由斗式提升机将多余的煤送回 P9 皮带。

# 第五节 排 污 泵

## 一、设备简介

输煤栈桥内设置了排污泵，用于对地面冲洗及其他设备运行产生的栈桥内积水进行排除。排污泵一般由电动机、泵、排水管、液位计等组成。

某电厂输煤排污泵共有三种，其中雨水调节池排污泵为自吸泵，共 6 台；P10 皮带机300MW 机组两台排污泵和 P8 皮带机尾部排污泵为 YZ 型液下泵；其余均为 YW 型液下泵。具体结构分别见图 13-8、图 13-9。

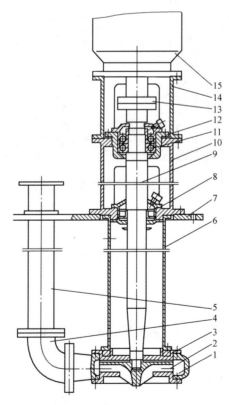

图 13-8 YZ 型液下排污泵结构图

1—吸入盖；2—叶轮；3—泵盖；4—出液弯头；5—出液管；6—连接管；7—支承座；8、11—轴承；
9—轴；10—轴承座；12—轴承盒；13—联轴器部件；14—电动机支承；15—电动机

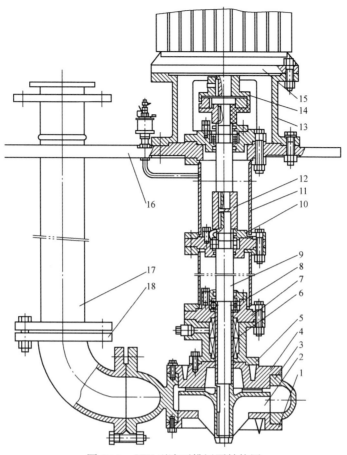

图 13-9　YW 型液下排污泵结构图

1—前盖；2—叶轮；3—泵体；4—泵盖；5—机封室；6—轴套；7—机械密封；8—轴承体；9—轴；
10—轴承端盖；11—连接管；12—联轴套；13—电动机座；14—联轴器；15—电动机；16—支承盘；
17—出水管；18—弯头

## 二、典型故障

1. 故障现象

排污泵空转不排水。

2. 原因分析

（1）止回阀堵塞。

（2）排污泵下部叶轮处出水口被杂物堵塞。

（3）排污泵下部叶轮脱落。

（4）排污泵泵轴断裂。

3. 处理措施

（1）打开止回阀检查端盖，排出管内积水，清理止回阀，保证阀芯灵活，启动排污泵，出水后，回装检查端盖。

（2）将排污泵吊出，打开下部端盖，清理杂物。

（3）将排污泵吊出，打开下部端盖，重新固定叶轮，并更换锁紧螺母。

（4）将排污泵吊出，解体检修，更换泵轴和磨损部件。

# 第四篇

# 输煤电气设备

# 第十四章

# 变　压　器

## 第一节　变压器原理及结构

### 一、变压器的工作原理

1. 单相变压器的工作原理

变压器是根据电磁感应原理工作的。图 14-1 是单相变压器的原理图。

在一个闭合的铁芯上绕有两个匝数不等的绕组，就得到了一个最简单的单相变压器。它的铁芯是磁的通路，绕组是电的通路。与电源相连接的绕组叫一次绕组，与负载相连接的绕组叫二次绕组，匝数多的绕组称为高压绕组，匝数少的绕组称为低压绕组。

当变压器二次绕组空载时，在一次绕

图 14-1　单相变压器工作原理图

组上施加频率为 $f$ 的交流电压 $\dot{U}_1$，便在一次绕组中流过电流 $\dot{I}_1$，则在铁芯中产生交变的磁通 $\dot{\Phi}$，使这两个绕组发生电磁联系。交变磁通穿过这两个绕组，就会感应出电动势，其电动势的大小与磁通所交链的绕组匝数及主磁通的最大值成正比，即

$$E = 4.44 f N \Phi_m$$

式中　$E$——感应电动势，V；

　　$f$——频率，Hz；

　　$N$——绕组匝数；

　　$\Phi_m$——主磁通最大值，Wb。

由于一、二次绕组由同一磁通 $\Phi$ 交链，所以有

$$E_1 = 4.44 f N_1 \Phi_m \tag{14-1}$$

$$E_2 = 4.44 f N_2 \Phi_m \tag{14-2}$$

由式（14-1）、式（14-2）可得

$$E_1 / E_2 = N_1 / N_2 = K$$

由于一次绕组的漏抗和电阻都比较小，空载电流也很小，故可忽略由于它们引起的电压降，即有 $U_1 \approx E_1$；而二次绕组是空载的，即 $I_2 = 0$、$U_2 \approx E_2$，所以

$$U_1/U_2 = E_1/E_2 = N_1/N_2 = K \qquad (14\text{-}3)$$

式中  $U_1$、$U_2$——一、二次绕组的端电压有效值；

   $K$——变压器的变比。

由式（14-3）可以看出，绕组匝数多的一侧电压高，匝数少的一侧电压低。变压器空载时，一、二次侧的端电压与一、二次绕组匝数成正比，故起到了变换电压的作用。

当变压器的二次绕组接负载时，在电动势 $E_2$ 的作用下，变压器二次绕组中将有电流 $I_2$ 流过，该电流产生的磁势 $F_2$ 也将作用在同一铁芯上，起反向去磁的作用。但因主磁通 $\Phi$ 取决于电源电压 $U_1$，而 $U_1$ 基本不变，所以主磁通 $\Phi$ 也基本不变，故一次侧电流 $I_1$ 必将自动增加一个分量 $\Delta I_1$ 而产生磁势 $F_1$，以抵消二次侧电流 $I_2$ 所产生的磁势 $F_2$。在一、二次绕组电流 $I_1$ 和 $I_2$ 的作用下，若不计空载电流 $I_0$，即 $I_0 = 0$，$I_1 \approx \Delta I_1$，则作用在铁芯上的总磁势应为

$$F_1 - F_2 = 0 \text{ 或 } I_1 N_1 - I_2 N_2 = 0$$

$$U_1/U_2 = I_2/I_1 = N_1/N_2 = K$$

因此，变压器的一、二次绕组电流比和电压比正好相反，互为倒数。

综上所述，变压器一、二次绕组功率基本上不变（忽略损耗），一、二次电流的大小取决于负载的需要，变压器起到了变换电压和传送功率的作用。

2. 三相变压器的工作原理

三相变压器的工作原理与单相变压器的工作原理一样。三相变压器的铁芯有三个芯柱，每个芯柱上都套装着一、二次绕组，并将一、二次绕组按一定的规律连接，就构成了一个三相变压器。图 14-2 为三个单相铁芯演变成一个三相铁芯的原理图。图 14-3 为三台单相变压器构成的三相变压器组接线图。

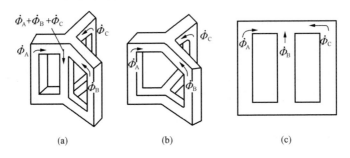

图 14-2  三个单相铁芯演变成一个三相铁芯原理图

（a）有共同铁芯柱；（b）取消共同铁芯柱；（c）三柱式铁芯

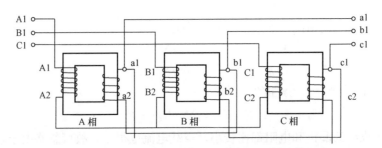

图 14-3  三台单相变压器构成的三相变压器组接线图

## 二、变压器的结构

输煤变压器、翻车机变压器是三相油浸式电力变压器，其外形及内部结构见图 14-4 和图 14-5。以下简述各部分的构造及作用。

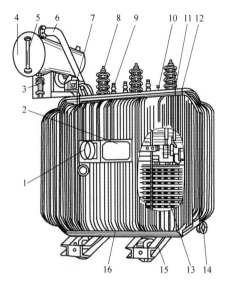 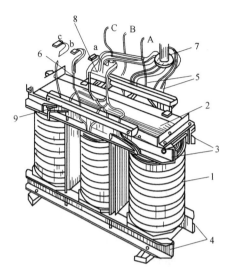

图 14-4　变压器外形图

1—信号式温度计；2—铭牌；3—吸湿器；4—储油柜；5—油位计；6—安全气道；7—气体继电器；8—高压套管；9—低压套管；10—分接开关；11—油箱；12—铁芯；13—绕组和绝缘；14—放油阀门；15—小车；16—接地板

图 14-5　变压器内部结构图

1—绕组（外面的是高压绕组，里面的是低压绕组）；2—铁芯柱；3—上夹件；4—下夹件；5—高压绕组引出线；6—低压绕组引出线；7—分接开关；8—高压引线架；9—低压引线架

### 1. 铁芯

铁芯是磁的通路，同时用以支持和固定绕组。由于铁芯中的磁通是交变的，因此就会产生磁滞和涡流损耗，为降低变压器本体的电能损耗，变压器铁芯采用 Q10 优质冷轧硅钢片，采用全斜接缝交叠式叠装，上层和下层叠片的接缝错开，斜接缝可降低铁柱到铁轭拐弯处的附加损耗。

### 2. 绕组

绕组是变压器电的通路，依靠电磁感应原理产生感应电动势。

绕组一般是用铜质或铝质的圆形或矩形截面的导线，外包聚酯漆或电缆纸绕制而成。电力变压器的高、低压绕组的排列方式通常采用同心式，低压绕组靠近铁芯处，高压绕组套在外面。在铁芯、低压绕组、高压绕组间都留有一定的绝缘间隙和散热油道，并用绝缘筒隔开，低压绕组由于导线截面大、根数多，一般采用螺旋形绕制。高压绕组多采用连续式绕制。对用于低电压、大电流的变压器，高、低压绕组的排列方式为交叠式，交叠式绕组的机械强度高，引出线的布置和焊接都比较方便，漏抗也较小。

### 3. 油箱

油箱是变压器的外壳，由钢板焊成，用以盛装器身（包括铁芯和绕组）和变压器油。变压器油起着绝缘和散热的作用，为了加强冷却效果，在油箱四周装有扁管散热器或波纹片散热器。

变压器内的热油进入散热器的上部，经散热管散热冷却后，油的温度下降，相对密度增加，油向下沉降，新的热油又补充到散热管的上部，形成油的自然循环，不断地把绕组和铁芯产生的热量有效地带走。为了更好地把热量散发到空气中去，容量大的变压器在散热器底部装有冷却风扇，对散热器的上部进行风冷，加快了散热器上部油的冷却，也加快了油的自然循环速度。

变压器油按凝固点的不同，分为 10、25 号和 45 号油，号数表示该种油开始凝固的零下摄氏度数。由于变压器油凝固后不能循环对流，因此选用变压器油时应考虑其使用地点的最低温度。常用的变压器油是 25 号油。

4. 变压器的保护装置

变压器上的保护装置一般包括储油柜、吸湿器、气体继电器、压力释放器、温度计等。

（1）储油柜（俗称油枕），水平安装在油箱盖上，通过弯曲联管与油箱连接，储油柜的容积一般为变压器装油量的 8%～10%。储油柜的作用：使变压器油与外界空气接触的面积减少，减缓了变压器油的受潮和氧化变质的速度，储油柜的一端装有玻璃油位指示计，油标旁标有−30℃、+20℃和+40℃三条刻度线，分别表示当环境温度为这些温度时相应的油面高度，作为注油的标准。

（2）吸湿器装在储油柜的上部，储油柜通过吸湿器与外界空气连通，故又称呼吸器，其内部装满吸潮剂（硅胶），以吸收进入储油柜的空气中的水分；呼吸器下端有一个油封装置，使空气不能直接进入储油柜内，以减少变压器油的受潮和氧化，当硅胶受潮后颜色由蓝（或白）色变为淡红色，此时表明硅胶已失去吸潮能力，需及时更新硅胶，变色后的硅胶在 140℃高温下烘 8h，使水分蒸发后，硅胶又恢复到本色，可重新使用。

（3）气体继电器（旧称瓦斯继电器），安装位置在变压器油箱和储油柜的联管上，当变压器漏油或有气体分解时，轻瓦斯保护动作，发出预报信号，当变压器内部严重故障时，重瓦斯保护动作接通断路器的跳闸回路，切除电源，发出故障信号。

（4）压力释放器固定在变压器的箱顶上，当变压器内部产生很高的压力并超过压力释放器的弹簧压力时，压力释放器动作，变压器内部的油和气从压力释放器喷出，变压器内部的压力释放，从而防止箱壳的变形。

（5）温度计是用来测量油箱内上层油温的，起监视电力变压器是否正常运行的作用，它安装在油箱盖上的测温筒内。测温筒的下端伸进油箱里。

5. 出线套管

为了将绕组的引出线从油箱内引到油箱外，使带电的引线穿过油箱时与接地的油箱绝缘，必须利用绝缘的出线套管。

6. 调压装置

调压装置是用来改变变压器绕组匝数以调整电压的装置，调压方式分为无载调压和有载调压两类。

（1）无载调压是在变压一、二次侧都脱离电源的情况下，变换其高压侧分接头来改变绕组匝数进行分级调压的，容量在 6300kVA 及以下的变压器，高压绕组分接头的电压调整范围为（1±5％）额定电压。

（2）有载调压是变压器在带负荷运行中，通过手动或电动变换一次绕组分接头，改变高压绕组的匝数而进行的分级调压。其调压范围可达额定电压的±15％。

## 第二节　变压器运行维护

为了保证变压器安全可靠地运行，对变压器除了进行有计划的检修外，还应做好变压器的运行维护工作。定期对变压器进行认真检查，及时发现运行中变压器的缺陷和异常情况，并采取相应措施消除设备缺陷，将故障消除在萌芽状态，只有坚持日常的维护工作，才能确保变压器的长期正常运行，并且可延长变压器的使用寿命。

### 一、变压器运行中的检查和维护

对运行中变压器巡视检查和维护的项目如下。

1. 变压器的外观检查

（1）检查储油柜内和充油套管内油面的高度，密封处有无渗漏现象。如油面过高，一般是由于冷却装置运行不正常或变压器内部故障等造成油温过高所引起的。如油面过低，应检查变压器各密封处是否有严重漏油现象，油阀门是否关紧。油标管内的油色应是透明且微带黄色，如呈红棕色，可能是油位计脏污所造成的，也可能是变压器油运行时间过长，油温过高使油质变坏引起的。

（2）检查变压器上层油温。变压器上层油温一般应在 85℃ 以下，对强迫油循环水冷却的变压器应为 75℃。如油温突然升高，则可能是冷却装置有故障，也可能是变压器内部有故障，对油浸自冷变压器，如散热装置各部分的温度有明显的不同，则可能是管路有堵塞。

（3）检查变压器的响声是否正常。变压器正常运行时，一般有均匀的嗡嗡声，这是由于交变磁通引起铁芯振动而发出的声音，如果运行中有其他的声音，则属于声音异常。

（4）检查绝缘套管是否清洁，有无破损裂纹及放电烧伤痕迹。

（5）检查冷却装置运行情况是否正常。

（6）一、二次母线的连接点应接触良好，不过热。

（7）呼吸器应畅通，硅胶吸潮不应达到饱和。

（8）气体继电器是否动作。

（9）外壳接地应良好。

2. 变压器的负荷检查

变压器的运行电压不应超过额定电压的±5％。如果电源电压长期过高或过低，应调整变压器的分接头，使次级电压趋于正常。

3. 变压器的运行环境检查

变压器室通风是否良好，门窗是否完整。

### 二、变压器异常运行和典型故障分析

1. 变压器的声音异常

变压器声音异常有下列原因：

（1）当有大容量的动力设备启动时，负荷变化较大，使变压器声音增大，如皮带电动机启动时。

（2）过负荷会使变压器发出很大且沉重的嗡嗡声。

（3）个别零件松动，如铁芯的穿芯螺钉夹得不紧，使铁芯松动，变压器会发出强烈而不均匀的噪声。

（4）内部接触不良，或有绝缘击穿，变压器会发出放电的"劈啪"声。

（5）系统短路或接地，通过很大的短路电流时，会使变压器发出很大的噪声。

（6）系统发生铁磁谐振时，变压器发出粗细不均的噪声。

2. 正常负荷和正常冷却方式下变压器油温不断升高

涡流或夹紧铁芯用的穿芯螺钉绝缘损坏均会会使变压器的油温升高。涡流使铁芯长期过热而引起硅钢片间的绝缘破坏，这时铁损增大，油温升高。而穿芯螺钉绝缘破坏后，使穿芯螺钉与硅钢片短接，这时有很大的电流通过穿芯螺钉，使螺钉发热，也会使变压器的油温升高。

变压器散热装置故障，如蝶阀堵塞或关闭、风扇故障或变压器室的通风情况不良等。

此外绕组局部层间或匝间的短路、内部连接点有故障、接触电阻加大、二次侧出线上有大电阻短路等，也会使油温升高。

3. 油色显著变化

发现油色变化过大时，应取油样化验，发现油内含有水分和杂质、油的酸价增高、闪点降低和绝缘强度降低时，说明油质急剧下降，易引起绕组与外壳的击穿，引发事故。

4. 储油柜或防爆管喷油

当电力系统突然短路而保护拒动，或内部有短路故障而出气孔和防爆管堵塞等时，内部的高温和高热会使变压器油突然喷出，喷油后使油面降低，有可能引起瓦斯保护动作。

5. 三相电压不平衡

三相电压不平衡的原因：

（1）三相负载不平衡，引起中性点位移，使三相电压不平衡。

（2）绕组局部发生匝间或层间短路，造成三相电压不平衡。

6. 继电保护动作

继电保护动作，一般说明变压器内部有故障。瓦斯保护是变压器的主要保护，它能监视变压器内部发生的故障，常常是先轻瓦斯保护动作发出信号，然后重瓦斯保护动作去跳闸。

轻瓦斯动作的原因有以下几个方面：

（1）因滤油、加油和或冷却系统不严密，致使空气进入变压器。

（2）温度下降或漏油使油位缓慢降低。

（3）变压器内部故障，产生少量气体。

（4）变压器内部短路。

（5）保护装置二次回路故障。

当外部检查未发现变压器有异常现象时，应查明气体继电器中气体的性质。

当变压器的差动保护和瓦斯保护同时动作时，在未查明原因和消除故障前严禁合闸送电。

7.绝缘瓷套管闪络和爆炸

套管密封不严，因进水使绝缘受潮而损坏或套管积垢严重，以及套管上有大的裂纹，均会造成套管闪络和爆炸事故。

8.分接开关故障

变压器油箱上有"吱吱"的放电声，电流表随响声发生摆动，瓦斯保护可能发出信号，油的闪点降低。这些都可能是因分接开关故障而出现的故障现象。

9.变压器着火

变压器着火时，应首先将其所有断路器和隔离开关拉开，然后用消防设备进行灭火，若变压器箱盖着火，则应打开其下部油门放油。

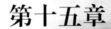

# 第十五章

# 断　路　器

## 第一节　断路器原理及结构

断路器是一种可以自动切断线路或电动机故障的保护电器。当电路中发生短路、过载、失压等不正常的现象时，能自动切断电路。在正常情况下，用来作切换不太频繁的电路开关。

从组成方面，总体来说断路器还是由感受元件、传递元件和执行元件三部分组成。感受元件，如过流脱扣器、失压脱扣器等；传递元件，如传递机构、自由脱扣机构、主轴等；执行元件，如灭弧室、触头等。

断路器根据用途可分为配电用、电动机保护用、照明用、漏电保护用及特殊用途等。

### 一、断路器的主要参数

（1）额定电压 $U_N$：断路器能长期正常工作的最高电压值。

（2）额定电流 $I_N$：对于塑壳断路器和空气断路器，分为断路器壳架额定电流和断路器脱扣器额定电流。断路器壳架额定电流是指能够长期通过断路器本体的最大电流值；断路器脱扣器额定电流是指能够长期通过脱扣器的最大电流值。

（3）额定极限短路分断能力 $I_{cu}$：断路器在规定的试验电压下，经过"分闸—3min—合分闸"（O—3min—CO）操作顺序之后，还能通过介质性能试验和脱扣器试验，能够分断的最大电流值，一般用预期短路电流来表示。

（4）额定运行短路分断能力 $I_{cs}$：断路器在规定的试验电压和操作条件下，过"分闸—3min—合分闸—3min—合分闸"（O—3min—CO—3min—CO）操作顺序之后，还能通过介质试验、脱扣器试验和温升试验，能够分断的最大电流值。

（5）额定短时耐受能力 $I_{cw}$：断路器在规定的试验条件下短时间能够承受的最大电流值。对于有选择型的 B 类断路器要有 $I_{cw}$，对于非选择型的 A 类断路器不需要有 $I_{cw}$。

（6）保护特性：电流和断路器动作时间的关系曲线。保护特性应和被保护对象的允许发热特性相配合，也应考虑防止越级跳闸的可能性。

### 二、断路器的工作原理

断路器的工作原理见图 15-1。图 15-2 为断路器的电气图形符号和文字符号。图 15-1 所示断路器有主触头三副，串联于被保护的三相主电路中。当操作手柄（或按下闭合按钮）时，主电路中三副主触头由锁链钩住搭钩，克服弹簧1的拉力，保持断路器的合闸状态，搭钩是可以绕轴转动的。

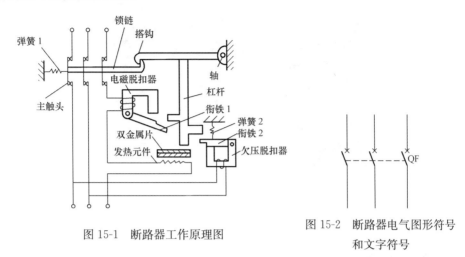

图 15-1　断路器工作原理图

图 15-2　断路器电气图形符号
　　　　　和文字符号

　　在线路正常工作时，电磁脱扣器线圈所产生的磁吸引力是不能将衔铁1吸合的，所以断路器仍保持合闸状态。但是如果线路或电动机发生短路故障，或产生很大的过电流，电磁脱扣线圈会产生很大的磁吸引力将衔铁1吸动，并撞击杠杆把搭钩顶上去，使搭钩与锁链脱开，主触头在弹簧1的拉动下与线路迅速分离，这是过流脱扣器。

　　除了过电流能自动分闸外，欠电压（及失电压）也能自动分闸。在断路器合闸时，如果线路电压下降或失去电压，欠压脱扣器的吸力减小或失去吸力，衔铁2便立即被弹簧2拉开，撞击杠杆把搭钩顶开，锁链在弹簧1的拉动下，使主触头迅速切断电源。

　　当负载发生过载时，过载电流流过发热元件，使双金属片受热弯曲，将杠杆顶开，切断主触头。

### 三、断路器的结构

1. Megamax F 型断路器

Megamax F 型断路器为抽屉式断路器，由插入式断路器与抽屉座组成。抽屉座内的导轨能推进拉出，断路器安装在这一导轨上进出抽屉，通过插入断路器上的母线与抽屉座上的桥式触头的联结接通主回路。Megamax F 型断路器的结构见图 15-3，图 15-4 为断路器操作和信号装置图。

Megamax F 型抽屉式断路器有三个工作位置，即"连接"位置、"试验"位置和"分离"位置，位置变更通过手柄的旋进或旋出来实现。三个位置的指示通过抽屉座横梁上的指针显示。

当处于"连接"位置时，主回路和二次回路均接通。当处于"试验"位置时，主电路断开，并有绝缘隔离板隔开，仅二次回路接通，可进行一些必要的动作试验。当处于"分离"位置时，主回路和二次回路全部断开。断路器有机械联锁装置，只有在"连接"位置或"试验"位置才能使断路器闭合，而在"连接"与"试验"的中间位置，断路器禁止合闸操作。

图 15-3　Megamax F 型断路器结构图

1—后接线端子；2—辅助触头；3—静主触头；4—动主触头；5—静弧触头；6—动弧触头；7—灭弧
罩；8—微处理脱扣器 PR1；9—分励脱扣器；10—合闸机构；11—合闸弹簧手动储能杆；12—合闸弹
簧自动储能电动机；13—将固定部件端子分隔开来的隔板；14—PR1 释放机构的连接器

图 15-4　断路器操作和信号装置图

1—手动储能杆；2—弹簧储能（黄色）和弹簧卸载（白色）；3—在过载、短路和接地故障时保护单元脱
扣（凸出按钮），按下复位的指示键；4—合闸按钮；5—分闸按钮；6—将断路器锁定在断开位置上的装
置；7—断路器断开"O"和闭合"I"指示；8—在门关上时的移入和退出装置

## 2. ME630 万能式断路器

ME630 万能式断路器的结构形式是固定式电动快速操作断路器。断路器的手动操动机构置于断路器盖板中央，手动操作断路器时，操作手柄转动后带动操动机构内的连杆使万向转轴转动输出力矩传递给传动机构，此时主轴传动，半轴再扣，断路器合闸，此操作方式的触头闭合速度与人力操作速度有关，因此不允许带较大负荷操作。电动快速操作时，操动机构由直流串激电动机、蜗轮、蜗杆、储能弹簧、终点开关、连杆、扣板和杠杆等组成，断路器是通过 SU 控制器控制电动机快速操动机构的运动来实现触头的闭合。

# 第二节　断路器控制回路

## 一、输煤 380/220V 电源系统

1. 输煤 PC 系统

输煤 PC 系统电源接线见图 15-5。

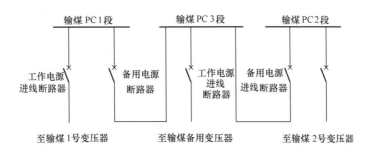

图 15-5　输煤 PC 系统电源接线图

2. 翻车机 PC 系统

翻车机 PC 系统电源接线见图 15-6。

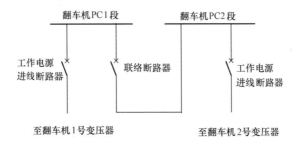

图 15-6　翻车机 PC 系统电源接线图

## 二、断路器接线图

（1）工作变压器低压电源进线断路器接线见图 15-7。

1）图 15-7 适用于输煤 PC1、PC2 段，翻车机 PC1、PC2 段的工作电源进线断路器。

2）断路器的控制电源为 DC 110V。

（2）输煤备用变压器低压进线断路器接线见图 15-8。

（3）输煤 PC 段备用电源进线断路器接线见图 15-9。

1）图 15-9 适用于输煤 PC1、PC2 段备用电源进线断路器。

2）备用电源断路器合闸联锁回路：工作电源进线断路器在分闸状态且输煤备用变压器的低压进线断路器在合闸位，才允许合闸。

3）备用电源断路器分闸联锁回路：在 PC 段工作电源进线断路器和输煤备用变压器低压进线断路器都合闸时将联跳备用电源断路器。

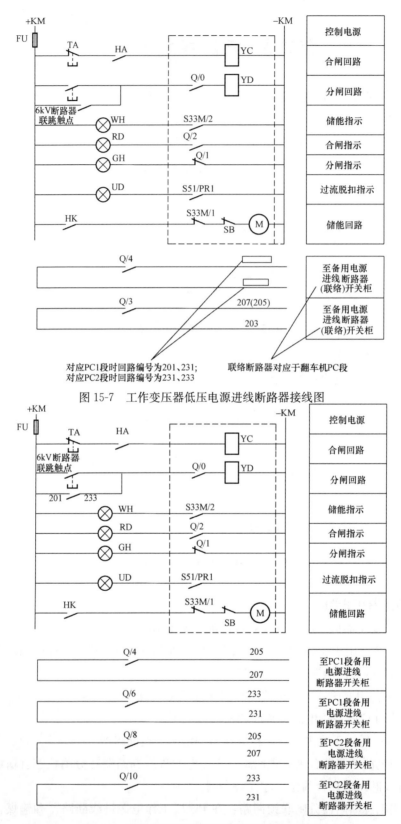

图 15-7　工作变压器低压电源进线断路器接线图

图 15-8　输煤备用变压器低压进线断路器接线图

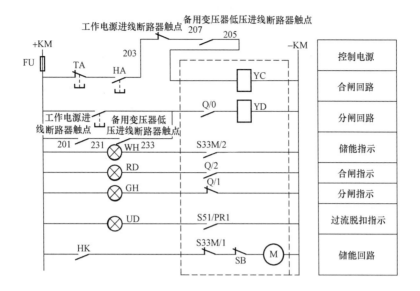

图 15-9　输煤 PC 段备用电源进线断路器接线图

（4）翻车机 PC 段联络断路器接线见图 15-10。

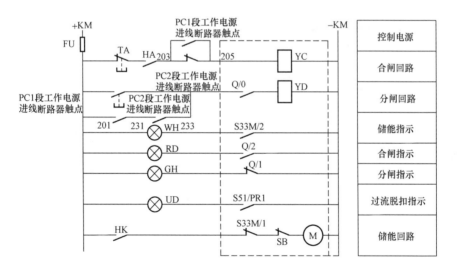

图 15-10　翻车机 PC 段联络断路器接线图

1）图 10-10 适用于翻车机 PC 段联络断路器。

2）联络断路器合闸联锁回路：PC 段工作电源进线断路器有一路应保持分闸状态。

3）联络断路器分闸联锁回路：在 PC 两段进线断路器均为合闸状态时将联跳联络断路器。

# 第三节　断路器故障原因及处理措施

## 一、断路器的一般检查和处理措施

断路器的一般检查和处理措施见表 15-1。

表 15-1                                    断路器的一般检查和处理措施

| 检查部件 | 不正常情况 | 检查和处理措施 |
|---|---|---|
| 主触头 | (1) 触头上有拉弧点和损伤。<br>(2) 主触头磨损 | (1) 用 0 号砂布打磨拉弧点，严重时更换并校正。<br>(2) 与触头磨损表对比，必要时更换 |
| 灭弧栅 | (1) 小室损坏。<br>(2) 隔离片腐蚀 | (1) 用高压空气吹净或用刷子刷净。<br>(2) 更换灭弧栅。<br>(3) 更换隔离片 |
| 束状夹头 | (1) 束状夹头未润滑。<br>(2) 接点齿有铜痕 | (1) 用润滑油润滑。<br>(2) 接齿点应无铜痕。<br>(3) 用粗布加熔剂擦净并加中性油脂。<br>(4) 用布浸入电器清洁溶剂把接口及接线端洗净，涂上中性油脂，然后拧紧螺钉 |
| 二次回路电源 | 电源电压不足 | 在额定电压的 85% 和 110% 范围内脱扣联锁功能均能动作 |
| 控制单元 | 误动、拒动 | 用小型测试箱试验控制单元 |

## 二、断路器故障原因及处理措施

断路器故障原因及处理措施见表 15-2。

表 15-2                                    断路器故障原因及处理措施

| 故障现象 | 原因分析 | 处理措施 |
|---|---|---|
| 断路器断开，按钮指示器无故障跳闸指示 | (1) MN 欠压线圈的电源电压太低或等于零。<br>(2) MN 线圈故障。<br>(3) 由另一断路器发出卸载命令。<br>(4) 在 MX 分励线圈端子上有瞬时电压出现 | (1) 检查电压，完成正确操作。<br>(2) 更换故障装置。<br>(3) 检查配电系统的总负荷，如需要，可修改断路器的设定值。<br>(4) 确定指令来源 |
| 每次试图合闸后断路器都瞬时跳闸（按钮指示器指示，故障跳闸信号） | (1) 线路有短路时合闸。<br>(2) 合闸时瞬时过电流。<br>(3) 热记忆 | (1) 清除故障，投入使用前检查断路器的情况。<br>(2) 修改配电系统或控制单元设定值，投入使用前检查断路器的情况 |
| 断路器不能远方分闸，可就地分闸 | (1) MX 分励线圈无充足的电源电压（$U < 0.7U_N$）。<br>(2) MX 分励线圈电气回路故障。<br>(3) MN 欠压脱扣线圈端子两侧电压下降至小于 $0.35U_N$ | (1) 检查电源电压，电压应为 $0.7U_N \sim 1.1U_N$。<br>(2) 取下面板，检查 MX 分励线圈。<br>(3) 断开 MN 线圈的电源，断路器应跳闸，如未跳闸，更换试验线圈；如跳闸，上电试验线圈，再合上断路器，慢慢降低电压检查在 $0.35U_N$ 和 $0.7U_N$ 之间线圈应跳开断路器，如有问题更换试验线圈 |

续表

| 故障现象 | 原因分析 | 处理措施 |
|---|---|---|
| 断路器不能就地或远方合闸 | (1) 在短路时闭合断路器。<br>(2) 按钮指示器指示故障跳闸且未复位（仅对非自动复位）。<br>(3) 断路器没有完全连接好。<br>(4) 防跳功能有效。<br>(5) 断路器未储能。<br>(6) XF 合闸线圈持续带电。<br>(7) MX 分励线圈带电。<br>(8) MN 线圈不带电或故障。<br>(9) 断路器被锁定在"断开"位置。<br>(10) 断路器联锁 | (1) 清除故障，投入使用前检查断路器的情况。<br>(2) 复位按钮指示器。<br>(3) 将断路器连接到位。<br>(4) 断开 XF 合闸线圈电源，再给上电源。<br>(5) 检查 MCH 电动机构电源。<br>(6) 检查电源回路。<br>(7) 检查是否可手动储能。<br>(8) 断开 XF 合闸线圈电源，然后通过 XF 再给合闸命令，但只能在断路器"准备合闸"时进行。<br>(9) 确定 MX 线圈带电原因，断开 MX 线圈相关电源，然后通过 XF 试着合闸。<br>(10) 给 MN 加高于 $0.85U_N$ 的电压，然后通过 XF 试着合闸，如果断路器不能合闸，取下面板检查 MN 的脱扣电压是否正确，如果不对，更换辅件。<br>(11) 取消锁功能。<br>(12) 检查一下联锁 |
| 断路器不能远方合闸，可就地合闸 | XF 合闸线圈无足够电源或故障 | 检查电源，电压应为 $0.85U_N \sim 1.1U_N$ |
| 断路器不能电气储能 | MCH 电动机构电压不足 | 检查电源电压。检查 MCH 电动机构的电源回路，试着手动储能，如有问题，则为机构故障。如果能手动储能，则为 MCH 电动机构故障且必须更换 |
| 摇柄不能连接或退出断路器 | (1) 系统挂锁锁定，连接或退出位置锁功能有效或轨道锁有效。<br>(2) 抽屉架导轨没完全插入 | (1) 取下挂锁或取消该功能。<br>(2) 将导轨完全插入 |
| 断路器或抽架的右侧导轨（断路器取下时）不能被拉出 | (1) 手柄未从断路器上取下。<br>(2) 断路器未完全断开连接。<br>(3) 系统是挂锁的，连接或退出位置功能有效或轨道锁有效 | (1) 取下摇柄将其放好。<br>(2) 使断路器完全断开连接。<br>(3) 取下挂锁或取消该功能 |
| 断路器不能连接（导入） | (1) 断路器和抽架不匹配。<br>(2) 束状夹头不在正确的位置。<br>(3) 安全挡板被锁定 | (1) 断路器和抽架不匹配，如果匹配，则检查断路器或抽架上的失配保护。<br>(2) 检查束状端子的位置 |

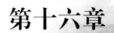

# 变　频　器

## 第一节　变频器原理及结构

变频调速技术是一种通过改变交流电动机的供电频率来改变其运行速度的技术。

异步电动机调速运行时，通常由变频器主电路给电动机提供调压调频电源，此电源输出的电压或电流及频率由控制回路的控制指令进行控制，而控制指令则是根据外部的运转指令来进行运算获得。对于需要更精确转速或快速响应的场合，运算还应包含由变频器主电路和传动系统检测出来的信号。变频器保护电路的构成，除应防止因变频器主电路的过电压、过电流引起的损坏外，还应保护异步电动机及传动系统等。

### 一、变频器的原理

各通用变频器，其主电路结构和控制电路并不完全相同，但基本的构造原理和主电路连接方式以及控制电路的基本功能都大同小异。图 16-1 为通用变频器结构原理示意图。

从图 16-1 可以看出，变频器的基本外部接线端子主要包括三个部分：一是主电路接线端，包括接工频电源的输入端（R、S、T），接电动机的频率、电压连续可调的输出端（A、B、C）；二是控制端子，包括外部信号控制端子、变频器工作状态指示端子、变频器与微机或其他变频器的通信接口；三是操作面板，包括液晶显示器和键盘。

通用变频器的外观结构也有许多共同性。变频器的外观都是尺寸不同的矩形体，正面面板上安装有显示面板。

拆卸掉面板后会看到变频器的控制电路板，变频器控制电路的主要部分都在这块印制电路板上。控制电路板的下方或侧面是控制接口端子，而主电路的输入/输出端子也通常布置在其下方，但不在控制电路板上。

控制电路板与主电路间有驱动触发信号和检测信号等多个信号连接，这些信号线通常以插接口连接，拆卸控制电路板之前要确认所有的插接都安全拔出，拆开控制电路板之后，就能看见变频器的主电路连接了。

大容量变频器的主电路元器件通常是分别单独固定的，彼此以导线或者铜排连接。逆变器模块及整流器模块与散热器是通过导热胶贴合的，如果拆卸了驱动电路板，就会使模块与散热器分离，此时必须重新涂敷导热胶。

底座通常占有变频器较大比例的体积，但只是一个安装支持构架，上面有散热片、风扇组和风道等结构部分。

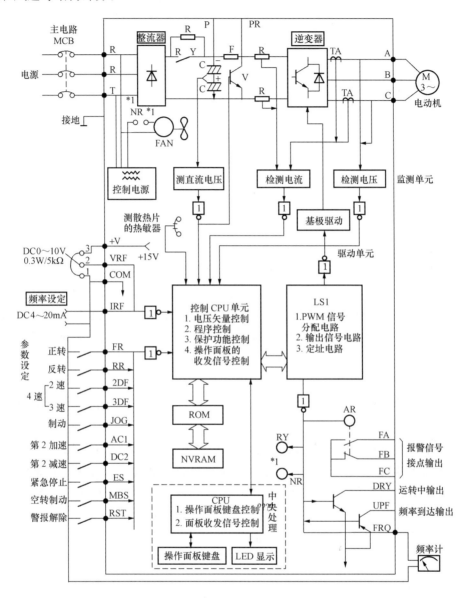

图 16-1　通用变频器结构原理示意图

## 二、变频器的基本构成

通用变频器由主电路和控制电路组成，其基本构成如图 16-2 所示。其中，给异步电动机提供调压调频电源的电力变换部分为主电路，主电路包括整流器、中间直流环节和逆变器。

（1）整流器。电源侧的变流器为整流器，它的作用是把工频电源变换成直流电源。

（2）逆变器。负载侧的变流器为逆变器，与整流器的作用相反，逆变器是将直流功率变换为所需求频率的交流功率，通过有规律地控制逆变器中主开关的导通和关断，可以得

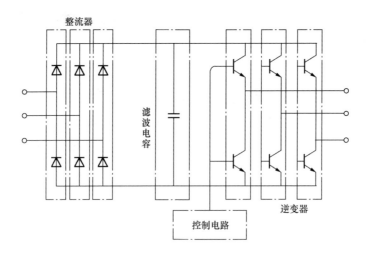

图 16-2　变频器的基本构成图

到任意频率的三相交流输出波形。

（3）平波回路（中间直流环节）。由于逆变器的负载为异步电动机，属于感性负载，无论电动机处于电动状态还是发电状态，其功率因数总不会等于 1。因此，在中间直流环节和电动机之间总会有无功功率的交换，这种无功能量要靠中间直流环节的储能元件——电容器或电感器来缓冲，所以中间直流环节实际上是中间直流储能环节。另外为保证逆变电路和控制电路能够取得较高质量的直流电流或电压，直流中间电路的作用是对整流电路输出进行滤波，以减少电压或电流的波动。此外，由于异步电动机制动的需要，在直流中间电路中还设有制动电阻及其他辅助电路，这就是直流中间电路的作用。

（4）控制电路。控制电路常由运算电路，检测电路，控制信号的输入、输出电路，驱动电路和制动电路等构成，其主要任务是完成对逆变器的开关控制，对整流器的电压控制，以及完成各种保护功能等。其中，运算电路主要将外部的速度、转矩等指令同检测电路的电流、电压信号进行比较运算，决定逆变器的输出电压、频率；检测电路与主电路的电位隔离，检测电压、电流或速度等；驱动电路主要使主电路器件导通、关断；制动电路的主要作用是在变频器检测主电路电压和电流的过程中，当发生过载或过电压等异常时，为防止逆变器和异步电动机的损坏使逆变器停止工作或抑制电压、电流值。

# 第二节　ACS550-01 系列变频器

在输煤系统中，使用 ACS550-01 系列变频器较多，主要应用在 1～8 号叶轮给煤机，1、2 号皮带给煤机及 A、B 滚轴筛上，均为 ACS550-01-059A 型的重载应用。

## 一、变频器控制盘

变频器助手型控制盘的按键功能及显示信息见图 16-3。

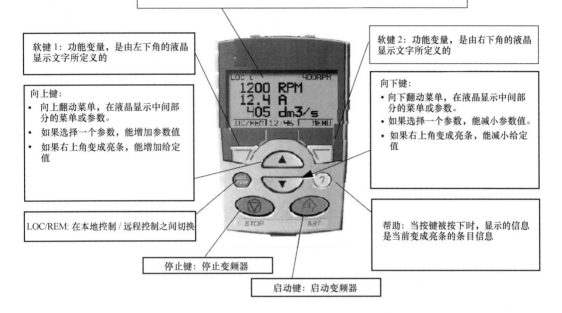

图 16-3　变频器助手型控制盘的按键功能及显示信息图

1. 状态信息

（1）顶行液晶屏的顶行显示变频器的基本状态信息。

1）LOC（本地）：表示变频器处于本地控制，即控制命令来自控制盘。

2）REM（远程）：表示变频器处于远程控制，通过 I/O（X1）。

3）↻：显示变频器和电动机的旋转状态，表 16-1 为旋转状态的详细说明。

表 16-1　　　　　　　　　　旋转状态详细说明表

| 控制盘显示 | 含　义 |
| --- | --- |
| 转向箭头（顺时针或逆时针） | （1）变频器正在运行并到达设定点。<br>（2）电动机轴的方向为正转↻或反转↺ |
| 转向箭头闪烁 | 变频器正在运行但未到达设定点 |
| 固定的直线箭头 | 变频器停车 |

4）右上角：显示当前给定。

（2）中间区域：使用参数组 34，液晶屏的中间区域可选择要显示的内容。

1）缺省设置是显示三个参数值，具体参数取决于参数 9904 MOTOR CTRL MODE（电动机控制模式）的值。例如，如果参数 9904＝1，显示的参数是 0102（SPEED 速度）、0104（CURRENT 电流）、0105（TORQUE 转矩）。

2）使用参数 3401、3408 和 3415 来选择在控制盘上显示的参数（参数组 01 中的参数）。如果将参数定义为 0100 会导致无参数显示。

（3）底行：液晶屏底行显示。

1）底行两角：显示两个软键指定的功能。

2）底行中部：显示当前的时间（如果选择了时间显示）。

2. 变频器的操作

（1）1LOC/REM：变频器初次上电时，处于远控模式（REM），它可由控制端子排 X1 控制。

（2）要切到本地控制（LOC），使用控制盘控制变频器，按住 🔘 键直至先出现 LO-CALCONTROL（本地控制），再显示 LOCAL、KEEP RUN（本地控制、保持运行）。

1）当显示 LOCAL CONTROL（本地控制）时释放按键，会将控制盘的给定设置为当前的外部给定。

2）当显示 LOCAL、KEEP RUN（本地控制，保持运行）时释放按键，可根据用户当前的 I/O 设置保持原来的运行/停止状态和给定。

（3）要切回远程控制（REM）按住 🔘 键直到显示 REMOTE CONTROL（远程控制）。

（4）START/STOP：要启停电动机按 START（启动）和 STOP（停止）键。

（5）SHAFT DIRECTION：要改变旋转方向按 DIR（方向），参数 1003 必须设为 3（REQUEST 双向）。

（6）REFERENCE：要改变给定（仅在右上角高亮显示时才允许）按 UP（向上）或 DOWN（向下）键，给定会立即改变。

（7）上面所指的启/停、方向和给定的功能仅在本地控制下有效。

3. 进入主菜单

（1）按 EXIT（退出）键，有必要指出的是，要从特定模式的菜单或列表一步一步返回，直至回到正常的模式。

（2）在正常模式下按 MENU（菜单）键，这时显示屏的中间区域会列出各个模式，而右上角文字显示 MAIN MENU（主菜单）。

（3）使用 UP/DOWN（上/下）键滚动到想要的模式。

（4）按 ENTER（进入）键进入高亮显示的模式。

## 二、接线图

变频器接线图（在输煤 ACS550 变频器运用中应用宏选用手动/自动宏），图 16-4 为手动/自动宏变频器的默认接线图。

## 三、变频器故障的排除

变频器单元在检测到异常情况时，将通过控制盘上的显示屏显示故障代码和故障名称，根据参数设置选择报警还是停机。表 16-2 是变频器的故障列表，在变频器故障时可根据故障列表有针对性的消除故障。控制盘上的故障显示代码是暂时的，按下 MENU（菜单）、ENTER（进入）、UP（向上）、DOWN（向下）键均可消除故障信息，如果故障依然存在，故障信息会在几秒钟后再次出现。

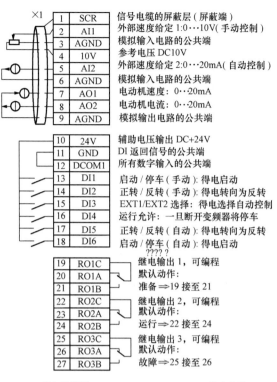

图 16-4　手动/自动宏变频器的默认接线图

×1
| 1 | SCR | 信号电缆的屏蔽层（屏蔽端） |
| 2 | AI1 | 外部速度给定 1:0…10V( 手动控制 ) |
| 3 | AGND | 模拟输入电路的公共端 |
| 4 | 10V | 参考电压 DC10V |
| 5 | AI2 | 外部速度给定 2:0…20mA( 自动控制 ) |
| 6 | AGND | 模拟输入电路的公共端 |
| 7 | AO1 | 电动机速度：0‥20mA |
| 8 | AO2 | 电动机电流：0‥20mA |
| 9 | AGND | 模拟输出电路的公共端 |
| 10 | 24V | 辅助电压输出 DC+24V |
| 11 | GND | DI 返回信号的公共端 |
| 12 | DCOM1 | 所有数字输入的公共端 |
| 13 | DI1 | 启动 / 停车（手动）：得电启动 |
| 14 | DI2 | 正转 / 反转（手动）：得电转向为反转 |
| 15 | DI3 | EXT1/EXT2 选择：得电选择自动控制 |
| 16 | DI4 | 运行允许：一旦断开变频器将停车 |
| 17 | DI5 | 正转 / 反转（自动）：得电转向为反转 |
| 18 | DI6 | 启动 / 停车（自动）：得电启动 |
| 19 | RO1C | 继电输出 1，可编程 |
| 20 | RO1A | 默认动作： |
| 21 | RO1B | 准备 ⇒19 接至 21 |
| 22 | RO2C | 继电输出 2，可编程 |
| 23 | RO2A | 默认动作： |
| 24 | RO2B | 运行 ⇒22 接至 24 |
| 25 | RO3C | 继电输出 3，可编程 |
| 26 | RO3A | 默认动作： |
| 27 | RO3B | 故障 ⇒25 接至 26 |

输入信号
- 两个模拟给定 (AI1,2)
- 启 / 停 — 手动 / 自动 (DI1,6)
- 方向 — 手动 / 自动 (DI2,5)
- 控制地选择 (DI3)
- 运行允许 (DI4)

输出信号
- 模拟输出 AO1: 速度
- 模拟输出 AO2: 电流
- 继电输出 1: 准备
- 继电输出 2: 运行
- 继电输出 3: 故障

跳线设置

J1
AI1:0…10V
AI2:0(4)…20V

表 16-2　　　　　　　　　变频器的故障列表

| 故障代码 | 控制盘上显示的故障名称 | 故障描述及其纠正措施 |
|---|---|---|
| 01 | OVERCURRENT 过流 | 输出电流过大。检查和排除：<br>（1）电动机过载。<br>（2）加速时间短 [参数 2202 ACCELER TIME1（加速时间 1）和 2205 ACCELER TIME2（加速时间 2）]。<br>（3）电动机故障、电动机电缆故障或接线错误 |
| 02 | DC OVERVOLT 直流过压 | 中间回路 DC 电压过高。检查和排除：<br>（1）输入侧的供电电源发生静态或瞬态过电压。<br>（2）减速时间过短 [参数 2203 DECELER TIME1（减速时间 1 和 2206 DECELER TIME2（减速时间 2）]。<br>（3）制动斩波器选型太小（如果有）。<br>（4）确认过电压控制器处于正常工作状态（使用参数 2005） |

| 故障代码 | 控制盘上显示的故障名称 | 故障描述及其纠正措施 |
| --- | --- | --- |
| 03 | DEV OVERTEMP 过温 | 散热器过温，温度达到或超过极限值。<br>R1～R4：115；<br>R5/R6：125。<br>检查和排除：<br>（1）风扇故障。<br>（2）空气流通受阻。<br>（3）散热器积尘。<br>（4）环境温度过高。<br>（5）电动机负载过大 |
| 04 | SHORT CIRC 短路 | 短路故障。检查和排除：<br>（1）电动机电缆或电动机短路。<br>（2）供电电源扰动 |
| 06 | DC UNDERVOLT 直流欠压 | 中间回路 DC 电压不足。检查和排除：<br>（1）供电电源缺相。<br>（2）熔断器熔断。<br>（3）主电源欠压 |
| 07 | AI1 LOSS AI1 丢失 | 模拟输入 1 丢失，模拟输入值小于参数 3021 AI1 FLT LIMIT（AI 故障极限）的值。检查和排除：<br>（1）模拟输入信号源及其接线。<br>（2）检查参数 3021 AI1 FLT LIMIT（AI 故障极限）的设置，并且检查 3001 AI<MINFUNCTION（AI 故障功能） |
| 08 | AI2 LOSS AI2 丢失 | 模拟输入 2 丢失，模拟输入值小于参数 3022 AI2 FLT LIMIT（AI 故障极限）的值。检查和排除：<br>（1）模拟输入信号源及其接线。<br>（2）检查参数 3022 AI2 FLT LIMIT（AI 故障极限）的设置，并且检查 3001 AI<MINFUNCTION（AI 故障功能） |
| 09 | MOT TEMP 电动机过温 | 电动机过热，基于传动的估算或温度反馈信号。检查和排除：<br>（1）检查电动机是否过载。<br>（2）调整用于估算的参数（3005～3009）。<br>（3）检查温度传感器和参数组 35 中的参数设置 |

续表

| 故障代码 | 控制盘上显示的故障名称 | 故障描述及其纠正措施 |
|---|---|---|
| 10 | PANEL LOSS<br>控制盘丢失 | 控制盘通信丢失，并且传动处于本地控制（操作盘显示 LOC，本地），或传动属于远程控制模式（REM，远程），且启/停/方向/给定值信号来自控制盘。检查：<br>（1）通信链路和接线。<br>（2）参数 3002 PANEL COMM ERROR（控制盘丢失故障）。<br>（3）参数组 10 中的参数：控制命令输入和参数组 11 给定选择［传动单元运行于 REM（远程）模式］ |
| 11 | ID RUN FAIL<br>辨识运行失败 | 电动机辨识运行未能成功完成。检查：<br>（1）电动机接线。<br>（2）电动机参数 9905～9909 |
| 12 | MOTOR STALL<br>电动机堵转 | 电动机或工艺堵转，电动机运行于堵转区。检查：<br>（1）过载。<br>（2）电动机功率。<br>（3）参数 3010～3012 |
| 16 | EARTH FAULT<br>接地故障 | 可能在电动机或电动机电缆处检测到接地故障，传动运行或停止时都监控到接地故障；传动停止时接地故障检测的灵敏度高，并且能够报告发生故障的位置。纠正措施：<br>（1）检查、排除接线接地故障。<br>（2）保证电动机电缆的长度没有超过允许的最大长度。<br>（3）如果输入电源是三角形接线，并且输入功率电缆的电容很大，则可能导致传动停止情况下的接地误报。如果想要禁止传动停止时的故障检测功能，使用参数 3023 WIRING FAULT（接线故障）；要禁止所有的接地故障检测功能，可使用参数 3017 |
| 17 | UNDERLOAD<br>欠载 | 电动机负载低于期望值。检查：<br>（1）负载是否被断开。<br>（2）参数 3013 UNDERLOAD FUNCITON（欠载功能）～3015 UN-DERLOAD CURVE（欠载曲线） |
| 18 | THERM FAIL<br>热故障 | 内部故障，监测传动的内部温度热敏电阻断开或短路 |
| 22 | SUPPLY PHASE<br>电源缺相 | DC 回路的纹波电压太高。检查：<br>（1）主电源缺相。<br>（2）熔断器熔断 |

| 故障代码 | 控制盘上显示的故障名称 | 故障描述及其纠正措施 |
|---|---|---|
| 24 | OVERSPEED<br>超速 | 电动机转速超过 2001 MINMUM SPEED（最小转速）或 2002 MAXI-MUM SPEED（最大转速）中绝对值最大者的 120%。检查：<br>（1）参数 2001 和 2002 的设置。<br>（2）电动机是否有足够的制动转矩。<br>（3）转矩控制是否使用。<br>（4）制动斩波器和电阻 |
| 34 | MOTOR PHASE<br>电动机缺相 | 电动机回路有故障，电动机缺相。检查：<br>（1）电动机故障。<br>（2）电动机电缆故障。<br>（3）热敏继电器故障。<br>（4）内部故障 |
| 35 | OUTPOT WIRING<br>输出接线故障 | 功率接线错误。当传动停止时，该故障代码检测着传动输入功率电缆和输出功率电缆的正确连接。检查和排除：<br>（1）输入电缆连接正确，电源电压没有接到传动输出。<br>（2）如果输入功率是三角形连接，而且输入功率电缆的电容较大，则可能出现接地故障误报的情况。使用参数 3023 WIRING FAULT（接线故障）可以禁止该故障检测功能 |
| 37 | CB OVERTEMPR<br>控制板过温 | 控制板温度超过 88℃ |

# 第三节　6SE70 系列变频器

## 一、设备参数

6SE70 系列变频器运用在 1、2 号翻车机系统中。表 16-3 为变频器设备参数。

**表 16-3　　　　　　　　　　变频器设备参数**

| 设备名称 | 型号 | 输入电流（A） | 输出电流（A） | 每分钟最大输出（%） |
|---|---|---|---|---|
| 拨车机变频器 | 6SE7035-1EK60 | 561 | 510 | 136 |
| 推车机变频器 | 6SE7032-1EG60 | 231 | 210 | 136 |
| 翻车机变频器 | | | | |
| 迁车台变频器 | 6SE7024-7ED61 | 51.7 | 47 | 136 |

## 二、PMU 参数设置单元

PMU 参数设置单元可在装置上直接对变频器和逆变器进行参数设置、操作和目视观察，它是基本装置的固定组成部分，由数码显示屏和若干按键组成。图 16-5 为 PMU 参数设置单元。

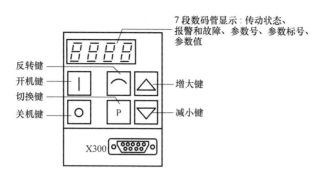

图 16-5　PMU 参数设置单元图

1. 切换键 P 的功能

因 PMU 数码显示屏仅有一个 4 位 7 段显示，故参数的 3 个描述元素参数号、参数标号（如果有参数标号）、参数值不能同时显示，因而需要在各个描述元素之间进行切换。切换通过切换键来实现，在选好所希望的级别后，可以用增大键或减小键来实现参数的调整。

切换键功能如图 16-6 所示。

从参数号到参数标号，从参数标号到参数值，从参数值到参数号，如果没有标号便会直接跳到参数值。

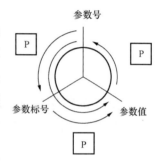

图 16-6　切换键功能图

2. PMU 操作单元

PMU 操作单元的操作键功能说明见表 16-4。

表 16-4　　　　　　　　　　PMU 操作单元的操作键功能说明

| 操作键 | 含　义 | 功　　能 |
|---|---|---|
| I | 开机键 | (1) 传动系统接电（电动机使用）。<br>(2) 如果故障，则回到故障显示 |
| O | 关机键 | 传动系统断电，通过 OFF1、OFF2 或 OFF3（P554～560）取决于参数设定 |
| ⌒ | 反转键 | 传动系统转向的改变，此功能用 P571 和 P572 激活 |
| P | 切换键 | (1) 按一定的顺序在参数号、参数标号和参数值之间进行转换（在松开键时起作用）。<br>(2) 如果激活故障显示，故障复位 |
| △ | 增大键 | 用于增加所显示的值。<br>(1) 点动：信号逐步增加。<br>(2) 按紧：信号快速增加 |

续表

| 操作键 | 含 义 | 功 能 |
|---|---|---|
| ▽ | 减小键 | 用于减小所显示的值。<br>(1) 点动：信号逐步减小。<br>(2) 按紧：信号快速减小 |
| P + △ | 切换键和增大键同时操作 | (1) 如果激活参数号级，则在最后一次选择的参数号和工作显示（r000）之间跳入或跳出。<br>(2) 如果激活故障显示，则切换到参数号级。<br>(3) 如果激活参数值级，参数值不能用4位数显示，则将显示向右推移一位（如果左边存在其他不可见数字，则左边数字闪烁） |
| P + ▽ | 切换键和减小键同时操作 | (1) 如果激活参数号级，则直接跳入工作显示。<br>(2) 如果激活参数值级，参数值不能用4位数显示，则将显示向左推移一位（如果右边存在其他不可见数字，则右边数字闪烁） |

### 三、典型故障及处理措施

变频器单元在检测到异常情况时，将通过PMU参数设置单元的数码显示屏显示故障代码，根据参数设置选择报警还是停机。表16-5是变频器的典型故障列表，在变频器故障时可根据故障列表有针对性的消除故障。显示屏上的故障显示代码是暂时的，按下P键消除故障信息，如果故障依然存在，故障信息会在几秒钟后再次出现。

表16-5　　　　　　　　　　变频器典型故障列表

| 故障号 | 故 障 | 处理措施 |
|---|---|---|
| F001 | Main contactor checkback<br>如果已设定主接触器返回信号，在下达开机命令后，经P600设定时间后仍无返回信号。<br>对他激同步电动机（P095＝12）、励磁电流单元无返回信号 | P591 Src contatactor msg<br>参数值必须与主接触器返回信号一致，检查主接触器返回信号电路 |
| F002 | Pre-charing<br>在预充电时达不到80％的最小直流中间回路电压（P071线电压×1.34），超过3s的最大预充电时间 | 检查电源电压。<br>与P071线电压相比较（在直流装置将P071线电压与直流中间回路电压相比较）。<br>检查直流装置上的整流回馈单元，整流回馈单元必须先于逆变器投入电网 |
| F006 | DC Link overvoltage<br>由于直流中间回路电压过高，该装置关机。<br>电源电压范围：380～480V。<br>直流电压范围：510～650V。<br>关机阈值：820V | 检查电源电压或输入直流电压。<br>变频器在无回馈可能的回馈模式下运行。<br>如变频器电源电压达到上限且工作于满载状态，当有缺相时，F006报故障。<br>或许增大P464下降时间，激活P515DC母线电压调节器，减小P526搜索速度 |

续表

| 故障号 | 故　　障 | 处理措施 |
|---|---|---|
| F008 | DC Link undervol tage<br>直流中间回路电压（P071 线电压）降到低极限值的 76％以下，或当动能缓冲势能时，降至 61％以下。<br>在正常运行时直流中间回路欠电压。<br>在激活动能缓冲时直流中间回路欠电压和转速低于电动机额定转速的 10％。<br>发生"短时电源故障"，这只能在电源重新恢复后才能检测到 | 检查：<br>(1) 输入直流电压。<br>(2) 直流中间回路 |
| F010 | DC Link overvoltage<br>由于直流中间回路电压过高，该装置关机。<br>电源电压：380～480V。<br>直流中间回路电压：510～650V。<br>关机阈值：740V。<br>注意：只有当 U800＝1 且脉冲频率大于减载频率时，阈值才比 F006 的低 | 检查电源电压、制动电阻。<br>变频器在无回馈可能的回馈模式下运行，制动单元被设置到较低的响应阈值（673V） |
| F011 | Overcurrent<br>该装置由于过电流而关机。<br>超过关机阈值 | 检查：<br>(1) 变频器输出是否短路或有接地故障。<br>(2) 负载处于过载状态。<br>(3) 电动机与变频器是否匹配。<br>(4) 是否动态要求过高 |
| F012 | 在异步电动机励磁期间，电流未升至空载工作设定的励磁电流的 12.5％以上 | 仅适用于闭环 $n/f/T$ 控制（P100-3、4 或 5）。<br>如果未接入电动机，则进入模拟方式 P372。<br>检查电流检测、功率部分 |
| F014 | 在电动机激励期间，电流量未升至电动机空载电流的 25％。<br>注意：仅适用于 U800＝1，不考虑控制形式 | 检查：<br>(1) 输出接触器。<br>(2) 电动机电缆 |
| F015 | Motor stall<br>电动机已堵转或失步：<br>(1) 由于过高的静负载。<br>(2) 由于升速或降速过快，或由于负载变化过快或过大。<br>(3) 由于脉冲编码器脉冲数 P151 或模拟测速机定标 P138 的参数化错误 | (1) 降低负载。<br>(2) 打开抱闸。<br>(3) 提高电流极限。<br>(4) 提高失步或堵转时间 P805 |
| F019 | Motor not found<br>不带测速机的捕捉再次启动期间：在两个旋转方向上不可能搜索（一个方向闭锁）且未找到电动机 | 在电动机自由停车后再通电。<br>尽可能增加 P525 搜索电流 |

续表

| 故障号 | 故　　障 | 处理措施 |
|---|---|---|
| F023 | Inverter temperature<br>超过逆变器的极限温度。<br>报警（r949）：<br>Bit 0 逆变器过热；<br>Bit 1 温度传感器电缆断；<br>Bit 4 温度传感器编号；<br>Bit 8 并联电路：从传动编号。<br>实例：<br>r949＝1：超过逆变器极限温度。<br>r949＝2：传感器 1 电缆断或传感器损坏。<br>r949＝18：传感器 2 电缆断或传感器损坏。<br>r949＝34：传感器 3 电缆断或传感器损坏。<br>r949＝50：传感器 4 电缆断或传感器损坏 | （1）测量进气和环境温度。<br>（2）风扇 E1 是否连接并以正确的方向旋转。<br>（3）空气进出口是否堵塞。<br>（4）在－X30 上的温度传感器 |

### 四、日常维护修理注意事项

（1）关机后 5min 内由于直流中间回路电容器在变频器内仍有危险电压，因此必须在等相应时间后才能在装置上或直流中间回路端子上进行工作。

（2）装置停机超过一年，直流中间回路电容器必须重新充电，如果不这样做，当直流中间回路通电时，装置将被损坏。

（3）在通电的变频器旁工作时人员应站在绝缘和无静电危险的垫板上。

## 第四节　变频器的维护与检查

变频器在长期使用中由于温度、湿度、振动、尘土等环境的影响，其性能也会有一定的变化。如果使用合理、维护得当，则能延长变频器的使用寿命，并减少因突发故障造成的经济损失。因此，变频器的日常维护和检查是不可缺少的。

### 一、日常维护与检查

日常检查和定期检查的主要目的是尽早发现异常现象，清除尘埃，紧固检查，排除事故隐患等。在通用变频器运行中，可以从设备外部目视检查运行状况有无异常，通过面板操作查阅变频器的运行参数，如输入电压、输出电流、输出转矩、电动机转速等，掌握变频器日常运行值的范围，以便及时发现变频器及电动机问题。

日常检查包括不停止变频器运行或不拆卸其盖板进行通电和启动试验，通过目测变频器运行状况，确认有无异常情况。通常检查内容有：

（1）键盘面板显示是否正常，有无缺少字符；仪表指示是否正确，是否有振动等现象。

（2）冷却风扇是否运转正常，是否有异常声音等。

（3）变频器及引出电缆是否有过热、变色、变形、异味、噪声、振动等情况。

（4）变频器的周围环境是否符合标准规范，温度与湿度是否正常。

（5）变频器的散热器温度是否正常。

（6）变频器控制系统是否有集聚尘埃的情况。

（7）变频器控制系统的各连接线及外围电器元件是否有松动异常现象。

（8）检查变频器的进线电源是否正常，电源开关是否有缺相、引线松动现象，电压是否正常。

变频器属于静止电源型设备，其核心部件基本可视为免维护的。在调试工作正常完成，经过试运行确认系统的硬件各功能都能正常工作以后，在日常的运行中，可能引起系统失效的因素多是操作不当、散热条件变化以及部分损耗件的老化和磨损。

对于常见的操作不当的可能，在设计中应通过控制逻辑加以防止，对于个别操作人员的偶然性操作不当，通过对操作规范的逐步熟悉也会逐渐减少。

散热条件的变化，主要是粉尘、油雾等吸附在逆变器和整流器的散热片以及印制电路板表面，使这些部件的散热能力降低所致。印制电路板表面的积污还会降低表面绝缘，产生电气故障的隐患。此外，柜体散热风机或空调设备的故障以及变频器内部散热风机的故障，会对变频器散热条件产生严重影响。

在日常运行维护中，应对柜体风机、变频器散热风机以及柜用空调是否正常工作进行外观检查，发现问题及时处理。运行期间，应不定期检查变频器散热片的温度，通过控制面板的监视参数可以完成这个检查。如果在同样负载情况以及同样环境温度下发现温度高于往常，很可能是散热条件发行了变化，要及时查明原因。

潮湿、腐蚀性气体及尘埃等将造成电子器件生锈、接触不良、绝缘降低，甚至形成短路故障，作为预防措施，必要时可对控制电路板进行防腐、防尘处理，并尽量采用封闭式开关柜结构。

温度是影响变频器的电子元器件寿命及可靠性的重要因素，应根据装置要求的环境条件使通风装置运行流畅并避免日光直射。另外，变频器的输出波形中含有谐波，会不同程度地增加电动机的功率损耗，再加上电动机在低速运行时冷却能力下降，将造成电动机过热。如果电动机过热，应对电动机进行强制冷却通风或限制运行范围，尽量避免低速运行。

引起电源异常的原因很多，例如同一供电系统内，其他地点出现对地短路及相间短路；附近有直接启动的大容量电动机及电热设备等引起的电压波动。对于维护保养工作，应注意检查电源开关的接线端子、引线外观及电压是否有异常。为防止因冲击电压造成过电压损坏，通常要在变频器的输入端加装压敏电阻等吸收器件，保证输入电压不高于变频器主回路器件所允许的最大电压。

## 二、定期检查

变频器作定期检查时，须在停止运行后切断电源并打开机壳后进行。但必须注意，变频器即使切断了电源，主电路直流部分的滤波电容器放电需要时间，须待充电指示灯熄灭，用万用表等确认直流电压降至安全电压（DC 25V）后，再进行检查。变频器应定期停机检查的项目有：

（1）功率元器件、印制电路板、散热片等表面有无粉尘、油雾吸附，有无腐蚀及锈蚀现象。粉尘应用压缩空气吹扫，散热片油雾吸附可用清洗剂清洗。

（2）检查滤波电容和印制电路板上电解电容有无鼓肚变形现象，有条件时可测定实际电容值。出现鼓肚现象或者实际电容量低于标称值的 85％时，要更换电容器。更换的电容器要求电容量、耐压等级及外形和连接尺寸与原部件一致。

（3）散热风机和滤波电容器属于变频器的损耗件，有定期强制更换的要求。电容器的实际使用寿命取决于变频器载荷及环境温度，通过降低环境温度可以延长电容器的使用寿命。电容器的损坏无法预测，通常电容器的损坏常伴随着主电源熔断器的熔断或故障跳闸。冷却风机损坏的前兆是风机轴承噪声升高，或尽管散热器已清扫但散热器温度仍然逐渐升高，如果变频器用于重要场合，在出现这些前兆时，应及时更换冷却风机。

一般变频器的定期检查应每年进行一次，绝缘电阻检查可以 3 年进行一次。由于变频器是由多部件组装而成，一些部件经长期使用后，性能下降、劣化，这是故障发生的主要原因，为长期安全生产，一些部件必须及时更换。变频器定期检查的目的主要是及时发现问题排除故障。

# 第十七章

# 电 气 回 路

## 第一节　380V 皮带电动机回路

皮带电动机能实现就地和程控操作，正常情况下通过程控的联锁或试机启停设备，在检修或必要时将就地控制箱的转换开关选至就地位，通过操作控制箱上的启停按钮控制皮带机的启停。皮带机设有拉绳、跑偏、打滑、撕裂等保护装置，皮带机两侧设有拉绳开关，任何人员在危及人身或设备安全时均能通过拉动皮带机两侧的拉绳使拉绳开关动作、皮带机停机。跑偏开关具有两级动作功能，一级动作用于报警，程控报轻跑偏；二级动作用于自动停机，程控报重跑偏，延时停机。跑偏开关的停机保护仅限于皮带机在程控位运行时才能够实现，就地位只能报警，不能用于停机。当皮带与主动滚筒之间发生打滑，使皮带的速度降低到打滑装置设定值时，打滑装置输出打滑停机信号，皮带机程控联锁停机。

### 一、PC 引接皮带电动机回路

（一）皮带电动机接线图

（1）皮带电动机交流回路接线图见图 17-1。

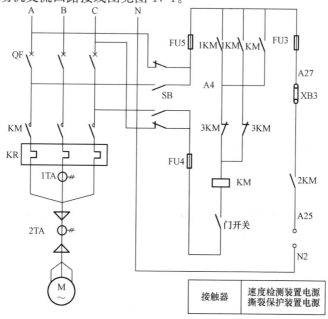

图 17-1　皮带电动机交流回路接线图

（2）皮带电动机零序保护回路见图 17-2。

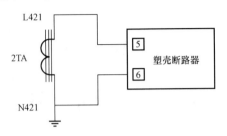

图 17-2　皮带电动机零序保护回路图

（3）皮带电动机直流回路接线图见图 17-3。

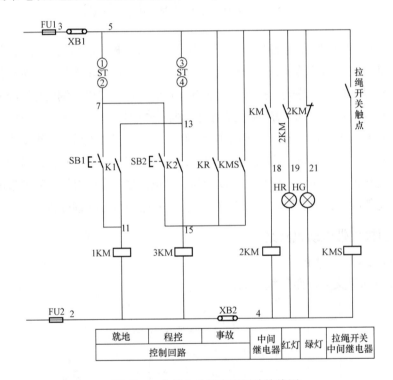

图 17-3　皮带电动机直流回路接线图

（4）皮带电动机信号回路见图 17-4。

（二）回路说明

（1）PC 引接皮带电动机回路适用于输煤皮带 380V 皮带电动机。

（2）一次回路：电源开关有过流，速断保护功能，与零序电流互感器 2TA 配合完成电动机电缆接地的保护；接触器实现皮带机远方启动、停机功能；热继电器对电动机过载起保护作用，电流互感器 1TA 与电流变送器配合将电流信号送至程控 PLC。

（3）控制电源：接触器 C 线圈回路为 AC 380V 控制电源，现场速度检测装置、撕裂保护装置电源为 AC 220V；凸轮开关用来切换接触器控制回路的工作电源和试验电源，在电源开关主回路断开时，可以对控制回路进行试验，排除故障；电动机控制中间回路电源为 DC 110V，由直流控制小母线提供；返至程控的状态信号为无源触点，电源由程控

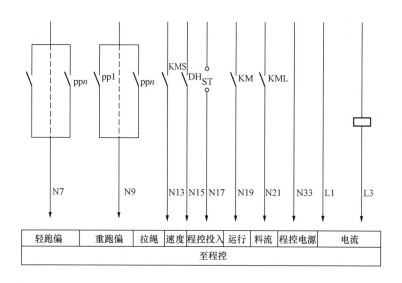

图 17-4 皮带电动机信号回路图

AC 220V 电源 N33 提供。

（4）控制回路：通过操作就地控制箱的转换开关选择皮带机的控制方式就地/程控操作。在就地控制位时，通过操作就地控制箱的启动、停机按钮实现皮带的启停；程控操作通过上位机的联锁、试机实现皮带的启停。启动回路：皮带机控制回路得到启动命令后，启动中间继电器 1KM 动作，1KM 动合触点闭合使接触器线圈回路接通，接触器吸合（通过接触器的辅助点使接触器线圈带电回路保持），皮带机启动。停机回路：皮带机控制回路得到停机命令后，停机中间继电器 3KM 动作，3KM 动断触点断开使接触器线圈回路失电，接触器释放，皮带机停运。

（5）状态指示：接触器在吸合状态下接触器辅助触点接通，中间继电器 2KM 线圈带电，其动合触点闭合，运行指示灯 HR 亮；接触器在失电状态下，中间继电器 2KM 线圈失电，其动断触点闭合，停机指示灯 HG 亮。

（三）故障分析及处理措施

（1）故障现象：皮带机在运行中拉绳停机，在复位拉绳开关后皮带机在没有操作的情况下自启。

原因分析：皮带就地控制箱端子排上因积粉、潮湿使相邻端子线 5、11 号线短路，使皮带机启动回路短路，启动继电器 1KM 保持动作，当拉绳开关动作后使停止中间继电器 3KM 保持动作，接触器回路断开，皮带机停止运行，当拉绳开关复位后，由于启动继电器 1KM 保持动作，使接触器线圈带电，皮带机再次启动。

处理措施：在相邻端子线 5 号和 11 号之间加装一个隔离板。

（2）故障现象：皮带电动机在启动或运行中断路器脱扣跳闸。

原因分析：电动机故障或电动机电缆损坏。

处理措施：在跳闸原因未查清前，不允许再次启动皮带电动机。在断路器脱扣后首先对电动机及动力电缆对地绝缘进行测试，确认正常后再对电动机及电缆分别进行检查。对电动机进行盘车，确认无机械故障后，对电动机直流电阻进行测试，对电动机电缆的相间绝缘检查及电缆断线进行检查。最后对 PC 柜进行检查，检查接触器触头及断路器触头，是否因过电流而使触头过热熔焊，发现触头上有小的金属颗粒时应及时清除，并修复平整。

## 二、马达控制器皮带电动机回路

（一）皮带电动机接线图

（1）就地控制箱接线见图 17-5。

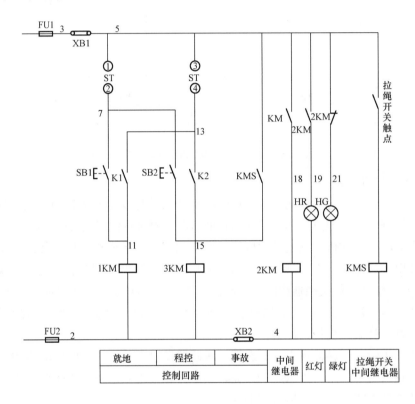

图 17-5　就地控制箱接线图

（2）PC 柜控制接线见图 17-6。

（二）ST500 智能电动机控制器

皮带电动机采用的是 ST500 智能电动机控制器和断路器、交流接触器等电器件组成的多种保护系统，在发生过热、过负载、堵转、欠流、缺相不平衡、接地或漏电、欠压、过压等故障时对电动机予以保护，同时可实现测量、显视、诊断、电操作和通信等功能。保护控制器监测电动机启停运行全过程中的工作态，一旦电动机出现故障运行状态，在监测电动机主电流回路的检测元件（传感器）将检测到的故障信号传递到保护器主机处理中的电路，经过一系列环节的电路处理，向操动机构发出故障预警，提醒检查处理，把故障解决在萌芽之中或以另一方式启动自我动作功能，驱动电动机控制回路中的其他电器跳闸，脱离主电源，使电动机退出故障运行，同时记忆故障类型、故障状态，以指示、显示、报警等方式提供信息以便于检查处理故障。

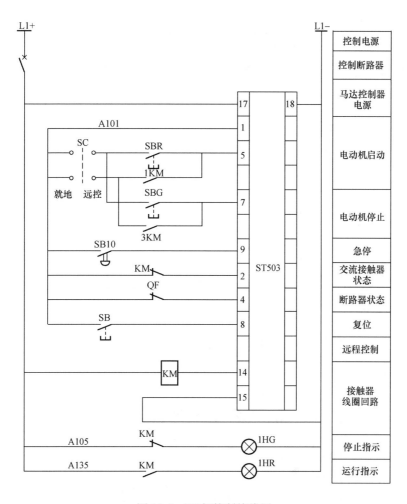

图 17-6　PC柜控制接线图

1. 控制器的面板及各端子引角功能说明

（1）控制器面板见图 17-7。

（2）ST500 各端子引角功能说明见表 17-1。

表 17-1　　　　　　　　　　　　ST500 各端子引角功能说明表

| 端子编码 | 端子功能 | 初始状态 | 方式 |
|---|---|---|---|
| 1 | DI 输入公共端 | — | — |
| 2 | A 接触器状态输入 | 动断 | — |
| 4 | 断路器状态输入 | 动断 | — |
| 5 | 启动 A 控制命令输入 | 动合 | — |
| 7 | 停车信号输入 | 动合 | — |
| 8 | 复位信号输入 | 动合 | — |
| 9 | 紧急停车信号输入 | 动合 | — |
| 11 | 外接零序互感器输入 1 | — | 增选功能 |
| 12 | 外接零序互感器输入 2 | — | |

续表

| 端子编码 | 端子功能 | 初始状态 | 方式 |
|---|---|---|---|
| 14、15 | A 继电器输出（动合触点） | 动合 | 电平 |
| 16 | 保护接地线 | — | — |
| 17 | 控制电源输入（一） | — | — |
| 18 | 控制电源输入（＋） | — | — |
| 19 | 继电器输出 3、4 公共端 | — | — |
| 20 | 电源消失报警（动断触点） | 动断 | 电平 |
| 21 | 故障跳闸报警（动合触点） | 动合 | 电平 |
| 22 | A 相电压输入 | — | 增选功能 |
| 23 | B 相电压输入 | — | |
| 24 | C 相电压输入 | — | |
| 25 | 4～20mA 输出＋ | — | 增选功能 |
| 26 | 4～20mA 输出— | — | |
| 27 | 电动机预埋热敏电阻输入 1 | — | 增选功能 |
| 28 | 电动机预埋热敏电阻输入 2 | — | |
| 32 | 本地/远程输入 | 动合 | — |

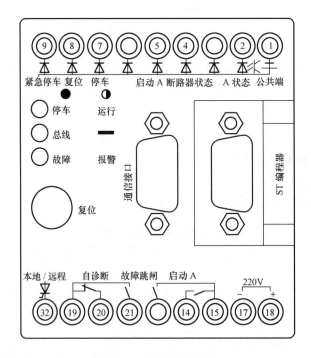

图 17-7　控制器面板图

2. ST522 显视模块

通过 ST522 可以显示电动机的各种运行参数，调整各种参数（保护定值、系统参数），检查各种故障信息/报警信息/DI 和 DO 状态，查询各种管理信息。ST522 面板见图 17-8。

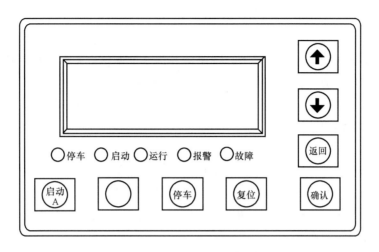

图 17-8 ST522 面板图

（1）指示灯。

停车——指示当前电动机为停车状态。

启动——指示电动机的停车和运行的中间状态，包括启动和转换的过程。

运行——指示当前电动机处于正常工作状态，允许电动机进行操作控制。

报警——指示灯点亮时表示有非跳闸故障报警发生。

故障——闪烁表示有跳闸故障，当前在处理过程中；恒亮表示当前处于故障跳闸状态。

（2）功能键。

启动 A——在本地权限下，此按键可以控制电动机启动运行。该控制按键根据需要可锁定不用。

停车——在本地权限下，此按键可以控制电动机启动停车。该控制按键根据需要可锁定不用。

复位——清除故障显示，退出故障跳闸状态，但不能清除热容。

返回、确认、↑、↓——四个功能键用于参数的设定和参数查询。

（3）控制器的使用说明。

在保护模式下，控制器通过四个功能键可实现参数测量、报警查询、故障查询、DI 和 DO 状态查询、保护定值的设置、系统参数设置等功能。

ST522 工作时首先显视欢迎窗口信息，然后自动进入参数测量窗口，有向下或向上箭头指示时表示有多屏信息，通过向上、向下键查询更多的测量数据。

在测量窗口下按一次"确认"则进入一级功能窗口菜单，此时按向下、向上键可进入七个不同功能的一级窗口菜单。

每一个一级窗口菜单可能有多个子窗口，子窗口菜单中显示的功能项目侧边有向右实心箭头指示时，有三种情况：一是表示还有下一级子功能窗口菜单，此时按"确认"进入下一级，显示更多的信息；二是表示功能项目参数可修改，按一次"确认"时，实心箭头会变为虚箭头，此时表示参数可修改；三是表示显示的子功能项目未完，按向上、向下键可切换功能项目。

针对可修改的参数，在相应功能项目侧边有实心箭头指示下按一次"确认"键，如箭头变为空心箭头则表示可以修改，修改时通过上、下键调整，调整好后再按一次"确认"键，如空心箭头恢复成实心箭头则表示修改的参数已被确认。

参数查询或修改后需按"返回"键，每按一次"返回"键窗口向上退一级，直至显示测量数量的窗口或需要监视的窗口。

3. 控制器的保护功能

（1）保护模式下保护动作原理：保护模式下，控制器内继电器（14、15 号）动断触点串在控制电动机接触器的线圈回路（接触器 KM），在控制器得电工作时立即闭合，此时电动机工作；当过载等故障保护动作时继电器触点断开，控制电动机接触器 KM 失电停车。保护动作原理见图 17-9。

（2）过载保护：当电动机在过负载故障运行时，控制器根据电动机的发热特性，计算电动机热容量，模拟电动机发热特性对电动机进行保护。

（3）欠载保护：若电动机所带负载为泵式负载，电动机空载或欠载运转时会产生危害，控制器能提供欠载保护。

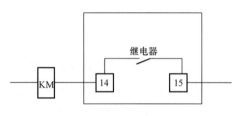

图 17-9　保护动作原理图

（4）堵转过流保护：堵转过电流保护适用于电动机因短路或堵转等故障电流很大的保护。

（5）缺相（不平衡）保护：缺相（不平衡）故障运行对电动机的危害很大，控制器提供一种不平衡率的保护，三相电流出现严重不平衡或缺相时，按照设定要求保护，使电动机运行更安全。

（6）接地（漏电）保护：接地保护取样于内部电流互感器的矢量和，用于保护相线对电动机金属外壳的短路保护；漏电保护取样于外接漏电互感器，主要用于非直接接地的保护，以保证人身安全。

（7）外部故障保护：当控制器检测的外部故障开关量输入与控制器预设的开关量输入状态不一致时，控制器按照设定的要求保护，外部故障主要实现物理量的联锁功能。

# 第二节　6kV 皮带电动机回路

在输煤皮带 6kV 电动机拖动中，包括由单台电动机驱动单向运行，以及由头、尾两台电动机同时拖动，并能够正反运行两种。

## 一、单台驱动单向运行皮带电动机

（一）皮带电动机接线图

（1）至 6kV 开关柜控制接线见图 17-10。

（2）就地控制箱接线见图 17-11。

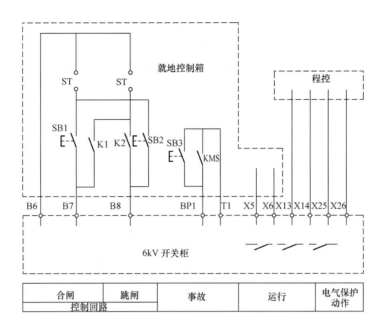

图 17-10　至 6kV 开关柜控制接线图

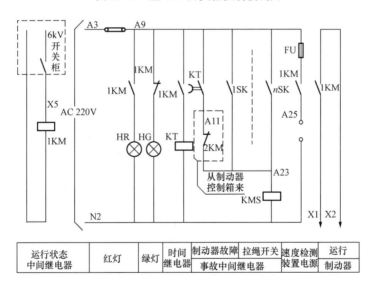

图 17-11　就地控制箱接线图

（二）回路说明

（1）控制电源：就地控制箱内的电动机启动、停机及事故停机回路电源由 6kV 开关柜提供，输煤电气提供无源触点；就地控制箱电动机的运行状态中间继电器 1KM 线圈电源由 6kV 开关柜提供，电源为 DC 110V，就地指示及中间回路为 AC 220V 的控制电源，电源由相对应的制动器控制箱引接。

（2）控制回路：通过操作就地控制箱的转换开关选择皮带机的控制方式就地/程控。在就地控制位时，通过操作就地控制箱上的启动、停机按钮实现皮带机的启停；程控操作时将就地控制箱上的转换开关选至程控位，通过上位机的联锁、试机实现皮带的启停。启动回路,皮带机控制回路得到启动命令后,6kV 开关柜开关动作,皮带电动机运行,由 6kV 开关触点(X5、X6)接通运行中间继电器 1KM,1KM 动作后就地运行指示灯亮,1KM 中间触点联锁皮带制动器运行,通过延时继电器监测制动器的运行情况,如果在设定的延时后制动器运行信号未返回,皮带机将通过事故中间继电器 KMS 将皮带机停机。

(3)事故回路:拉绳开关动作或制动器延时未打开接通事故中间继电器 KMS 线圈回路,事故中间继电器 KMS 动作,接通 6kV 开关柜事故跳闸回路(BP1、T1);在遇到紧急情况时,可通过操作就地控制箱上的急停按钮接通 6kV 开关柜的事故跳闸回路(BP1、T1),使皮带机停运。

(三)回路改进

改进原因:皮带就地控制箱至 6kV 开关柜为单根 10×2.5 控制电缆,交直流共用,交流线路有运行状态中间继电器线路(X5、X6)、制动器联启线路(X1、X2),图 17-12 为改进前交流控制原理图。因交直流共用同根电缆且线路距离长,直流回路中有感应电时会引起设备误启。

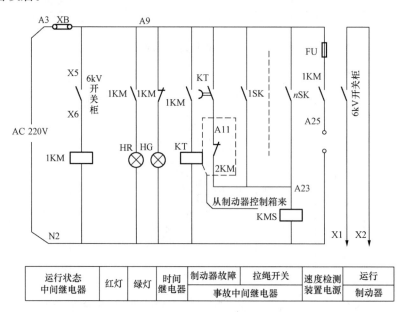

图 17-12  改进前交流控制原理图

改进方法:将就地控制箱运行状态中间继电器 1KM 回路由交流改为直流 110V 回路,电源由 6kV 开关柜提供。将 6kV 开关柜联启制动器线路弃用,改为就地控制箱运行状态中间继电器 1KM 联启。改进后的接线见图 17-11。

## 二、头、尾两台电动机同时拖动,并能够正反运行的皮带电动机

(一)皮带电动机接线图

(1)至 6kV 开关柜控制接线,见图 17-13。

(2)就地控制箱接线,见图 17-14。

(二)回路说明

(1)控制电源:就地控制箱至 6kV 开关柜的合闸、跳闸回路及事故回路电源由 6kV

开关柜提供，输煤电气提供无源触点；就地控制箱电源引接制动器配电箱电压为 AC 220V。

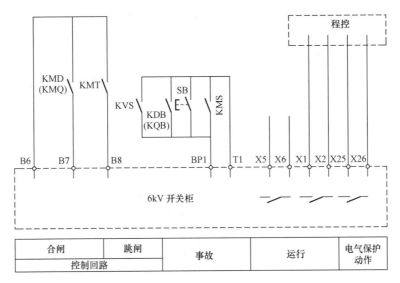

图 17-13　至 6kV 开关柜控制接线图

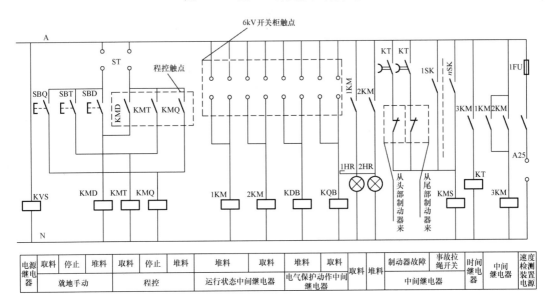

图 17-14　就地控制箱接线图

（2）控制回路：通过操作就地控制箱的转换开关 BK 选择皮带机的控制方式就地/程控。在就地控制位时，通过操作就地控制箱上的取料启动（SBQ）、停机（SBT）、堆料启动（SBD）按钮实现皮带机的启停；程控操作时将就地控制箱上的转换开关选至程控位，通过上位机的联锁、试机实现皮带的启停。启动回路，皮带机控制回路得到启动（就地 SBQ、SBD，程控 KMQ、KMD）命令后，就地控制箱与命令相对应的取料（KMQ）、堆料（KMD）中间继电器动作接通 6kV 开关柜开关启动回路，皮带电动机运行，由 6kV 开关触点（X5、X6）接通相对应的运行状态中间继电器 1KM、2KM，1KM 动作后就地取料指示灯（1HR）亮，2KM 动作后就地堆料指示灯（2HR）亮。中间继电器 3ZJ 中间触点接通时间继电器回路，通过延时继电器监测制动器的运行情况，如果在设定的延时后制动器运行信号未返回，皮带机将通过事故中间继电器 KMS 将皮带机停机。

（3）事故回路：拉绳开关动作或制动器延时未打开接通事故中间继电器 KMS 线圈回路，事故中间继电器 KMS 动作，接通 6kV 开关柜事故跳闸回路（BP1、T1）；在遇到紧急情况时，可通过操作就地控制箱上的急停按钮接通 6kV 开关柜的事故跳闸回路（BP1、T1），使皮带机停运。

（三）回路改进

改进原因：皮带机在运行中如果就地控制箱失去控制电源，皮带机将无法停运。

改进方法：加装控制电源监测继电器（KVS），其 1 对动断触点接入事故跳闸回路（BP1、T1），在就地控制箱失去电源时电源监测继电器（KVS）的动断触点接通事故跳闸回路（BP1、T1），使皮带机停运。新增电路见图 17-15。

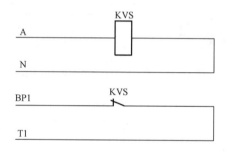

图 17-15　新增电路图

# 参 考 文 献

［1］ 廖常初. S7-300/400 PLC 应用技术. 3 版. 北京：机械工业出版社，2005.

［2］ 崔建，李佳. 西门子工业网络通信指南. 北京：机械工业出版社，2004.

［3］ 王华，韩永志. 可编程序控制器在运煤自动化中的应用. 北京：中国电力出版社，2003.

［4］ 马正午，周德兴. 过程可视化组态软件 INTOUCH 应用技术. 北京：机械工业出版社，2003.

［5］ 王仁祥. 通用变频器选型与维修技术. 北京：中国电力出版社，2004.

［6］ 张强. 燃料设备检修. 北京：中国电力出版社，2004.

［7］ 电力行业职业技能鉴定培训中心. 输煤机械检修. 北京：中国电力出版社，2008.

［8］《火电厂生产岗位技术问答》编委会. 输煤机械检修. 北京：中国电力出版社，2010.

［9］ 国电太原第一热电厂. 煤输系统和设备. 北京：中国电力出版社，2008.